新能源科技与产业丛书

向新而动

电池技术创新与未来趋势

李 缜 ◎ 主编

中国科学技术大学出版社

内 容 简 介

"向新而动"寓意在新能源领域闯新路、开新局,加速打造能源新质生产力,推进新能源电池技术创新,为实现"双碳"目标贡献更多智慧。本书旨在深入理解和把握新质生产力的丰富内涵,聚焦新能源技术创新与未来趋势,多位来自科技与产业界的专家学者围绕能源科学的最新研究动向与动态,从动力电池、材料科学、数智科技、储能技术等不同角度出发,共话具有开创性、突破性的产业共性技术开发,为新能源行业的开拓创新提供发展启示,促进创新创想。

本书既是一本值得新能源从业者及相关领域研究人员阅读的科技启示录,也是一本可供对碳达峰、碳中和以及新能源技术创新感兴趣的广大读者学习领悟的优秀科普读物。

图书在版编目(CIP)数据

向新而动:电池技术创新与未来趋势/李缜主编. -- 合肥:中国科学技术大学出版社,2025.5. -- (新能源科技与产业丛书). -- ISBN 978-7-312-06260-5

Ⅰ. TM912.9

中国国家版本馆CIP数据核字第2025YX7988号

向新而动:电池技术创新与未来趋势
XIANG XIN ER DONG: DIANCHI JISHU CHUANGXIN YU WEILAI QUSHI

出版	中国科学技术大学出版社
	安徽省合肥市金寨路96号,230026
	http://press.ustc.edu.cn
	https://zgkxjsdxcbs.tmall.com
印刷	合肥华苑印刷包装有限公司
发行	中国科学技术大学出版社
开本	787 mm×1092 mm 1/16
印张	16.75
字数	300千
版次	2025年5月第1版
印次	2025年5月第1次印刷
定价	108.00元

主编 李 缜

编委 胡小丽　钟　琪　张天怡　王　强

　　　　朱星宝　李冰心　孙　静　杨　艳

　　材料、能源和信息并列为现代科技发展的三大支柱。其中材料的突破，带来的可能是时代的变革，如石器时代、青铜器时代、铁器时代、高分子材料时代，无不提醒着我们：对材料的认识和利用能力，决定着社会的形态和人类生活的质量。然而，开发新材料并不是一件容易的事情，传统的研究范式深度依赖于"试错开发"模式，效率低，导致新材料的发展进程也相当缓慢。

　　2024年诺贝尔物理学奖与化学奖同时颁发给了与人工智能相关的科学家，并强调人工智能为研究复杂体系提供了全新的方法与工具。实际上这反映了科学自身演化出来的新动向、新赛道：当前人工智能引领下的科学理论与技术应用不断融合，产生了一种新型的"凝聚态"——AI for Science。人工智能将带来科研范式的变革和新的产业业态，例如，通过构建大规模材料数据库、开发材料知识图谱，从大数据中提炼规律进行材料设计，将解决新能源等产业领域中材料构效关系过于复杂与理性设计极其困难的行业痛点。

　　这也是我们长期关注和研究的主题。通过智能模型融合理论计算与应用实践，成功研制了数据智能驱动的"全流程机器化学家"。它能够从数以亿计的可能组合中找到最优解，极大加快材料研发，进而大幅提升工业效率，将机器"科学思维"迁移到更多产业技术创新的场景之中。目前我们已经将这一数据与智能驱动的化学研究新范式运用到了燃料电池催化剂开发领域。以创制"高熵非贵金属产氧催化剂"为例，高熵材料能够大大提高能源电池的稳定性。机器化学家通过阅读1.6万篇催化论文，自主遴选出5种非贵金属元素，并融合2.5万组理论计算数据和207组全流程机器实验数据，建立并优化预测模型，并将全创制周期压缩到5个星期。

材料科学和数据科学构成了新能源电池技术的两大底座。国轩高科一直关注材料科学和数据科学的前沿动态，持续举办科技大会，这是难能可贵的，去年我也参与其中。历史上，伟大的想法多出现于各种学科、文化和经验的交叉点。创新管理学家弗朗斯·约翰松（Frans Johansson）将各种类型的交叉创新形容为"美第奇效应"——当人的思想立足于不同领域、不同学科、不同文化的交叉点上，就可以将现有的各种概念联系起来，产生不同凡响的新想法。经由科技大会孕育而出的"新能源科技与产业丛书"，更是给予了我们向来自科技与产业界不同领域的专家学者们近距离学习的机会，提供了一个突破思维联想壁垒的渠道。

诺贝尔化学奖获得者莱纳斯·鲍林（Linus Pauling）曾经这样建议道："要形成好的想法，最好的方式就是收集许多想法。"如何提升正极材料的电压？固态电池的发展面临哪些实际挑战？全固态电池是否足够安全？未来固态电池的首选材料是什么？……《向新而动：电池技术创新与未来趋势》作为该丛书的第三册，汇聚众多有关新能源电池技术突破的创新想法，多位来自科技与产业界的专家学者从材料科学、数字科学、产业创新等多角度出发，共同探索新能源产业的发展之路。人们在学习跨学科、跨领域的新信息时，更有机会触发想法之间的关联，捕捉出新的联系。期待此书能触达广泛的读者群体，激发起更多跨领域协同创新的思维火花！

国家杰出青年科学基金获得者、中国科学技术大学教授

2025年3月

序二

当前,应对全球气候变化、推动绿色低碳发展已成为国际共识。为加快绿色低碳转型,各国纷纷加大对可再生能源投资,积极部署可再生能源技术研发与应用。在这场变革中,能源革命与交通革命交汇,新能源汽车产业成为撬动绿色低碳转型的支点,而动力电池作为其"心脏",既是技术攻坚的高地,也是全球产业链重构的焦点。中国作为全球最大的新能源汽车研发制造基地和市场,在"双碳"战略的引领下,正以创新驱动产业发展,并为全球绿色转型贡献力量。在这一背景下,李缜董事长与国内外行业专家将深耕行业的思考,凝结为一本《向新而动:电池技术创新与未来趋势》的好书,恰逢其时,意义深远。

世界百年未有之大变局,催生了能源变革新局。中国主动承担起大国责任,坚定不移履行碳达峰、碳中和承诺,积极做全球能源转型的推动者。在新能源汽车领域,中国正走向世界舞台中央,深刻影响着全球汽车产业的变革。2024年,中国新能源汽车产量、销量迈上千万辆级台阶,分别达到1288.8万辆和1286.6万辆,连续10年位居全球第一。这一成就的背后,是政府的前瞻布局,是政策的战略引领,是行业的群雄并起,是企业的敢为人先,更是全产业链的协同创新。如今,中国新能源汽车不仅凭借规模优势、市场优势,在全球汽车领域占据重要地位,更依托智能化、高端化、全球化战略,向世界证明:绿色转型并非成本负担,而是高质量发展的新引擎。

若将新能源汽车比作时代巨轮,动力电池便是驱动其破浪前行的核心动力源。从21世纪初至今20多年,中国动力电池产业持续创新、快速发展,从跟随到引领,技术水平、产业规模和全球竞争力全面提升。目前,中国动力电池产业已形成完整的产业链,覆盖锂矿开采、材料研发、电芯制造及回收利用等各环节。同时,产业正加速突破技术前沿,推动固态电池等下一代技术发展,持续保持中国新能源汽车的国际竞争力。这背后,是无数企业以"十年磨一剑"的定力,将实验室里的论文转化为生产线上的产品,将工程师的智慧升华为国家竞争力的基石。

在波澜壮阔的产业图景中,国轩高科始终将技术创新作为企业发展的核心动力,持续推动技术进步和产业升级。作为中国深耕动力电池的领军企业之一,国轩高科研发投入占比连续多年超10%,在全球布局八大研发中心、四大验证平台,研发人员超过7000人,累计获得10000多项全球专利技术,构建了从矿产开采、材料生产、电池制造、产品应用,再到电池回收利用的垂直一体化产业链,是全球少数具备全产业链制造能力的电池企业之一。同时,国轩高科积极推进全球化布局,在欧洲、东南亚、北美等地区建设生产基地,致力于用先进的电池技术支持当地经济社会发展。

"向新而动"中,"新"指的是"新质生产力""新能源""科技创新";"动"指的是"动力电池"。这一书名暗含着我国动力电池行业对创新、可持续发展和高质量发展的深刻探索,鼓励我们面向未来,不断追求技术创新和可持续的解决方案,坚定践行"让绿色能源服务人类"的使命担当。

这本新书的出版,既总结了行业发展经验,也前瞻性地洞察了未来趋势。李缜董事长基于深厚的产业实践,前瞻性地探讨了固态电池、材料科学、数智科技、储能技术等前沿课题,并系统梳理了动力电池技术演进逻辑、产业链协同创新路径。对于行业从业者,它提供了技术攻坚的路线图;对于投资者,它展现了产业趋势的风向标;对于公众读者,它帮助理解绿色革命的关键逻辑。在能源革命与科技革命深度融合的当下,这本书不仅探讨了技术创新的方法论,也展现了企业、产业乃至国家在全球能源变革中的责任与战略思考。

希望读者通过此书，不仅看到国轩高科和李缜董事长"让绿色能源服务人类"的初心，更能感受到中国企业在全球绿色转型中的创新动力与担当。愿我们携手"向新而行"，以科技赋能可持续未来，共同推动人类与地球的和谐共生。

张永伟

中国电动汽车百人会副理事长兼秘书长

2025年3月

前言

能源,是人类的生命线。习近平总书记指出,能源保障和安全事关国计民生,是须臾不可忽视的"国之大者"。当前,全球能源变革正深度演进。国轩高科一直期望搭建一个宽广而舒展的想象空间,自由表达新思想,深度探讨新能源,广泛交流新技术,激情拥抱新世界。

新世界需要仰望星空。回眸500年,伟大的思想家、科学家灿若星辰。达尔文的进化论,马克思的资本论,爱因斯坦的相对论,这些历史性的创见,改变了整个世界的面貌。从瓦特改良蒸汽机,法拉第发现电磁感应,到信息科技、基因生物、人工智能的快速迭代,从生物能源、化石能源到可再生能源的三次变革,这些标志性的创新,推动着整个人类文明的进步。人类因梦想而伟大。新能源的无限空间,吸引无数科学家、企业家和创业者眺望远方,铺展梦想。未来的能源形态是什么?我们仍在憧憬。追踪前沿技术,推进前瞻性研发,决定着我们走向远方的征途。

新世界需要探索未知。人类对宇宙的认知不到1%,对地球的认知不到5%,还有太多的"无人区"等待我们去探索。新能源的颠覆性技术在不断涌现,创造新产业,引领新需求。在这样一个十分宽广又异常拥挤的赛道上,唯变革者强,唯创新者胜。国轩高科始终以市场为导向,与巨人携手同行,搭建全球研发的平台,构建协同创新的机制;始终保持专注,聚焦最有优势的领域,坚持"做一公分宽,一公里深",推动极限创新,以持续攻关突破关键技术,以专致精,打造独门绝技,修炼核心竞争力。

新世界需要极简主义。纷繁复杂之中,我们需要返璞归真。成功的企业、高效率公司,一定是把复杂的事情简单化,研发、制造、营销、管理,莫不如此,苹果手机就是一个范例。国轩高科这么多年只做一件事,就是为客户提供物美价廉的电池产品,从一代到五代,从原料、电芯到系统集成,致力于让产品越来越优质、越来越简单、越来越便宜、越来越好用。未来,"极简"将镌刻在国轩高科的创新旗帜上。

新世界需要坚守定力。百年未有之大变局,从容地驾驭不确定,成为这个时代生存发展的核心能力。电池技术的创新不只是简单的从0到1,也是从1到N的不断叠加,量变而后才是质变。国轩高科靠电池起家,正是20年的坚守,持续构建以材料科学和数字科学为基础的能源科学体系,坚定不移用优质电池驱动世界,让绿色能源服务人类,才塑造了今天的国轩高科。未来我们将保持战略定力不动摇,将长期主义进行到底。

未来已来,新的世界,无限精彩。让我们共同筑梦,唤醒沉睡的思绪,激发顶尖的思想,拓展广阔的思维,共同为人类的能源文明贡献力量。

国轩高科董事长

2025年3月

目录

001 / 序一
　　江　俊　中国科学技术大学教授

003 / 序二
　　张永伟　中国电动汽车百人会副理事长兼秘书长

007 / 前言
　　李　缜　国轩高科董事长

动力电池：技术演进与转型挑战

002 / 固态电池的挑战与研究发展
　　孙世刚　中国科学院院士

010 / 能源存储和转换中前沿热点电化学电池研发进展
　　张久俊　中国工程院外籍院士

018 / 锂硫电池的研发进展
　　陈国华　加拿大工程院院士

024 / 固态电池技术进展
　　温兆银　亚太材料科学院院士

032 / 电池实时监测技术及应用
　　黄云辉　华中科技大学教授

040 / 锂离子电池回收处理与资源循环

   李　丽　北京理工大学教授

048 / 动力电池二次利用的可行性、方式、方法、现状与前景展望

   米春亭　圣地亚哥州立大学教授

材料科学：能源革新的关键力量

056 / 固态复合金属锂离子电池研究进展

   张　强　清华大学教授

064 / 自主研发第一性原理软件——原子·范畴及其在材料研究中的应用

   何力新　中国科学技术大学教授

070 / 锂离子电池高电压正极材料研究

   金永成　中国海洋大学教授

078 / 云起微纳，剑指高能——锂离子电池硅碳负极的思考和进展

   杨全红　天津大学教授

086 / 多电子高比能电池新体系及关键材料研究进展

   陈人杰　北京理工大学教授

096 / 氧化物固体电解质与固态电池研究进展

   郭向欣　青岛大学教授

104 / 面向新能源产业的光学控温新材料

   涂　雨　浙江大学数据经济研究中心研究员

   胡小丽　中国科学技术大学特任副研究员

114 / 国轩高科电池材料开发进展

   杨茂萍　国轩高科材料研究院院长

数智科技：前沿科技与未来趋势

122 / 动力电池全生命周期智能化技术
　　　欧阳明高　中国科学院院士

132 / 大数据与人工智能驱动的预测性维护研究与实践
　　　傅晓明　欧洲科学院院士

138 / 电池设计自动化平台
　　　陈冠华　香港大学教授

144 / 智能网联新能源汽车与交通低碳运输
　　　殷承良　上海交通大学教授

152 / 锂金属电池的复兴与锂负极的保护研究
　　　邓永红　南方科技大学教授

储能技术：锻造新质生产力

162 / 通过原位方法对电能存储系统进行机理研究
　　　赫克托·D.阿布鲁纳　美国国家科学院院士

170 / 电化学储能行业火灾形势与安全防控技术进展和需求
　　　孙金华　欧盟科学院院士

178 / 纳米碳材料及其在储能领域中的应用
　　　唐　捷　日本工程院院士

184 / 中国储能技术与产业最新进展与展望
　　　俞振华　中关村储能产业技术联盟常务副理事长

产业创新：创新驱动和要素整合

194 / 贸易壁垒下中国新能源产业的出海战略
　　　徐　宁　香港中文大学教授

202 / 全球化发展的机遇、风险与挑战

  董 扬 中国汽车工业协会原常务副会长兼秘书长

208 / 新能源汽车、电池与可再生能源协同发展的路径

  马仿列 中国电动汽车百人会副秘书长

216 / 中国低碳能源发展与未来前景

  曾少军 全国工商联新能源商会党委常务副书记、专职副会长兼秘书长

224 / 摘取"皇冠上的明珠",人形机器人产业开启"1~10"时刻

  钟 琪 中国科学技术大学特任副研究员

232 / 国轩高科数智化转型工程实践

  徐嘉文 国轩高科工程研究总院副院长

242 / 固态电池蓄势待发

  朱冠楠 国轩高科业务板块高级总监

251 / 后记

  李 缜 国轩高科董事长

动力电池：技术演进与转型挑战

002 / 固态电池的挑战与研究发展
   孙世刚 中国科学院院士

010 / 能源存储和转换中前沿热点电化学电池的研发进展
   张久俊 中国工程院外籍院士

018 / 锂硫电池的研发进展
   陈国华 加拿大工程院院士

024 / 固态电池技术进展
   温兆银 亚太材料科学院院士

032 / 电池实时监测技术及应用
   黄云辉 华中科技大学教授

040 / 锂离子电池回收处理与资源循环
   李 丽 北京理工大学教授

048 / 动力电池二次利用的可行性、方式、方法、现状与前景展望
   米春亭 圣地亚哥州立大学教授

孙世刚
中国科学院院士

厦门大学教授,固体表面物理化学国家重点实验室学术委员会主任,国际电化学会会士,英国皇家化学会会士,中国化学会监事会监事长;曾获国家杰出青年科学基金、国家自然科学奖二等奖、教育部自然科学奖一等奖、国际电化学会 Brian Conway 奖章、中法化学讲座奖和中国电化学贡献奖。

担任 *Electrochimica Acta* 副主编,*Journal of Electroanalytical Chemistry*、*Journal of Materials Chemistry A*、*ACS Energy Letters*、*Journal of Solid State Electrochemical*、*Electrochemical Energy Reviews*、*National Science Review*、*Functional Materials Letters* 等编委,《化学学报》《化学教育》和《光谱学与光谱分析》副主编,《电化学》主编。研究内容包括电催化、表/界面过程,能源电化学(燃料电池、锂离子电池)和纳米材料电化学。发展了系列电化学原位谱学和成像方法,从分子水平和微观结构层次阐明了表/界面过程和电催化反应机理,提出了电催化活性位点的结构模型。创建电化学结构控制合成方法,首次制备出由高指数晶面围成的高表面能铂二十四面体纳米晶,显著提高了铂催化剂的活性,引领了高表面能纳米材料研究领域的国际前沿。主持国家基金委重大科研仪器设备研制专项"基于可调谐红外激光的能源化学研究大型实验装置"和"界面电化学"创新研究群体项目,牵头中国科学院学部咨询评议项目"我国电子电镀基础与工业的挑战和发展"等。

固态电池的挑战与研究发展

国轩高科第13届科技大会

电动交通快速发展对动力电池的需求

当前,我国正在引领全球新能源汽车产业的发展。2023年,全球新能源汽车销量达到1465.3万辆,其中我国的销量为949.5万辆,占比约64.8%,产销规模连续九年位居世界第一。总体来看,全球新能源汽车累计销量已突破4200万辆,其中我国累计销量超过2500万辆,占比高达59.5%。

在氢燃料电池领域,2020年3月,美国环球氢能公司(Universal Hydrogen)研发的Dach-8氢燃料电池飞机成功首飞,该机型可搭载50名乘客,配备2个30 kg氢气罐。随后,2023年10月11日,我国首艘氢燃料电池示范船完成首航,乘客定额为80人,氢燃料电池额定输出功率为500 kW,续航里程可达200 km,每年可替代燃油103.16 t,减少二氧化碳排放343.67 t。

此外,我国自主研发的AG60E电动飞机于2024年1月3日成功完成首飞(图1)。AG60E是一款全金属、并排双座、上单翼、前置单发、前三点式起落架的轻型运动类飞机。其机身总长6.9 m,机翼翼展8.6 m,升限3600 m,最大平飞速度218 km/h,航程1100 km。

在船舶领域,2024年1月15日,纯电动集装箱船"中远海运绿水02"轮试航(图2)。该系列船舶设计总长119.8 m,电池容量57600 kW·h,是全球电池容量最大的纯电船型。同年2月20日,500客位的"珠江翡翠"号在广州大沙头码头成功首航(图3)。该船是广州珠江夜游最大的纯电动豪华游船,采用纯电动全回转对转舵桨双机推进,最大航速18.5 km/h;搭载亿纬锂能LF280K电芯集成的电池包,电芯循环寿命超8000次,支持船用电池系统10年以上的生命周期。

这些创新成果不仅推动了技术进步，也为我国经济发展注入了新的活力和动力。特别是在电动航空领域，如城市空运、区域通勤以及小型支线飞机等应用场景中，随着低空域经济的发展受到越来越多的关注，对于电池技术的要求也日益提高，涉及锂离子电池与燃料电池的能量密度、循环寿命及功率密度等多个关键性能指标。

图1　AG60E电动飞机

图2　"中远海运绿水02"轮　　　图3　"珠江翡翠"号

我国与发达国家在下一代电池技术的研发方面均有相应的规划和布局。例如，我国科技部在"十四五"重点研发计划专项中，针对储能与智能电网技术、氢能技术、新能源汽车以及高端功能与智能材料等领域进行了部署；同时，国家自然科学基金委也制定了名为"超越传统的电池体系（2023—2030）"的重大研究计划。国际上，包括日本、英国、美国以及欧盟在内的多个国家或地区，亦已确立了为期10年的发展蓝图。这些国内外的战略共同强调了提前布局的重要性，旨在通过加强基础科学研究来抢占行业制高点，突破现有技术瓶颈，从而促进相关产业的发展。

从动力电池的发展趋势来看，自2019年起，随着材料科学的进步，电池的能量密度、功率密度及其安全性均呈现出持续上升的趋势。主要电池生产国家和地区，包括日本、美国、韩国、中国，以及作为地区性组织的欧盟，均在国家级或区域层面积极布局固态电池发展规划。以美国为例，《美国锂电池国家蓝图（2021—2030）》明确指出了对固态电池发展的关注，并宣布将投入2.09亿美元资金支持26个实验室项目，专注于电动汽车用固态锂金属电池及快速充电技术的研究。在我国，"十四五"国家重点研发计划"新能源汽车"重点专项,以及《汽车产业中长期发展规划》和《新能源汽车产业发展规划(2021—2035年)》等文件为固液混合电池和全固态电池的研发提供了强有力的财政支持,累计资助金额超过10亿元。

此类项目的关键技术攻关通常采用产学研结合的创新模式实施,但对于前沿探索性较强的课题,则更倾向于由高等院校和科研机构承担。具体到科技部的重点研发计划,涵盖了多个方向:清华大学负责开展全固态金属锂电池的基础研究工作,目标是开发出既安全又高效的新型电池,预期能量密度可达600 W·h/kg;北京卫蓝新能源科技股份有限公司则致力于提升锂离子电池的安全性,通过开发固液混合态高比能锂离子电池技术,力求达到400 W·h/kg的能量密度水平;北京大学联合西安工业大学正在探索下一代锂离子电池技术,旨在实现500 W·h/kg的能量密度,并兼顾新体系电池的研发,最终目标为600 W·h/kg;东风汽车携手浙江大学共同推进高能量密度全固态锂离子电池技术的发展,期望能够显著提高产品的安全性和能量密度,后者预计可达800 W·h/L。此外,国家自然科学基金委员会资助的两项重大项目——600 W·h/kg固态电池(由南开大学主导)和高性能全固态钠离子电池关键材料(由中国科学技术大学牵头),目前正处于积极发展阶段。

固态电池的挑战

针对上述发展趋势,固态电池在实际应用中仍面临诸多挑战。相较于传统的液态锂离子电池技术,固态电池采用不易燃的固态电解质替代有机电解液,从而显著提高了电池的安全性能,这是业界普遍期待的一大优势;同时,基于固态电解质的高稳定性特点,它能够更好地兼容更高电压的正极材料以及具有更高比容量的含锂负极材料,从而有望进一步提升锂离子电池的能量密度。

然而,要实现这些目标,仍需克服一系列复杂的科学和技术难题。对于高比能固态电池而言,其储能能力主要取决于电极的性能,尤其是负极和正极材料的选择。理想情况下,我们需要找到既能提供高容量又能保持低工作电压的负极材料,以及具备高容量且能在高电压下稳定工作的正极材料,以此构建出高效的储能体系。这一过程涉及对各种物质能量密度的精确计算与评估。从现有技术体系来看,电池的能量密度与其内部发生的电化学反应紧密相关,这决定了电池最终能达到的能量水平。

随着技术的进步,从最初采用石墨负极的电池,到使用磷酸铁锂的电池,再到更先进的锂硫乃至锂空气电池,我们可以看到一条清晰的发展轨迹。我们在不断追求更高能量密度的同时,也面临着如何优化正、负极材料选择的关键问题。以高比能固态电池为例,其面临的首要挑战就在于选择合适的负极材料。通常情况下,人们倾向于使用锂金属作为负极,因为锂金属拥有最高的理论能量密度。然而,锂金属在使用过程中容易形成枝晶结构,这一问题不仅影响电池的安全性(例如可能导致短路),还会影响电池的整体性能。此外,寻找一种既稳定又能承受高电压环境的正极材料也是一大难点。理想状态下,我们希望电解质足够稳定,从而减少分解现象,但在实际应用中,高电压下电极材料的结构极易遭到破坏,进而导致电池能量衰减。

综上所述,固态电池的发展需要解决以下几个方面的问题:一是固态电解质中离子传输速率较低;二是锂金属负极因锂枝晶带来的安全隐患;三是固态电解质与固体电极之间的界面相容性很差。尽管采用了固态电解质作为替代方案,但这并不意味着能够完全抑制锂枝晶的形成与发展,因为锂枝晶可沿着固态电解质的晶界生长。特别是固-固界面之间兼容性很差,即使施加几十到几百大气压的压力来使其能够保持较好的界面接触,也难免导致离子传输阻力增大,从而影响整个电池系统的动力学特性。上述问题共同构成了当前阻碍固态电池商业化应用的主要障碍。

固态电解质在电池体系中扮演着至关重要的角色,其自身存在的一些挑战不容忽视。首先,固态电解质的离子电导率普遍偏低;其次,与固态电极材料之间的界面相容性和稳定性较差。这些问题直接影响到固态电池的整体性能表现。现今,固态电解质的研究主要集中在无机固态电解质、聚合物电解质以及复合型聚合物固态电解质等领域。在无机固态电解质中,氧化物型以其良好的机械性能和热稳定性而受到关注,但其也存在一些缺陷,如电子泄漏问题、较低的离子电导率以及与电极材料界面相容性差等。相比之下,硫化物固态电解质则展现出较高的电子电导率,其性能在某些方面可与液态电解质相媲美。然而,硫化物电解质面临着结构和化学不稳定性的问题,尤其是与层状氧化物正极活性物质之间的兼容性较差。此外,硫化物电解质生产成本相对较高,这也是限制其广泛应用的一个重要因素。

针对聚合物电解质,其优势主要体现在良好的界面接触特性、高度的柔韧性以及易于加工成型等方面。然而,此类电解质也存在明显不足,即离子电导率低、电压窗口窄,并且与正、负极材料之间的匹配性能有限。至于复合型聚合物固态电解质,它结合了无机固态电解质和聚合物电解质的优点,通常采用高分子网络作为支撑结构,在其中填充固态电解质颗粒。这种方法虽然具有一定的创新性,但同时也带来了新的挑战——界面稳定性和相容性问题较为突出。总而言之,无论是单一类型还是复合体系的固态电解质,在实际应用过程中,均需根据其独特性质开展针对性的研发工作,以克服相关科学及工程技术难题。

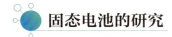 固态电池的研究

(一)锂金属负极

采用锂金属作为负极材料,尽管其性能优异,但如何确保安全性以及解决枝晶生长问题是关键挑战。构建锂金属负极与电解质之间的界面,抑制锂枝晶的生长并强化物质传输和反应过程,对于显著提升锂金属电池的循环稳定性至关重要。为此,有多种策略可供选择。例如,通过构建人工固体电解质界面(SEI)膜、设计三维结构的锂金属负极、调控锂金属电极与电解质(液、固)的界面等方法,可以有效抑制锂枝晶的生长,从而增强锂金属电池的循环稳定性。在锂金属负极充放电过程中,如何调控锂金属成核生长过程极其重要。通过深入认识锂金属成核和生长机理,设计并开发出能调控锂金属成核和生长的添加剂,可以有效抑制锂枝晶的形成。从研究的角度来看,这是一种根本性的方法。只需向电解液中加入少量的添加剂即可达到此目的,这是最为直接有效的手段。另外,还可以通过对界面进行调控来实现目标,比如从通用电解液体系过渡到饱和甚至超饱和电解液体系,以此提高电极与电解液界面的稳定性,加强溶剂化结构的聚合度,优化去溶剂化过程,调整结构组分,并强化表面钝化保护层的功能。

下面举例说明如何利用少量添加剂与固态电解质界面形成更加稳定的结构,从而抑制锂枝晶的生长。通过功能电解液添加剂调控锂电极和固态电解质界面,我们通常使用聚环氧乙烷(PEO)电解液。在此过程中,加入一定量的丁二腈(SN)或双三氟甲烷磺酰亚胺锂(LiTFSI)等添加剂。这些添加剂的主要作用是解决正极颗粒之间及正极与电解质界面的高阻抗问题,提高电解质的室温电导率和离子迁移数,并增强界面稳定性,以抑制锂枝晶的生成。其中,SN作为高介电常数的塑化剂,可以有效地润湿电解质/电极界面,在制备过程中促使锂离子富集在磷酸锗铝锂(LAGP)表面,从而提高锂离子的传输效率。同时,通过将PEO原位固化,实现高效传输并抑制锂枝晶的形成。SN与LAGP协同作用,有效降低了PEO的结晶度,从而提高了电导率。另一个显著特点是,复合电解质与锂负极之间具有优异的界面稳定性。通过扫描电子显微镜观察不同周期(如10~300次)以及循环(如1800~3600 s)下的锂枝晶沉积过程,可发现在 $0.2\ \text{mA/cm}^2$ 和 $40\ ℃$ 条件下,该复合电解质能够显著抑制锂枝晶的生长。进一步研究表明,低交换电流密度和高锂离子扩散系数促进了快速离子传输,有效延长了锂枝晶的生成。将此复合电解质应用于全电池中,特别是与磷酸铁锂搭配使用时,表现出良好的性能,并且在循环稳定性和容量保持率方面均有出色表现。

（二）界面

固态电解质与固态电极材料之间的界面兼容性较差。以 $LiCoO_2$（简称为 LCO）为例，尽管其容量较高，是目前 3C 电池体系中的主流电极材料，而且在高电位下其容量密度可进一步提升，但其稳定性仍需增强。在此过程中，需要解决 Co 的溶出、相变、电解液分解以及氧析出等问题。为此，我们使用 $Li_2CoTi_3O_8$（简称 LCTO）作为中间层材料，首先将其附着在 $LiCoO_2$ 表面。该材料的主要作用在于其与固态电解质（主要为硫化物固态电解质 LGPS）形成良好的界面，通过形成一层非常薄且互溶的界面层，从而实现与固态电解质的高度兼容。此外，LCTO 夹层中的电势分布减小了 LCO 和 LGPS 之间的电压间隙。计算表明，LCO/LCTO 和 LCTO/LGPS 接口具有高亲和力和兼容性。最重要的是，这层中间材料与固态电解质形成的互溶扩散层，使界面不再是简单的固体-固体接触，而是形成一个高度兼容的界面，从而显著提升性能。最终，我们可将此种结构应用于全电池中，观察到其性能相比未形成中间层时有显著提升，并且在长时间循环后仍能保持材料的稳定性。

（三）聚合物固态电解质

聚环氧乙烷固态电解质是一种性能优异的电解质。因此，通过优化其合成过程来提升体系性能，例如通过有机-无机复合强化传质，以及通过界面润湿液提高锂离子传输效率和界面稳定性成为重要方向。聚合物电解质的设计目标是提高电解质的电导率，增加离子迁移数，改善界面稳定性并减小界面接触阻抗，从而扩展电解质的电化学窗口。在 PEO 的合成过程中引入一些物质，如氟代碳酸乙烯酯（FEC）和 SN，以制备 PEO-LLZTO-FEC-SN（LLZTO 指锂镧锆钽氧电解质）复合聚合物电解质。FEC 与 Li_2CO_3 之间的转化反应，能增强 LLZTO 与 PEO 界面的相容性，而加入 SN 则用于弱化锂离子与 PEO 之间的相互作用。通过这种复合电解质的制备，我们发现其离子迁移数和离子传输效率显著提升，并且在对称电池中锂金属的稳定性也得到了改善。尽管循环 1000 h 后稳定性有所下降，但相较于纯 PEO，短路问题得到了明显缓解。此外，将此种复合聚合物电解质应用于磷酸铁锂（LFP）全电池时，无论是在低温还是高温条件下，均表现出优异的性能。

通过分子设计和原位聚合技术，我们显著提升了聚合物固态电解质的性能。这项工作涉及设计并合成一种新型的氟化主链和寡聚体增塑的固态聚合物电解质（PFVS）。聚氟乙烯（PFV）是在热引发下的自由基聚合形成交联网络制备而成的，而 PFVS 是一种以 PFV 为聚合物骨架，填入 SN 和盐形成的 SN-LiTFSI 塑化的聚合物电解质,其最佳比例为PFV∶SN-LiTFSI=7∶3。此种结构通过聚合物链段与锂离子的弱配位作用和低聚物的快速离子通道促进锂离子的快速迁移。氟化聚合物电解质拓宽了固态聚合物电解质(SPE)的电化学窗口,从而提升了能量密度。通过原位聚合的SPE与锂金属负极和各种正极形成稳定的富LiF界面,明显提高了锂金属电池的循环稳定性。凭借0.82的高锂离子迁移数和0~5.1 V的宽电化学窗口,PFVS实现了能量密度的提高。

此外,PFVS还具备$6.3×10^{-4}$ S/cm的高离子电导率。当PFVS中PFV的含量和SN的比例过高时,其机械强度会有所降低。从离子迁移表观活化能测试结果(图4)可知,PFVS显著降低了离子传输的活化能。通过将PFVS与不同材料(如锂金属和多种正极)进行匹配实验,观察到PFVS能够与锂金属负极和多种正极材料(包括LFP和NCM811(镍钴锰酸锂材料))形成相容且稳定的界面,显著提升了锂金属电池的可逆循环稳定性和倍率性能。若将其应用于软包电池,PFVS同样展现出良好的稳定性。

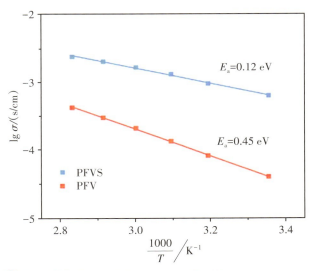

图4 离子迁移表观活化能测试(25~80 ℃)

结论

固态电池因其高安全性和能量密度,成为电动交通领域下一代动力电池发展的关键方向。然而,高能固态电池的发展面临诸多挑战,主要包括如何进一步提升固态电解质的离子电导率,增强其与锂金属及高比能电极材料的匹配性,以及构筑相容且稳定的固-固界面。尽管固态电池研究已取得重要进展,但仍须解决一系列基础科学问题和工程技术难题,以推动固态电池的产业化和规模化应用。这需要科学界、产业界和工程界的共同努力。

张久俊
中国工程院外籍院士

加拿大皇家科学院、工程院、工程研究院院士，福州大学教授，国际电化学会会士，英国皇家化学会会士，国际先进材料联合会会士，国际电化学能源科学院创始人、主席，中国内燃机学会常务理事兼燃料电池发动机分会主任委员。

主要研究领域为电化学能源存储和转换，包括燃料电池、高比能电池、$H_2O/CO_2/N_2$电解和超级电容器等；发表近700篇同行评审论文，论文他引78000余次；编著28本专著，获16项美国及欧洲专利。2014—2022年连续9年入选全球高被引科学家，2020年入选中国材料界最强100人榜单和年度科学影响力排行榜，2021年入选由Elsevier旗下Mendeley data发布的终身科学影响力排行榜（1960—2019年）。获上海市白玉兰奖、中国内燃机学会科学技术奖一等奖等。现为 *Electrochemical Energy Reviews* 主编、*Green Energy & Environment* 副主编，主持国家重点研发计划项目课题、国家自然科学基金重大和面上项目等。

能源存储和转换中前沿热点电化学电池的研发进展

国轩高科第13届科技大会

国轩高科科技大会是国轩高科公司每年举办的重要会议之一，非常感谢李缜董事长的邀请，我有幸见证了国轩高科的成长与进步。本次我将向大家分享目前能源存储和转换相关的前沿信息，本报告主要围绕能源存储和转换领域的多种技术展开，涵盖以下几个方面的内容：电化学能源技术、固态锂离子电池的发展、固态锂硫电池的发展、钠离子电池的发展，以及氢能质子交换膜燃料电池的发展。

电化学能源技术

电化学能源技术是当前用于储存和转换清洁能源的有效手段之一，它包括了钠（锂）离子电池、金属空气电池、燃料电池、光电还原电池等多种电池技术。在评估这些电化学电池时，研究人员通常依据五项关键标准：高能量密度、高功率密度、长循环寿命、低价格以及高安全性能。

电池技术必须在这五个方面表现出色，才能挖掘其在实际应用或产业化的潜力。如果某电池的能量密度极高，但却伴随着短暂的使用寿命或低安全性，那么它的实际应用价值便会大打折扣。同样，如果成本过高，也会对其在市场上的竞争力造成不利影响。因此，在发展电池技术时，不能忽视其综合性能的任何一个方面，以确保它们能够满足最终的商业化要求。根据不同的应用场景选择合适的电化学能量装置，大致可以分为四类：一是运载装备；二是能源存储；三是电子通信；四是国防航天。每类场景都有其独特的要求和对应的技术规格，确保所选的电化学系统能最大程度地满足实际需求，从而优化性能和成本效益。

固态锂离子电池的发展

锂离子电池因其卓越的能量密度和功率密度而得到广泛应用,特别是在运输领域。在锂离子电池正、负极材料的开发上,已经有大量的科学研究和实际应用尝试。目前,表现出色的正极材料包括磷酸铁锂和三元材料,而石墨是常用的高效负极材料。尽管硅碳材料作为负极具有潜力,但当碳(或硅)含量超过特定比例时,会遇到性能退化的问题,这仍是一个需要持续深入研究的挑战。另外,锂金属作为负极材料虽然前景很好,但其表面保护问题仍然是技术上的一大难题。

发展固态电池是提高能量密度和增强电池安全性的有效策略。其具备高安全性(少或无液体溶剂)、高能量密度(宽电化学窗口)、热稳定性良好(适用温度范围更广)、结构设计紧凑、易于组装等优点。然而,固态电池也面临一些挑战,如锂离子电导率较低、电极-电解质界面的接触问题,以及部分材料成本相对较高。其中,电极-电解质界面接触问题是固态电池发展中的一个重要科学难题。在充放电过程中,锂离子需要跨越固-固界面,且锂离子的尺寸较大,使得这一过程比电子跨越界面要困难得多。锂离子一旦跨越界面,可能会对材料的结构和电导率产生影响,导致界面处易裂开。因此,这一问题需要通过适当的加压措施来解决,研究人员应对此深入研究。

当前,锂离子电池技术的研究已经确定出十大关键要素,它们分别是:能量密度、功率密度、安全特性、循环寿命、日历寿命、快充性能、温度范围、成本以及关键材料和回收原料利用(图1)。这些要素中,能量密度和安全特性被视为固态电池研发中最为

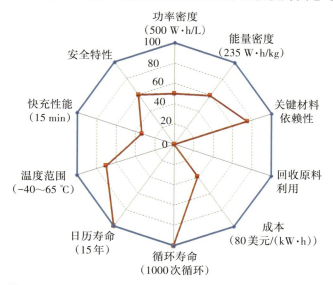

图1 锂离子电池的十大关键要素指标和现状

重要的指标,它们决定着技术的更新换代。

目前,在提高锂离子电池能量密度的研究方面,我们已经取得了显著的进展。最新研究成果已能达到350 W·h/kg的能量密度水平。展望未来,业界设定了一个雄心勃勃的目标:到2030年,力争将锂离子电池的能量密度进一步提升至500 W·h/kg。这一水平的提升将使锂离子电池技术能够满足在航空领域的应用标准,为电动飞行器的发展提供强有力的能源支持。

为了实现这一目标,研究人员正专注于全固态锂离子电池的研究,这一领域涵盖了三大主要类别:氧化物固体电解质、硫化物固体电解质和聚合物固体电解质。同时,电池内部的界面问题也是研究重点之一。在这些类别中,研究团队尝试采用大量的材料,并运用不同的策略来解决现有技术难题。这些努力旨在克服固态电池在锂离子电导率、电极与电解质界面接触以及材料成本等方面的挑战,以期达到既定的能量密度目标,并将这项突破性技术应用于更广泛的领域。

为实现全固态电池的终极技术形态,固态电池的发展正朝着逐步减少液态电解质含量的趋势前进。在此过程中,研究人员采取了渐进式的革新策略,即从液态电解质逐步过渡到凝胶态,然后到半固态、准固态,最终实现全固态。这样的逐步过渡有助于解决发展过程中遇到的技术挑战,同时积累对新材料行为的理解和控制经验。

目前,为了达到500 W·h/kg的能量密度目标,采取的主要方法是使用金属锂作为负极材料。金属锂因其极高的理论比容量和低电极电势而被视为实现高能量密度电池的有力候选材料。然而,金属锂负极也面临着诸如枝晶生长、界面稳定性和循环效率等技术挑战。因此,围绕金属锂电池的研究,需要深入探索锂金属表面的保护、电解质的优化,以及电极/电解质界面稳定性提升等创新解决方案。

固态锂硫电池的发展

锂硫电池作为新一代的储能技术,拥有极高的理论能量密度,其实验室中的能量密度可达350~700 W·h/kg。除了高性能,锂硫电池还能在低温环境下稳定运行,并且具有低成本和环境友好等优点。尽管如此,锂硫电池目前仍面临一些技术挑战,如循环寿命短、容量衰减快以及安全性问题,这些因素限制了其大规模产业化的步伐。

目前,能够达到500 W·h/kg能量密度的锂电池技术主要有三种:金属锂电池、锂硫电池和锂空气电池。这三种电池技术都展现出了极高的潜力,但它们各自也面临着需要克服的技术障碍。例如,锂空气电池虽然理论上拥有极高的能量密度,但其发展还受限于电解质的稳定性差、电极材料的活性低以及电池的循环性能不佳等问题。未来的研究和开发将以推动这些电池技术向实用化和商业化迈进为关键。

锂硫电池的构造主要包括四个部分:正极、隔膜、电解质和负极。正极材料有多种,包括硫单质、硫/X复合材料、含硫有机化合物正极和硫化物等。隔膜材料通常采用玻璃纤维(GF)、聚丙烯(PP)和聚乙烯(PE)。电解质可为固体电解质或液体电解质。负极方面,常见的有锂金属负极和石墨负极等。

锂硫电池面临的主要问题分为四个方面:首先,硫的电导率极低,需要通过掺杂导电氧化物等方式提高其电导率。其次,硫在充放电过程中伴随较大的体积膨胀,需要采取如结构设计优化、掺杂等措施来缓解这种膨胀。再次,存在穿梭效应,即中间放电产物穿过隔膜与锂负极直接发生反应,这会影响电池的性能。最后,锂负极的安全性问题也需关注,如锂枝晶的形成可能穿透隔膜导致短路。

针对这些问题,研究人员在硫正极、隔膜、电解质以及锂负极等方面进行了大量研究,以期提高锂硫电池的性能,推动其实用化和产业化发展。

钠离子电池的发展

钠离子电池作为储能技术领域的新焦点,其结构与锂离子电池相似,包括正极材料、电解液、集流体、添加剂和负极材料。正极材料主要有三种类型:聚阴离子化合物、普鲁士蓝化合物和过渡金属氧化物。聚阴离子化合物因其结构稳定、循环稳定性好、安全性高而受到关注,尽管其存在电子电导率低和相对分子质量较大的问题。普鲁士蓝化合物以能量密度高(可达160 W·h/kg)、结构稳定性高和循环稳定性良好著称,但也面临着电子电导率低、材料具有毒性且空气稳定性差的挑战。过渡金属氧化物材料具有高比容量、原料丰富和合成过程简单的优点,但循环稳定性欠佳。在电解液方面,钠离子电池可采用醚类和酯类电解液、离子液体等。负极材料的选项更为多样,主要包括插入型材料(如碳材料、钛基材料)、转换型材料(如金属氧化物、金属硫化物)、有机材料以及合金类材料。其中,硬碳成为商业化钠离子电池负极材料的首选,因为它具有低成本、低电压平台和优良的稳定性等优点。

发展钠离子电池的动机主要源于几个关键因素。首先,钠元素在地壳中的丰度高达2.3%,远高于锂的0.0017%,钠资源的储量更大、成本更低,具体来说,钠资源的成本约为2元/kg,远低于锂资源的150元/kg。这种资源优势使得钠离子电池在成本效益方面具有明显优势。特别是考虑到我国锂离子电池对锂资源的高消耗,以及我国锂资源仅占全球7%的情况,钠离子电池的出现减少了我国对外部资源的依赖,有助于缓解"卡脖子"风险。

钠离子电池不仅在成本和资源方面具有明显优势,而且在性能上亦表现出色。特别是在低温环境下,钠离子电池能够保持超过90%的放电保持率,这一点在极端气候条件下尤为重要。其系统的集成效率高,能够达到80%以上,这意味着在能量转换和存储过程中的能量损失较小,从而提高了整个系统的效率。

此外,钠离子电池具备深度放电的能力,可以安全地放电至0 V,而锂离子电池在放电至0 V时存在安全风险。这使得钠离子电池在需要深度放电的应用场景中更具优势。在热稳定性方面,钠离子电池同样表现出色,超过了国家安全标准的要求,这为其在安全性要求较高的场合提供了额外的保障。

钠离子电池在我国的发展潜力巨大,受到国家各部委的大力支持,众多电池企业已迅速进入这一领域。根据对我国储能潜在替代空间的测算,钠离子电池的市场前景十分广阔,预计到2027年,市场规模将达到341.7亿元。随着国家政策的支持和产业的积极响应,自2021年起,我国大力发展钠离子电池。发展路线如下:在产业化初期阶段,预计到2023年市场规模达到5亿元;进入快速发展前期(至2026年),目标是替代部分铅酸电池,应用于自动启停电池、混合动力汽车(HEV)电池等领域;到快速发展中期(至2030年),计划替代部分锰酸锂电池,应用于电动两轮车以及基站储能等领域;而在快速发展后期(至2040年),市场规模有望达到3000亿元,此时钠离子电池将能替代部分磷酸铁锂电池,应用于电力储能等领域。随后,钠离子电池产业将逐渐步入成熟期。

这一发展策略不仅显示了钠离子电池技术的不断成熟和市场的逐步扩大,也反映了国家在推动新能源产业发展和能源结构转型方面的坚定决心。随着技术的进一步突破和成本的持续降低,钠离子电池有望在未来成为能源存储领域的重要力量,为我国的能源安全和经济发展做出重要贡献。

氢能质子交换膜燃料电池的发展

目前,电池行业主要的燃料电池可分为六类:质子交换膜燃料电池、固体氧化物燃料电池、熔融碳酸盐燃料电池、磷酸燃料电池、碱性燃料电池和直接甲醇燃料电池。其中,质子交换膜燃料电池因其高能量转换效率(60%~70%)、环境友好性、低运行噪声和简单的构造,在市场中占据超过70%的份额,被广泛应用于汽车工业。

质子交换膜燃料电池的工作原理是:在阳极,氢气被催化氧化成氢离子;在阴极,氧气得到电子,与氢离子发生反应生成水。这种燃料电池将氢和氧的化学能通过电极反应直接转换成电能,具有高效、环保、低噪声和结构简单等特点。

车用燃料电池系统的构成较为复杂,涉及多个关键组件,包括质子交换膜燃料电池催化剂、质子交换膜、双极板、膜电极,由膜电极等组成电堆,再与其他部件构成燃料电堆系统,以及30~250 kW系列化燃料电池电耦合动力系统。这些组件的技术和性能直接影响燃料电池汽车的性能和成本。催化剂是质子交换膜燃料电池的核心技术之一,目前广泛应用的是金属铂(Pt),但其储量低、价格昂贵,因此业界正在积极探索非Pt催化剂作为替代。质子交换膜是另一个核心技术,目前主要应用的有全氟化磺酸质子交换膜和磷酸掺杂型高温质子交换膜两类。膜电极的工艺主要有转印和喷涂两种,其结构依次为碳纸→疏水碳层→催化剂→膜→催化剂→疏水碳层→碳纸,共七层。双极板也是关键技术之一,包括石墨双极板、金属双极板以及复合双极板,均已实现产业化。高压空气泵是燃料电池汽车空气系统研究和开发的重点,其中无油润滑离心空压机的性能和寿命是当前研究的重大挑战。

这些技术的发展和优化对于提高燃料电池汽车的性能、降低成本、延长寿命等方面具有重要意义,是推动燃料电池汽车商业化的关键因素。

国外燃料电池汽车的发展已经经历了三个主要阶段:

(1) 1990—2005年:燃料电池汽车示范应用验证阶段。在这个阶段,燃料电池汽车主要是概念验证和初步的实际应用测试,涉及基本的技术和车辆性能评估。

(2) 2005—2012年:第二代燃料电池汽车发展阶段。燃料电池汽车开始进入更广泛的市场测试,技术和性能得到提升,开始向公众展示其潜力和实用性。

(3) 2013年至今:第三代燃料电池汽车发展阶段。这一代的车辆在性能、可靠性和成本效益等方面都有所突破,开始进入商业化阶段。

国内燃料电池汽车在市场需求和政策支持的双重驱动下,表现出显著的后发优势,已经进入"十四五"全面推广示范阶段。已有10000余辆燃料电池汽车在中国进行示范运行,显示出中国在推动燃料电池汽车技术商业化方面的决心和进展。

质子交换膜燃料电池在全球市场上被认为是电动汽车未来的主力电源,其市场前景被广泛看好。全球燃料电池市场规模在2016年达到了50亿美元,并预计到2030年将增长至230亿美元。同时,质子交换膜燃料电池在全球燃料电池市场占比达到88.6%,成为市场增长的主要推动力。到2050年,全球氢能源消费预计将占总能源需求的18%,市场规模可能超过2.5万亿美元。这一预测体现了氢能源及燃料电池在未来全球能源结构中的重要性。燃料电池汽车将成为全球汽车市场中增速最快的细分市场。预计到2030年,随着技术的进步和成本的降低,燃料电池汽车的市场接受度将显著提高,从而推动整个行业的快速增长。

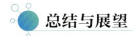 总结与展望

以下是对于未来电化学电池的发展状况的总结:随着全球对环境保护和可持续发展的关注,传统基于化石燃料的能源获取方式正面临挑战。可再生能源如太阳能、风能等成为新的选择,但这些能源的间歇性和不稳定性使得发展相应的储能技术成为必要。电化学电池在新能源汽车领域具有不可替代的作用,是实现车辆电动化、减少碳排放的关键技术之一。同时,对于电网而言,电化学电池提供了一种有效的能量调节和储备手段,有助于提高电网的稳定性和可靠性。前沿热点电池技术正在不断发展:

(1)全固态锂离子电池:相比于传统锂离子电池,理论上具有更高的安全性和能量密度。

(2)锂硫电池:理论能量密度高,且以硫为原料,成本低,是有潜力的下一代电池技术。

(3)钠离子电池:作为锂离子电池的补充,资源丰富且成本低廉,尤其适合大规模储能应用。

(4)燃料电池:特别是质子交换膜燃料电池,因其高能效和低排放的特点,在交通和静态储能领域具有广泛的应用前景。

(5)液流电池:适合于大规模储能,具有高功率和容量独立设计的优势。

电化学电池的研究与开发重点,一方面,要提高性能指标,包括能量密度、功率密度、寿命和安全性,这也是电池技术持续追求的目标;另一方面,要持续进行材料创新,探索低成本、高性能的电极和电解质材料,这对于提升电池性能和降低成本至关重要。

综上所述,电化学电池的未来发展将紧密围绕可持续能源的利用和高效储能技术的需要展开。从新能源汽车到大规模电网储能,电化学电池都扮演着至关重要的角色。同时,前沿的电池技术如全固态锂离子电池、锂硫电池、钠离子电池、燃料电池和液流电池等,将是未来研究和产业化的热点。

陈国华
加拿大工程院院士

　　中国香港工程院院士、香港工程师学会会士，美国化学工程师学会会士，香港城市大学讲座教授。
　　主要从事电化学废水处理技术、用于氧/氯析出的先进电极材料、锂/钠离子电池的先进材料、聚合物化学气相沉积表面功能化、高性能储能用锂硫电池、氨的电化学合成等方面的研究。发表350余篇高水平期刊论文，Google学术引用40000余次。

锂硫电池的研发进展

国轩高科第13届科技大会

锂硫电池并非一种新兴技术,迄今已有数十年的研究历史,特别是在过去的20多年里,其发展速度尤为显著。我们团队发表于 Electrochemical Energy Reviews 的文章对锂硫电池的各个方面进行了全面总结。接下来,我将与大家分享关于锂硫电池所面临的挑战、取得的成就以及未来的机遇。

锂硫电池的挑战

当前,电池已成为全球范围内不可或缺的必需品。电动汽车及电网储能为电池带来更为广阔的市场。众所周知,传统的锂离子电池在能量密度方面已接近现有材料的极限。如果要达到各国期望的目标,比如开发出能量密度高达 500 W·h/kg 的电池,并且要求这种电池既便宜又高效,那么基本上需要采用不同的化学材料体系。

斯坦利·惠廷厄姆(M. Stanley Whittingham)教授在锂离子电池领域的研究起步甚早,并于2019年荣获诺贝尔化学奖。尽管他对锂硫电池的研究并不多,但每当他发表关于电池技术的演讲时,总是强调锂硫电池将成为未来电池技术的游戏规则改变者。在多次会议中,我有幸与他交流,每次我都会向他询问对软包电池是否感兴趣,是否看好其发展前景。2022年底,他着重提出一个将锂硫电池推向实际应用领域的前提条件:那就是它能够在客户的工况下工作。基于此,目前业内研究的核心方向,便聚焦于如何在工业层面实现锂硫电池的规模化生产与应用。

锂硫电池的优势之一在于,硫作为一种原材料,来源广泛。在国内,硫有一定的市场,而在美国、加拿大等国家,硫的价格极为低廉,甚至可能需要支付费用才能处理掉过剩的硫。此外,硫的能量密度相对较高(图1),理论上其能量密度可以超过 1.6 kW·h/kg。

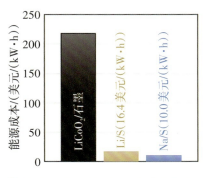
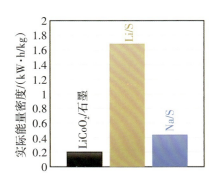

图1 LiCoO$_2$/石墨电池、锂硫电池和钠硫电池的比较[①]

在锂硫电池的技术发展进程中,存在诸多挑战。其中,硫自身具有绝缘特性,并且硫与锂发生反应生成绝缘的硫化锂后,电池的绝缘性问题变得极为棘手,严重影响电池性能,如果不加以改善,难以满足实际应用需求,因此,亟待探索有效的解决方案。其次,放电过程中产生的多硫化合物能在电解质中溶解而引发一系列问题。锂硫电池中的多硫化物穿梭效应(图2)不仅降低了库仑效率,还直接影响电池的安全性和寿命。此外,负极材料也存在一系列固有问题,这些问题是锂硫电池需要解决的技术难题。其中,最为突出的问题包括安全隐患以及充放电过程中极大的体积变化。

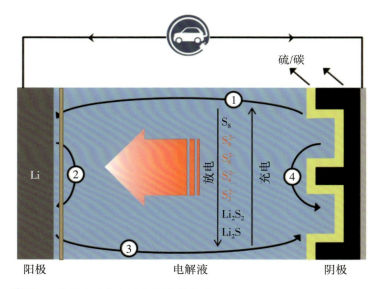

图2 锂硫电池的多硫化物穿梭效应

[①] Manthiram A, Yu X. Ambient temperature sodium-sulfur batteries [J]. Small, 2015, 11 (18): 2108-2114.

我们运用多组不同的关键词开展在线检索,结果显示,在过去20多年里,锂硫电池的相关研究文献数量超过12000篇。这一数据直观有力地印证了该领域研究活动的高度活跃态势,也反映出锂硫电池在学术和科研层面备受关注,正成为科研工作者持续探索的热门方向。学术界的主要研究方向集中在探索各种方法以提升锂硫电池的性能。例如,设计适当的正极框架,以适应硫的体积变化;利用具有合适官能团的导电硫宿主材料,解决硫导电性差的问题;通过改性电解液,防止硫溶解;采用隔膜和中间层技术,限制多硫化物的迁移;以及在锂金属负极上引入保护涂层,避免锂枝晶的产生。目前的研究不仅仅聚焦于枝晶问题,还包括如何尽量减少锂的使用量,因为在实验室中锂的使用通常是过量的。

对于锂硫电池正极宿主的构建,碳材料扮演着极其重要的角色。这包括从无定形碳到石墨类材料的多种形态,以及表面改性的碳材料,比如掺杂氮元素或进行其他表面改性处理。此外,碳材料的孔隙度也非常重要,我们知道碳不仅作为硫的宿主,还能将硫固定在正极上。为了使锂离子快速输送到电极内部,正极材料需要设计有微孔、中孔和大孔等不同大小的孔隙。根据不同的研究需求,不同科研团队已经发表了有关0D、1D、2D、3D等多种形态碳材料的研究文章。

锂硫电池的成就

除了碳材料,金属基纳米材料也可作为硫的负极材料。TiO_2-硫作为蛋壳-蛋黄(York-Shell)的结构,不仅是简单的硫包覆,而且在包覆后留有一定的空间,这样的设计可以使其内部具备缓冲空间,而外部能够抵抗压力,甚至可以在表面修饰以引入化学作用。

另外,在管状结构中填充MnO_2,这样的设计不仅具有宿主效应,还可以发挥还原催化剂的作用。将氧化物放置在碳或石墨烯旁边,由于它们对多硫化锂的表面亲和力较高,这在安全性方面表现更加出色。还有其他种类的金属基纳米材料作为硫宿主,例如Co_9S_8、MXene、Fe_3C@N-GE-CNTs。其中,MXene是当前非常热门的一种二维材料,也有研究者在进行相关研究。

此外,由钴、铁、磷三种元素组成的纳米立方体所呈现的循环特性也极为优异。还有高熵金属氧化物以及高熵硫。实际上,高熵金属氧化物相对来说有进一步发展的空间,并且具有相对的安全性。我们也在对高熵硫展开研究。这种材料化学活性极高,在反应生成的过程中以及后续处理时,要谨慎避免引发火灾的风险。因此,虽然对这方面感兴趣的学者可以尝试进行研究,但必须强调,安全性是一个极其重要的考量因素。

高熵合金具有极高断裂韧性、高硬度、良好的耐磨性与抗腐蚀性等优异性能。高熵金属需先包含5种及5种以上元素,再与氧化物或硫结合,形成一种在性能方面无须局限于特定标准的氧化物或硫化物。这种材料在循环过程中展现出相对较高的稳定性。同时,使用者能够依据具体需求,灵活选择不同金属:部分金属可用于吸附,部分金属能维持材料结构的稳定性,还有部分金属可作为催化剂发挥作用。因此,这种材料可以同时满足多个方面的性能需求,这确实是一种非常优秀的材料。然而,目前关于这方面的研究还相对较少。

关于电解质的改性研究,目前大多数集中在液体电解质上,但近年来固体电解质的研究也在逐渐增加,包括聚合物PEO基凝胶、无机复合玻璃基和晶体基等类型。

在隔膜的改性方面,目前尚未开发出专门针对锂硫电池的隔膜。我们尝试过几款据说对锂硫电池较好的隔膜后,发现它们在真正制成软包电池时的表现并不理想。实际上,效果较好的方法还是在现有隔膜的表面进行一些改性处理。最直接、最简单的改性方法是在隔膜上增加一个中间层,或者在隔膜表面涂覆金属氧化物或其他材料,如活性炭纳米纤维、碳纤维、氧化钛等。此外,使用金属有机框架(MOF)作为夹层的效果也非常出色。采用不同材料涂层的情况,例如氮化钒涂覆的聚丙烯(VN coated PP),与普通的PP隔膜相比,其表现同样非常优秀。氮化钼/石墨烯(MoN/Graphene)在进行表面改性后,效果也相当不错。

为了实现锂的均匀沉积,我们有一些可使用的策略,例如锂金属-电解质界面的优化、结构化负极设计、合金负极的应用以及固体电解质的应用。这些策略在未来锂离子电池中可能会被应用,而锂硫电池也面临着同样的问题,即如何确保此类界面能够被控制、维持且不被降解。

此外,黏结剂因为其在工业化生产过程中的重要性不容忽视,在近期也受到了广泛关注。由于聚乙烯吡咯烷酮(PVP)对多硫化锂具有相对较高的结合能,因此其表现确实出色。不同官能团的黏结剂哪个更为合适,取决于它们与锂或多硫化锂的结合能高低。例如酯、酮这样的官能团。

最近报道的用于高硫负载正极的黏结剂包括聚乙烯醇(PVA)、聚乙烯亚胺(PEI)、植酸交联超分子黏结剂、多功能纤维素纳米晶体、聚丙烯酸大豆蛋白等材料。

可商业化的锂硫电池的基准实际上是一个被简化、更易于实施的标准。负极可逆容量与正极可逆容量的比值(N/P)小于5是正确的方向,但实际上,为了在工业上使这种电池变得可行,这个比值需要远远小于5。目前,就硫的负载量而言,大多数研究者已经能够实现大于5 mg/cm² 的水平,有些甚至达到了8 mg/cm²。

锂硫电池的机遇

我们将探讨一些在学术和工业领域具有重要价值与发展潜力的机遇。首先,是大规模、环保、低成本的锂控制技术。其次,是具有高机械强度的夹层能够加速离子传输并封装多硫化物。最后,3D金属集流体也是一个重要的研究领域。从电解质角度而言,未来采用固体电解质的趋势较为明显。对于锂硫电池实现规模化工业生产,电解质的选择(液体或固体电解质)至关重要。在此过程中,构建一套简化高效的电解质系统以及具有混合或双层电子结构的体系十分必要。与此同时,开发能够适应更宽温度范围的隔膜以及降低添加剂的用量也极为重要。在高硫负载的条件下,黏结剂的作用同样至关重要。基于成本效益分析,低成本的2D材料和高熵硫在材料科学领域展现出显著优势,成为当下极具潜力的研究方向,备受学界与产业界的关注。生态合成方法在材料制备领域的应用研究也具有重要的学术与实际意义。在制造方面,值得注意的是用于能量存储的硫化聚丙烯腈(SPAN)。此外,通过运用原位单光子X射线或中子散射技术来监测电化学反应过程,进一步理解电池在充放电周期内的机制演变,对于确保电池能长期安全稳定运行来说,是一项不可或缺的研究工作。

综上所述,要点如下:锂硫电池作为下一代储能器件,受到广泛关注;在锂硫电池的负极、正极、隔膜、电解质和黏结剂等方面已取得显著进展;不断增加的研发机会促使科学家和工程师投入更多精力;工业规模的研究已取得令人鼓舞的成果。锂硫电池的基础研究已历经数十年之久,目前多个地区正在进行放大实验,且有数家大型企业已公告其计划,预期将在2025—2028年推出大规模电池产品。在不久的将来,预计5~10年内,锂硫电池将在储能及动力领域发挥重要作用。在动力领域的应用场景中,无人机有望成为锂硫电池的首个应用案例。这主要是因为,锂硫电池在初期阶段,小规模生产的产品价格不会低于当前市面上的其他电池产品,这就使得其潜在用户主要集中在那些对能量密度有极高要求,并且具备相应成本承担能力的行业。

温兆银
亚太材料科学院院士

中国科学院上海硅酸盐研究所能源材料研究中心主任、二级研究员、博士生导师，亚洲固态离子学会主席，中国硅酸盐学会常务理事，上海市能源研究会理事，美国电化学会会员，国际固态离子学会会员，江苏中科兆能新能源科技有限公司总经理。

主要从事固态离子学和化学电源领域的研究工作，开展的研究方向包括固态电解质材料研究与开发、钠（硫）电池及全固态锂离子电池研究、锂空气和锂硫等新型二次电池研究、核聚变相关的增殖剂及氢同位素纯化与分离膜材料研究等。负责"十三五""十四五"重点研发计划项目、国家自然科学基金重点项目等50余项。2007年入选上海优秀学科带头人计划，作为负责人研制成功的大容量钠硫电池被评选为2009年"中国十大科技进展"，并获国家科技部"十一五"国家科技计划执行突出贡献奖，2009年享受国务院政府特殊津贴，2010年入选上海市领军人才，获得省部级一等奖3项。在国内外学术刊物发表论文430余篇，连续入选Elsevier 2015—2022年中国高被引学者榜单（能源类）。

固态电池技术进展

国轩高科第13届科技大会

从2022年1月至8月的全球动力电池装机容量数据来看,我国有6家企业跻身全球前10的出货量排名(其中包括国轩高科)。韩国和日本分别有3家和1家企业入围。这充分体现了亚洲,尤其是我国在锂离子电池产业及电动汽车推进方面的显著实力和影响力。从当前数据和趋势来看,锂离子电池的未来发展前景无疑是光明的。随着市场对锂离子电池的要求日益提高,我们有必要共同探讨并应对该领域所面临的挑战与问题。

 固体电解质与电池

最早的固体电解质材料早在1838年就被发现了,但当时并不为大众所熟知。时至今日,固体电解质电池的概念已深入人心,并成为当下电池技术领域的热门话题之一。固体电解质已在多种电化学器件中得到应用,并且部分固体电解质电池已经迈向规模化商业应用。迄今为止,已发现多种重要的固体电解质体系,涉及多种离子类型,包括阴离子和阳离子,其中锂离子、钠离子等的固体电解质是比较典型的体系。

目前,真正进入实际应用阶段的固体电解质电池材料体系和电池类型主要包括以下几种:首先,是以氧化锆陶瓷为固体电解质的固体氧化物燃料电池;其次,是以钠离子导体β″-氧化铝陶瓷为固体电解质的钠硫电池,该类型电池在市场上已有近20年的应用历史;最后,是微型全固态锂离子电池,其设计为薄膜形式,代表了真正全固态电池技术的发展方向。这些实际应用的固体电解质电池都基于无机电解质体系。这些无机晶体化合物不仅具有高离子电导率,呈现低阻抗,还具备高稳定性以及适应长寿命运行所需的综合性能。然而,除了上述性能要求,低成本等因素也是决定电池能否广泛应用于市场的重要考量。只有当这些因素都能满足,实现高性价比时,固体电解质电池才能真正得到广泛应用。

固体电解质电池领域不仅包括当前我们积极追求的全固态锂离子电池体系,还包含以陶瓷电解质为核心材料的其他电池设计。这些设计使得我们可以利用高活性的电极物质来使电池具备优异的动力学特性。通过制造足够致密的电解质,可以有效防止任何活性物质在电极间发生不利穿梭。原因是当电解质足够致密时,便可以使用气态或液态的电极活性物质。

如今,我们正致力于开发全固态锂离子电池以及全固态钠离子电池。此前提及的三种应用实例分别对应不同的电极活性物质:燃料电池对应气态电极,钠硫电池对应液态电极,而全固态电池则追求固体电解质与固体活性物质的结合。这种结合使电池中的高活性气体、液体物质的活跃度逐步降低,尤其是界面动力学过程的减缓,为全固态电池的研究带来了根本性的挑战(图1)。

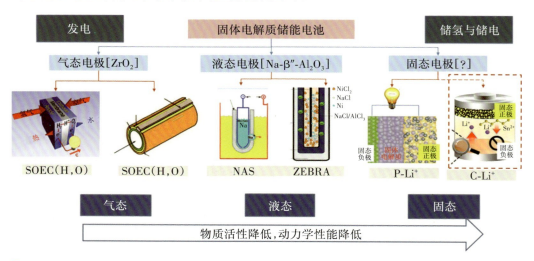

图1 固体电解质电池的设计

在实验室中,我们团队开发了多种基于固体电解质的电池体系,包括锂离子电池、钠离子电池,以及基于氢离子(质子)和氧离子导体的电池。图2左上角展示的是我们研发的固态锂离子电池,该固态锂离子电池的核心材料为混合固体电解质。我们已经从最初的型号演进到现在更为先进的型号,实现了其在实际应用中的部署。图2右上角的两组图片分别展示了陶瓷钠离子导体的固体电解质电池。其中,一组是钠硫电池,这种电池具备长时间储能的能力,并且能够全功率运行,最长可分别按额定功率持续充电和放电8小时。另一组是钠-氯化镍电池,这种电池最大的特点是其极高的安全性。图2左下角的图片展示的是基于氢离子导体和氧离子导体的燃料电池,以及电解水制氢的相关电池和系统。图2右下角的图片则展示了我们利用钠硫电池构建的一个1.2 MW·h的储能电站示范项目。所有这些电池技术都与我们的陶瓷电解质研究直接相关,反映出我们对固态电池技术的深入理解。

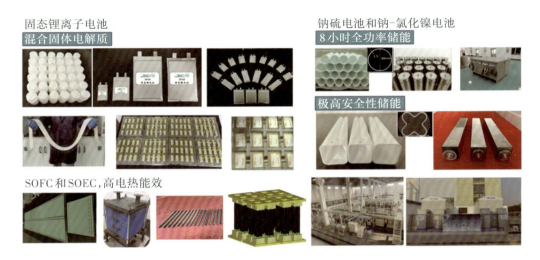

图2　开发的固体电解质及电池

固体电解质电池技术存在的难题早在多年前就已被提出,并且至今仍是我们攻克的对象。大约是在2011年,我们与美国某家世界500强企业合作研究设计全固态电池体系,当时的目标是使用陶瓷薄膜作为电解质,以金属锂代替石墨作为负极,同时考虑使用比容量更高的硫或氧气作为正极活性物质。这样的设计使得我们能够在原有锂离子电池的基础上,实现固态锂离子电池、固态锂硫电池以及固态锂空气电池的高比能量。然而,这一切都是基于使用金属锂和薄膜固体电解质的前提。通过这种设计,在实现高比能量的同时,还能利用固体电解质的本征特性来确保电池的高安全性,尤其是采用陶瓷电解质,其不可燃的特性为全固态电池提供了更高的安全性能。

通过比较锂离子电池与固体电解质钠电池在电站的应用情况可知,固体电解质钠电池在体积能量密度和质量能量密度上具有优势。因此,我们研制的固体电解质电池不仅在安全性上有所提升,而且在系统能量密度上也有望得到显著提高。

全固态电池及挑战

本人牵头的"十四五"国家重点研发计划项目——基于材料基因工程的全固态电池关键材料的设计、制备与应用,是国内首个专注于全固态锂离子电池的重点研发项目,该项目在功能材料领域正式立项。我们的目标是研究真正意义上的全固态电池,而非采用混合电解质的妥协方案。为此,我们设定了明确的研究目标:开发高性能固体电解质和高容量电极材料;研制 10 A·h 级以上高容量全固态锂离子电池,其能量密度应达到 350 W·h/kg,且在 1 C 的倍率下可循环充放电 1000 次,系统能量密度达到 260 W·h/kg,实现在寒冷环境中的应用验证。作为项目的一大成果,目前项目组已成功研制出容量超过 10 A·h 的全固态电池。

在探讨全固态电池时,我们必须认识到,与传统锂离子电池相比,全固态电池在安全性方面具有显著优势。然而,要实现全固态电池的广泛应用,首要挑战之一便是电解质问题。用于高能量密度二次电池的实用固体电解质的基本要求为:室温下离子电导率要高达 10^{-2} S/cm;界面阻抗与晶界电阻低,电子电导率可忽略不计;拥有较宽的电化学稳定窗口;与电极尤其是金属锂负极之间具备良好的化学稳定性;热膨胀系数能与两个电极相匹配;成本低,产量高,易于合成,并且对环境友好。在固体电解质中,离子的运动不再像在液体中那般自由,因此,寻找具有更高导电性的锂离子导体成为当前的关键任务。

目前,尽管众多体系正处于研究阶段,但总体来看,这些离子导体应用于全固态电池时,性能仍显不足。它们或许在某一特定方面,如离子电导率、机械强度或热稳定性表现出色,但综合性能往往欠佳。因此,即便材料研究领域新体系不断涌现,距离实现真正实用化的全固态电池仍有很长的路要走。为此,需要研发涵盖氧化物、硫化物、聚合物等在内的新型材料,并尝试多种体系的复合。这是一个集体攻关的过程,目前尚无任何一个体系能够真正投入实际应用,不过这也预示着未来研究蕴含着巨大潜力与机遇。

全固态电池面临的最大挑战在于其界面问题。由于所有物质均为固态,具有明显的刚性。当两个刚性物体相互接触时,就如同我们在地面上行走时会感受到摩擦力,而在水中游泳则较为自如。在全固态电池中,界面不仅存在于电极与电解质之间,还存在于电极内部等位置。我们会面临化学、热、机械以及电化学方面的匹配和相容性问题。界面的具体要求包括:电极与硫化物固体电解质之间的界面阻抗必须非常低且稳定;要有均匀坚固的界面,能够抵挡锂枝晶的生长;要将活性锂的损失降至最低,保证高的循环稳定性。此外,全固态电池面临的挑战还有:物理接触不良;化学不稳定性;扩散与渗透(锂枝晶生长);循环过程中的机械不稳定性;等等。

固态电池及其优化

固态电池在施加压力的情况下能够工作,因为固体与固体之间总是存在间隙,而当施加足够的压力时,能够降低其电阻。当金属锂与陶瓷电解质之间的压力达到

400 MPa时,界面阻抗几乎消失。然而,固态电池在如此高的压力下工作,实用性会大大降低。因此,我们需要寻找其他方法来降低界面阻抗,从而提高固态电池的实用性。关于界面改性,我们设计了一条技术路线,即在全固态的界面上,使用极微量的弹性或可塑性物质进行融合,其中包括液体电解质。

目前,许多研究都尝试在界面上添加一些液体电解质,以使电池能够正常工作。从理论上讲,这种添加了液体电解质的电池不算全固态电池,但这种做法确实从根本上提升了电池的适用性,并且能维持电池足够的安全性能。在界面上加入微量的液体电解质(这种操作有时也称为润湿),界面的阻抗会立即急剧降低,电池能够承受的电流密度也会呈数量级增长。倘若没有这个措施,全固态电池只能承受$100~\mu A/cm^2$的电流密度,如此低电流密度的电池在动力电池领域乃至储能领域都没有实用价值。虽然液体电解质能发挥作用,但全固态电池严格意义上可能并不允许添加液体。

我们提出了一种采用可降解聚合物进行界面修饰的方法,这种聚合物在界面上能够通过降解过程形成极其微量甚至可以忽略不计的液体电解质组分,从而起到增强界面可塑性的作用。这一过程持续进行,能够形成一个长时间稳定的界面。如果没有这样一个稳定的界面,直接将电解质制成固态锂离子电池,电池的寿命将非常短暂,金属锂表面很快就会出现枝晶生长,导致电池短路。然而,经过这样的界面修饰后,电池便能实现长时间稳定运行,拥有较长的使用寿命。

在当前界面改性的研究领域,众多策略层出不穷。然而,我们究竟需要何种界面改性策略呢?一个理想的界面应当能够增强结合力,同时促进锂离子的有效迁移。此外,这样的界面层还需具备足够的机械性能,以抵御锂枝晶的穿透。为此,研究人员尝试了众多体系,包括利用含钠的化合物对锂进行修饰,以及运用含硼、氟的盐类。

在我们的设计中,采用氟硼酸锂和水溶液作为前驱体系。水溶液体系能使陶瓷电解质表面呈碱性,进而溶解形成含有氟化锂、氟化钠和偏硼酸锂的混合物。在这些化合物中,氟化钠显著增强了对锂的亲和性,提升了界面结合力,并且更有效地抑制了枝晶的生长。因此,相较于以往的纯锂体系,这一新体系的性能获得了显著提升。对于陶瓷界面的改性,或许需要从更多角度综合考虑不同的策略。

在当前实际应用中,陶瓷电解质仍占据主导地位。虽然聚合物电解质早已被尝试应用于固态锂离子电池体系,但总体而言,聚合物相较于陶瓷,在机械性能方面仍显不足。尤其是当我们追求高能量密度并使用金属锂时,由于锂枝晶具有显著的刚性,聚合物电解质在抵御锂枝晶穿透方面面临挑战。氧离子导电的陶瓷电解质和钠离子导电的陶瓷电解质已分别在燃料电池和钠离子电池中得到应用。这些陶瓷固体电解质不仅具备极高的钠离子导电性能,还具有优异的机械性能。在工作状态下,其离子导电性能甚至超越液体电解质,且其强度是当前研究中锂离子导体强度的2倍乃至3倍。它们的断裂韧性也足够高,这意味着即便面对枝晶生长,陶瓷电解质也能有效地抵抗其穿透。

在采用陶瓷电解质的钠离子电池中,尽管陶瓷内部存在钠枝晶,但这些枝晶无法穿透陶瓷。鉴于储能电站需要长达15~20年的使用寿命,人们可能会问:钠是否会像金属锂一样在陶瓷中沉积?事实上,随着时间的积累,确实有可能,不过这通常发生在10年甚至15年之后。因此,拥有一个足够坚固的固体电解质是构建全固态电池的基本要求。

目前,我们也开发出了一些锂离子电池的固体电解质。为了实现高能量密度,陶瓷电解质需要做得足够薄。同时,我们也希望利用陶瓷电解质的一些特性,例如其不可燃的特性。然而,尽管当前的锂离子导体电导率已经达到一定水平,但陶瓷的力学强度仍然不足。因此,我们往往需要进行有机和无机材料的复合。我们希望将无机电解质作为主要的导电相,充分发挥其单离子导电的优势。我们将陶瓷制成连续相,然后将有机单体注入具有一定孔隙率的陶瓷基体中,使其原位聚合,从而形成有机和无机物均为连续相的复合电解质。通过这种方式,锂离子对电导率的贡献达到了83%,而在常规的聚合物电解质或简单复合体系中,锂离子对电导率的贡献不到30%。这样更高的锂离子贡献可以降低电池的极化,并且使电解质更多地具备无机电解质所具有的强度、耐火性等特性。在此基础上,我们还向复合电解质中添加了更多的功能性物质,例如阻燃性添加剂等。

此外,我们也期望能够提高有机电解质中阳离子的导电贡献。在近期研究中,我们通过聚合型的阴离子来提升电解质中阳离子的导电性,利用了一种具有环状基团且能自聚合的盐,使其自聚合,从而让阳离子具有更高的迁移率。这一体系在钠离子电池中得到了应用,我们获得了一种接近全固态的聚合物电解质,其阳离子对电导率的贡献超过了80%。然而,使用这种电解质时,全固态电池仍存在界面问题,需要在正极使用少量液体进行润湿,以使电池能够工作。大家可能认为,只要在界面上添加了液体,就不能称之为全固态电池,因此,实现全固态的难度非常大。我们是否能实现全固态?这些折中的方法是否可行?这是我们需要共同深入思考的问题。

结论与展望

综上所述,可得出以下结论:基于固体电解质设计的二次电池在能量密度和安全性方面具有潜在优势;从目前的电池体系向高安全性的固态电池体系发展,是实现二次电池全固态化的可行路径;固体电解质是全固态电池的核心材料,除须具备足够的离子电导率以外,高度致密性和良好的力学性能是实现电池高性能和长寿命使用的必要条件;陶瓷电解质是锂、钠金属负极二次电池的优选电解质材料体系;刚性电解质与电极之间的界面共形以及界面改性优化是二次电池获得基本动力学性能的重要保证。

在此对固态电池面临的实际挑战进行简要概括:第一,固体电解质高强韧性与薄膜化之间存在矛盾。电解质既需要具备高强度和高韧性,又要实现薄膜化,因为只有薄膜化,才能保证电池具有高能量密度。对于无机电解质而言,薄膜化后,其机械强度会降低。而在进行复合时,又会面临新的问题,即复合后的有机电解质的阻燃特性可能会降低。研发全固态电池的初衷是为了彻底解决锂离子电池的安全问题。然而,即便它在100 ℃或200 ℃下不燃烧,一旦失控,在300 ℃或400 ℃的情况下,依然存在燃烧的风险。第二,界面化学相容性及修饰与低阻高功率之间存在矛盾。当为了改善界面相容性而添加修饰层时,会增加一个新的界面层,导致阻抗提高,进而降低功率密度。第三,电极的高能量与高功率之间存在矛盾。为了确保电池有足够的能量,需要在电极中加入更多的活性物质。但在全固态体系中,这样做可能导致电流密度降低,从而影响电池的功率特性。第四,电池高性能与(制造)成本之间存在矛盾。当前能够制造出性能优异的微型全固态电池,其性能甚至达到了相当高的水平。然而,这种电池不适合大规模制造,若将其用于动力电池或大型储能系统,其可行性就会大打折扣。

因此,我们面临着许多值得深思的问题:其一,固态电池全电池的刚性与应力应变容忍度的平衡问题。其二,部件组合技术与锂离子电池技术的可兼容性问题。特别是对于有机-无机复合材料或无机体系而言,其制造技术与当前锂离子电池的制造技术存在显著差异。其三,固态锂离子电池是否能以极简设计被广泛应用。如果设计过于复杂,其实用性将大打折扣。其四,混合电解质电池的安全可靠性问题。目前,大家正在研究混合电解质电池,其安全性确实有所提升,但关键在于其性价比能否弥补因安全性提升而增加的成本。其五,全固态电池是否足够安全问题。这也是我们未来研究的重点。如果全固态电池足够安全,我们或许愿意为其付出一定的代价。然而,能量密度越高,放热速度和放热总量也会相应增大,从而增加安全风险。这些安全风险可能同样存在于全固态电池中,所以全固态电池可能隐含的安全隐患也不容忽视。虽然固体电解质可以提高电池的安全性,但如果固体电解质本身不够安全,一旦发生局部热失控,同样会引发全固态电池的安全问题。所以这些问题都需要我们不断地研究和探索。固态电池,看似遥远却又似可触及。坚守定力,期待极简未来!

黄云辉
华中科技大学教授

华中科技大学学术委员会副主任、博士生导师，长江学者特聘教授，国家杰出青年科学基金获得者，科技部高端功能与智能材料专项总体专家组专家，中国材料研究学会常务理事，中国硅酸盐学会固态离子学分会理事，中国化学会电化学专委会委员，*Electrochem. Energy Rev.* 副主编等。

在北京大学取得学士、硕士和博士学位，随后在东京工业大学、美国得州大学奥斯汀分校进行博士后研究工作。长期专注于锂离子电池等新能源材料与器件领域的研究工作，在 *Science*、*Nat. Mater.* 等学术期刊上发表论文600余篇，这些论文被引用71000余次，H因子达到138。在2018—2023年期间，连续入选全球高被引科学家和中国高被引学者榜单，授权专利100余件。研发的磷酸铁锂复合正极材料、电池超级快充和电池超声扫描成像等技术已得到广泛应用。以第一完成人身份，获得国家自然科学奖二等奖1项、省部级自然科学奖一等奖2项、中国材料研究学会技术发明奖一等奖1项。

电池实时监测技术及应用

国轩高科第13届科技大会

电池实时监测技术对于提升电池性能、保障电池健康运行和安全防护等方面均至关重要,但它也是行业面临的难点与痛点。回溯历史(图1),100多年前就已经出现了利用物理方法,通过监测电流、电压及温度等数据来监控电池健康和运行状况的技术。超声传感是一种理想的无损监测方式,可获得电池内部的结构变化、电解液分布与产气等信息。光纤散射技术具有高空间分辨率和高精度,可同时监测电池上千个位置的温度与应变信息。此外,引入非侵入式原位监测技术,能够实现对电池的日常监测和全生命周期管理,从而为新能源汽车和规模储能保驾护航。

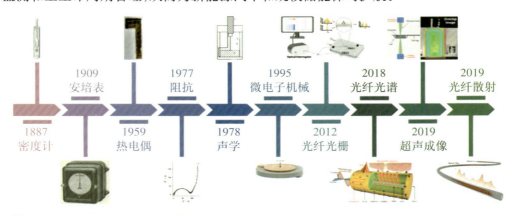

图1 电池实时监测技术的发展

超声传感

当前,锂离子电池面临安全性挑战,需要将先进的传感监测技术与电池管理系统相结合来解决问题。而现有电池管理系统监测的物理量仅局限于电压、电流、温度,无法全面、准确地感知电芯的健康状态,很难有效预警潜在风险,因此需要结合声、光、热等多物理场参数。将声、光、热等内部信号监测引入电池管理系统,可实现高灵敏、高区分度的热失控早期预警。

锂离子电池等的封闭式结构,给其原位分析表征带来了巨大挑战。若对电池进行拆解分析,通常无法获取实时原位的结构信息。这是因为电池组分对空气高度敏感,电解液浸润、产气等状态无法保持,而且电极过程弛豫时间较短。若对电池进行原位分析,则需要实现新技术突破。因为电池内部缺乏可以穿透电池的信息载体,特制原位电池与真实电池差异巨大,而且分析速度与精确度不尽如人意。

目前,我们掌握了许多可应用于电池实时监测的技术,其中包括成像分析技术,如X射线成像、中子衍射以及电化学分析技术等。这些技术各有其优点和局限性。而如何准确捕获电池内部的信息仍旧是一个技术盲区。基于这些挑战,我们团队在10年前开始开发利用超声技术进行无损检测的方法来监测电池内部状态。其类似于医学中常用的B超技术,通过分析不同界面下的超声波透射和反射信息来进行判断。超声波在遇不同介质界面时会发生反射和透射现象。在声学特性阻抗差异显著的界面,其反射性较强;而在声学特性阻抗差异较小的界面,其反射性相对较弱(表1)。

表1 超声波在不同材料内部和界面的频率响应对比

物 质	纵波声速 $V/(km/s)$	密 度 $\rho/(g/cm^3)$	声特性阻抗 $Z/(\times 10^6 \, kg/(s \cdot m^2))$
空气(20 ℃)	0.344	0.0013	0.00044
水(36 ℃)	1.53	1.0	1.53
树脂	2.7	1.2	3.24
铝	6.3	2.7	17.01
铜	4.4	8.9	39.16

通过对超声波在不同介质界面的反射与透射特性进行分析,再结合波形与衰减的综合分析,我们能够准确判断电池内部界面的变化以及材料结构的改变。其原理本质上很简单,但解析电池内部的复杂情况却是一项挑战。

例如,在电解液浸润状态方面,电解液浸润不足将引起透过声波的额外能量损失;在副反应产气方面,气体生成会引起超声信号反射率增加、透射率降低;在材料荷电状态方面,电极材料的声特性阻抗改变会引起透射波形变化;在离子浓度极化方面,离子极化会导致超声透射信号随电流发生变化;在固-液界面膜生长方面,其生长会加大声传播路程,改变超声信号的声飞行时间;在材料结构衰变方面,裂纹产生会导致声波发生散射。电池超声检测技术使用频率超过20 kHz的超声波,这种超声波方向性好，信号可以穿透电池，并且能对电池内部多种演变过程做出响应。同时，我们依靠声信号在不同结构和界面中传播的差异，可对电池状态进行成像分析（图2）。因此，该技术是填补原位检测盲区的重要手段。

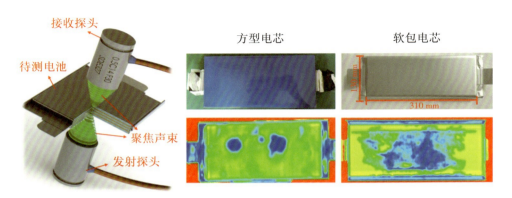

图2　对电池状态进行成像分析

我们团队研究了电池类型、结构、电化学性能与声学特性之间的关联机制和响应机制，并成功建立了相应关系。例如，浸润不良在声学反应中表现为声强减弱和声时延长，而电池内部的极化现象也会通过声信号的弛豫表现出来。同样，SEI膜的生长过程中也会出现特定的声学指纹变化。因此，分析不同电池体系需综合以上信息。

我们团队采用聚焦C扫描技术，研制出高灵敏电池超声扫描成像仪，该成像仪可表征电解液浸润、产气、析锂等情况，为电池健康状态的原位无损检测提供强有力的手段，为电池进行健康"体检"，助力电池在新能源汽车和储能领域的应用。该技术能够穿透20～30 cm的距离，适用于大多数电池型号的检测。超声技术展现出卓越的灵敏度，其声信号响应远早于电化学性能的衰减，因此具备预测电池寿命的潜力。此项技术有望显著缩短研发周期，可能达到现有方案所需时间的1/20，即从数年缩减至数周，极大提高研发效率。

目前，开发的设备在技术方面已逐渐成熟，我们能够在几秒钟内快速获取整个电池内部的图像，并通过图像直接判断电池内部状态。如今，超声扫描技术已发展到第6代。此外，我们团队已开发出不同型号的设备。据统计，现已有超过50家客户采用我们的设备，包括众多高校和研究所，他们利用这些设备进行各种基础研究。

如今，超声技术已应用于电芯生产过程中（图3）。例如，在浆料涂布之前，由于浆料储存于大型容器中，内部若产生泡沫会极大影响涂布质量。针对这一问题，我们采用了内置超声探头的方法，实践证明此方法对监测容器内的泡沫情况极为有效。同时，在电池注液过程中，电解液十分敏感，特别是在化成和除气阶段，而使用高灵敏度的超声技术进行监测,效果显著。此外,我们还可以在电池出厂前对电池进行全面的质量监控。这种监测基本不增加额外的生产步骤,只是在现有流程后增设一个检测环节。目前,已有几家企业开始采用此技术,我们希望借助超声技术为电池生产中的品质监控贡献力量。然而,仅依靠超声技术是不够的。因此,我们还结合了其他方法,如X射线成像、差分电化学质谱、电化学阻抗谱等技术。

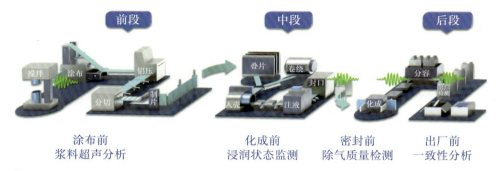

图3　超声技术在电芯生产过程中的应用

同时,超声技术在气体检测方面也取得了显著效果。用亚克力板密封一定形状、厚度为50 μm的气体层,对其进行超声扫描可获得不同孔径的清晰成像结果。气体在电池内部产生时,会形成大量微界面,这些微界面会引发多种副反应并消耗大量电解液,对电池健康造成严重损害。因此,能够有效检测到气体生成对于维护电池健康至关重要。

在析锂检测方面,通过低温快充方式引发电池析锂,随后立即拆解电池,并将拆解后的电池情况与超声扫描结果进行比对,发现两者在析锂区域和析锂程度上相一致,由此可快速确定析锂边界电流。在荷电状态检测方面,超声技术具有极高的精确度。

此外,超声技术也能用于研究电解液的浸润过程,包括其活化情况。我们可以清晰地观察到在不同温度条件下,电解液达到最佳活化效果所需的时间,这对于电解液的优化极为有利。同时,我们还能监测电解液在电池使用过程中的变化情况。在化成过程中使用超声技术,可以清晰地观察到产气现象。

最后,利用超声技术研究电池界面。聚合物保护层有助于提升锂金属电池的性能。一方面,将含聚合阳离子的聚二烯丙基二甲基铵(PDDA)和双三氟甲烷磺酰亚胺(TFSI)阴离子组成的聚合离子液体作为人工保护层,涂覆在锂金属上,前者提供静电屏蔽效应,使锂离子富集在锂负极表面,促进锂的均匀沉积和剥离;后者带来疏水特性以提高水分稳定性,同时促进稳定的SEI膜形成。另一方面,通过超声成像研究电池的产气情况和稳定性。当PDDA-TFSI@Li负极与高镍层状正极材料(NMC811)和磷酸铁锂正极配对时,该负极呈现出优异的电化学性能,在暴露于环境空气或与水接触后性能依然稳定,有效提高了锂金属电池的安全性。同时,超声技术也能用于研究锂负极在碳酸酯电解液中的循环稳定性,以及无负极锂电池的界面问题。当超声技术用于研究电池界面稳定性时,其敏感程度和分析速度均优于X射线计算机断层扫描。对于固态电池而言,其固-固界面的变化在超声检测过程中表现出极佳的响应特性。

如何准确解析这些响应,是技术上的一个挑战。在这方面,我们开展了大量研究工作,包括利用PEO等聚合物体系以及锂镧锆氧等氧化物体系,运用超声技术对界面进行深入分析。特别是针对固态电池界面变化显著的特点,我们还研发了一种具有自愈合功能的固态电解质。这种电解质可以在循环过程中有效抑制体积膨胀,从而有助于实现长周期循环稳定性。例如,利用聚醚氨酯电解质中的二硫键和氢键的自愈合特性,能够实现固态锂金属电池多界面自修复,提升界面相容性。我们通过超声扫描成像技术,能实现固态软包电池中多界面接触的原位无损检测,并对电池健康状况进行综合评估,探究电池失效机制,优化电池装配过程。此外,利用超声技术也能观察钠离子电池内部结构的变化。目前,我们正致力于构建人工固态电解质界面,以实现能量密度达到400 W·h/kg的锂金属电池,并探讨如何在其中应用超声技术。

以上讨论了超声技术在电池生产方面的应用。现在来看在电池应用层面如何利用声学信号进行早期预警。特别是在规模储能和储能电站中,对单个电池及电池包的监测至关重要。通过使用超薄声发射与声接收器件,也就是陶瓷换能片,我们可以实现这一目的。这种压电陶瓷成本极低,一小片可能仅需几毛钱,将其贴附于电池上,使其能够发射和接收超声波。若电池内部压强增加,会导致透过电池的超声波声场分布发生变化,声波特征参数发生偏移。通过提取声波特征系数,我们可以获取电池内部气压的信息。电池的压力变化反映了电池内部的界面情况以及体积膨胀等信息。因此,基于大量电池不同压强状态的声信号数据,建立声特征值与电池内压对应模型,可以实现电芯内部压强的实时估算(图4)。

当然,我们要将声学信号与传统电压、电流、温度监测相结合,开发电压、电流、温度、压强综合分析电池管理系统,提升电池荷电状态(SOC)与健康状态(SOH)的估计精度,实现对危险电芯的早期预警并自动断开相关电路,大幅提升电池系统的预警可靠性。通过结合电压、电流、温度监测技术和压强测量,我们可以清晰地了解电池的电化学状态,并通过分析压强和声学信号的变化来评估电池的失效和老化情况。这需要综合多种数据,如电压、电流、温度以及声学数据,将这些数据整合后通过电池管理系统进行有效处理。

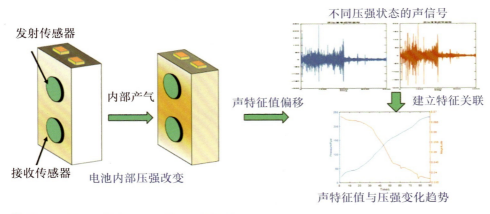

图4 基于声学原理的电芯压强传感网络

光纤传感

光纤技术能够弥补超声技术在温度和应力检测方面的不足,光纤技术的研究与应用是一个颇受关注的热门领域。其主要利用光栅、光谱和散射等方法进行监测,每种方法均有其独特的优势和面临的问题。

光纤光栅技术能够原位监测应力和应变的演化过程,以及电池在充放电过程中结构和体积的变化。应变振幅的转折点可能成为预示电池即将完全失效的先行指标。光纤光谱技术能够监测倏逝波和表面等离子光谱的实时变化,从而实现对电解液折射率和分子指纹信息的监测。光纤散射技术能够实时原位监测分布式应力-温度与电化学演化过程,以及电池在充放电、老化及热失控过程中的温度、结构和体积变化。在基础研究中,我们采用植入式的方法,特别是针对电池的正极或负极进行研究,尤其是负极,因为负极对应力变化更为敏感。如此,便可在电池循环过程中精确观察到应力的变化情况,这些变化对充放电过程的响应非常灵敏。我们通过观察应力变化的曲线,能够更好地研究电池的性能和工作机制。

光纤传感器可用于原位监测无负极锂金属电池的表面应变。首先,在充电或放电过程中,应力应变导数不恒定,均呈现先增后减趋势,这与NMC532(镍、锰、钴的比例为5:3:2的三元正极材料)正极的偏摩尔体积变化有关。其次,由于锂不断脱出和嵌入,正极材料含锂量的变化会导致其偏摩尔体积发生改变,电极材料也可能发生相变。最后,应力应变信号振幅与电池可逆体积变化相关,也与电池容量相关联,振幅拐点可作为预示电池完全失效的先行指标。

针对不同的电池体系,可采用光纤传感技术进行植入式监测,以解决一些机理方面的问题。例如,在硫正极材料中,由于涉及多硫离子和不同的相变过程,我们可以通过光纤技术监测这些变化情况。同样,对于金属锂负极,也可以利用光纤手段对其全生命周期进行监测。我们通过分析充放电过程中应力的变化,将每一圈充放电的变化差值绘制成曲线,可以发现这个差值实际上比电池完全失效的情况要提前几圈被感知到,因此它可以作为一个提前预警信号,这对于电池安全性的提前预警非常重要。

光纤技术还能实现电池的成像功能,并对电池的热场变化进行追踪。通过外部温度成像,并结合超声技术,我们可以实现电池材料—电极—电池多层级热与应变的实时原位成像,以研究它们的变化情况。因此,我们利用光纤技术追踪负极SEI膜的形成过程,发现SEI膜的形成与应变有很大关系,且呈现一定的规律性。特别是负极SEI膜的形成,通过结构形变可以感知到电池的安全健康状况。例如,在化成过程中,可以观察到不可逆的负极结构形变,这归因于石墨颗粒的不可逆膨胀和溶剂化锂离子共嵌入。总而言之,深入理解SEI膜形成机制能够为电池设计、制造以及电池管理和延长电池寿命的算法设计提供新视角。同时,这些传感系统也可用于观察电池老化情况,为研究电池失效提供新的视角,并为电池优化提供新的设计思路,特别是在固态电池领域。这是一个多学科交叉的领域,我们将光纤和超声数据结合起来,再借助人工智能和算法,以便更好地预测电池的剩余寿命、残值以及"跳水"等现象,从而推动电池智能化的发展。目前,我们团队与从事人工智能和软件开发的专家紧密合作,把热、力、声、气、化多物理场传感技术与电压、电流、温度相结合,以便更全面地探测电池安全性,进行寿命预测和安全预警。

总结与展望

为了满足国家对新能源汽车和规模储能的重大需求,解决电池高安全性、高能量密度等迫切问题,我们需要开发超声、光纤等多物理场监测技术。首先,在科学层面,我们需要重新认识电池材料结构的演变及其载流子输运机制,以及材料结构在工况条件下的演变和性能衰变机理。其次,在技术攻关方面,重点是监测电池在工况下的健康状态,分析其失效机理,开发新型的在线表征技术,如吸收谱-衍射联用技术,并结合模拟仿真、人工智能等手段,实现对电池寿命的预测和安全预警。最后,我们需要集中力量实现重大突破,通过融合传感技术构建智能电池,实现信息的高效融合。同时,在追求电池高能量密度的过程中,要确保其具有高安全性。

李 丽
北京理工大学教授

北京理工大学博士生导师,英国皇家化学会会士,长江学者特聘教授。入选教育部新世纪人才支持计划、北京市科技新星计划、北京市人才资助计划、科睿唯安全球高被引科学家、爱思唯尔中国高被引学者。作为项目负责人,先后主持了国家高技术研究发展计划(863计划)、国家重点基础研究发展计划(973计划)项目、国家自然科学基金项目、国家重点研发计划项目、北京市教委科技成果转化项目等。作为第一完成人,获得中国有色金属工业协会科学技术奖一等奖、中国石油和化学工业联合会青山科技奖;作为主要完成人,获得省部级科学技术奖一等奖5项。

主要围绕我国二次电池全生命周期绿色循环利用可持续发展策略开展研究,针对二次电池回收效率低、材料成本高、降解难度大、应用环境适应性与经济效益低、工艺流程复杂等科学问题和技术难点,以二次电池绿色高效回收与资源循环利用技术为核心,开展了从原理创新、技术突破到体系构筑的系统研究工作。在 *Chem. Rev.*、*Adv. Mater.*、*Nature Commun.*、*J. Am. Chem. Soc.* 等期刊发表SCI论文200余篇,申请国家发明专利30余项,获授权发明专利18项、软件著作权5项。主编4部学术专著和教材,分别为《动力电池梯次利用与回收技术》《锂离子电池回收与资源化技术》《可再生能源导论》《绿色能源材料导论》;参编中国汽车行业标准和动力电池团体标准6项。

锂离子电池回收处理与资源循环

国轩高科第13届科技大会

引言

国轩高科科技大会是国轩高科公司每年举办的重要会议之一,非常荣幸能够收到会务组的邀请,参加国轩高科第13届科技大会。本报告主要分享关于锂离子电池回收与资源循环方面的研究进展,主要包括:研究背景、可持续回收设计与循环策略、电池回收处理与资源循环技术,以及总结与展望四个方面。

研究背景

2020年9月22日,在第七十五届联合国大会上,习近平主席代表中国政府正式提出"双碳"目标。这一目标包括两个主要部分:2030年前实现"碳达峰",2060年前实现"碳中和"。目前,能源危机和环境污染是人类社会面临的重要问题。能源危机包括化石燃料危机、稀贵金属短缺、矿产资源枯竭以及淡水资源短缺等;环境污染包括水体污染、土壤污染、空气污染等。这些都会给人类带来安全风险和健康威胁。

在当前时代,电池中关键金属元素如镍、钴和锰等,已被广泛认为是战略性金属资源。鉴于我国面临的资源短缺问题,为降低对外部资源的依赖程度,迫切需要调整现有的能源结构,实现资源的高效和安全利用。

目前,全球各国能源消费中传统能源的使用仍然占据主导地位,占比超过3/4。因此,考虑到替代传统能源的必要性,新能源的开发与应用显得尤为重要。绿色储能技术作为新能源领域的重要组成部分,将成为推动能源革命的核心力量。同时,资源的循环利用也将成为能源结构变革中不可或缺的一环。

在资源循环利用领域的研究中,废旧电池的回收处理是一个至关重要的课题。自2006年起,国家各部委相继出台了一系列关于新能源汽车和大规模储能系统废旧电池回收处理与资源再循环的政策,并对该行业进行了规范性引导。随着锂离子电池废弃量的逐年增加,退役动力和储能电池中仍残存一定电量,且含有重金属和有机溶剂,这些物质具有潜在的安全风险。因此,退役锂离子电池的回收利用迫在眉睫。

目前,动力(或储能)电池报废后,主要采用两种回收利用方式。一方面,通过提取金属元素对退役电池进行回收利用,如湿法冶金和火法冶金,但这种方式存在程序烦琐、成本高、污染严重等问题。另一方面,直接回收并修复失效活性材料,如固相烧结修复、水热修复、电化学修复、熔盐修复等,但这种方式存在高能耗、高化学物质消耗、污染气体排放等问题。

针对以上两个方向,研究人员正着重开展研发与攻关工作。不同的技术路线对环境的影响和产生的经济效益各不相同。传统的电池回收技术如湿法冶金,虽被广泛应用,但近年来国内外学者也在探索其他更短程高效的技术手段来回收废弃电池。因此,直接回收并修复失效活性材料的技术手段逐渐受到关注。这种直接修复的方式,无论是对结构的修复,还是对化学计量比的调控,都属于直接修复的范畴。而在修复过程中,所采用的方法与合成前驱体和电池材料的一些方法类似,例如高温烧结、水热修复等。

与此同时,通过不同的技术路径对失效活性材料进行修复后,材料呈现出的差异较大。废弃电池回收是一个较为复杂、综合的技术领域。基于此,我们提出了电池回收领域的金字塔式发展模式(图1)。在早期阶段(1999—2015年),研究的重点在于技术的可行性,以提高回收效率为目标。而在2015—2020年,在确保技术路线可行的基础上,研究人员将关注点转向了废弃电池回收的经济性问题,这也是企业非常关注的方面。企业在进行电池回收时,会考虑盈利空间和盈利点,并在追求经济利益的同时关注其对环境的影响。众所周知,电池在使用过程中存在许多热安全隐患,实际上,电池拆解过程同样如此,因为这是一个涉及内部电化学反应的过程,可能存在安全性问题。因此,在近期(2020—2025年)和远期(2025—2035年)对废旧电池闭环再利用的技术研发中,研究人员更加关注技术的经济性、环境友好性和安全性。最终目标是实现一体化、智能化的回收技术路径。

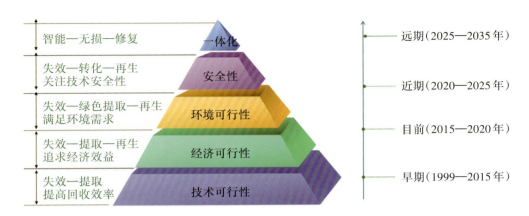

图1 动力(或储能)电池闭环再利用的金字塔式发展

可持续回收设计与循环策略

在电池回收设计及循环利用方面的策略制定上,自2018年起,国家工业和信息化部节能与综合利用司已陆续分五批公布了全国电池回收企业白名单,目前共有156家企业入选。在制定可持续回收设计与循环策略时,必须综合考虑技术成本、经济效益、环境影响、安全风险以及政策激励等多个方面的因素。此外,鉴于不同电池材料体系在电化学性能方面各有优势,对于高能量密度和高功率密度的电池体系,新材料的研发不断取得新成果,这也要求废弃电池的回收技术必须持续进行迭代,以适应材料体系的发展变化。

当前,动力(或储能)退役电池的全生命周期管理遵循以下流程:对电动汽车进行评估,对锂离子电池进行梯级利用的可行性分析,评估回收系统,以及对电池失效机理进行分析。在这一完整闭环管理过程中,关键在于关注电池的电化学性能衰减和热失控问题。随着使用时间的增加,电池会逐渐出现电化学性能衰减,具体表现为容量下降、功率输出降低等。热失控问题可能由多种因素引发,包括滥用条件(如过充、过放、高温等)、老化条件(如循环次数增加、内部阻抗上升等)以及突发故障(如内部短路、外部损伤等)。这些因素可能在材料体系内部引发异常的电化学反应,导致热量积累和温度升高,最终引发热失控事件。电池失效与热失控问题涉及多学科、多领域、多场的非线性强耦合。电池失效与热失控的机理极为复杂,不仅预测预警困难、可控性差,还存在严重的安全隐患。"十四五"期间,我国针对电池热安全隐患的预测预警精度和响应速度提出了具体指标,这些指标也将是"十五五"规划中的重要攻关内容。

从电池回收的角度来看,我们有必要对单体电池材料内部开展深入的电化学诊断,从而准确识别致使电池失效的根本原因。在电化学材料的设计方面,电池颗粒或电极表面及其相界面处可能发生的不可逆相变,常常会导致电池性能大幅下降。此外,电极表面微裂纹的产生可能会加快电池容量的衰减。阳离子的混排或无序情况可能引发晶格畸变,进而对电池的稳定性和使用寿命产生影响。在追求更高能量密度时,镍含量的增加会使晶格中的氧变得不稳定,从而引发电池失效。从热失控的层面考虑,滥用条件(如过充、过放、高温等)、老化条件(如循环次数增多、内部阻抗上升等)以及突发故障(如内部短路、外部损伤等)都可能成为触发电池失效的因素。这些现象凸显了在电池设计和管理过程中,考量安全性和稳定性的重要性。

传统的环境污染治理模式通常遵循"先污染后治理"的路径。近期,研究人员提出了一种更具前瞻性的方法,即从电池的原材料选择和绿色电池设计方面入手,着力创新研发低成本电极材料、生物可降解型材料等环保关键材料,进而构建新型电池体系。这一转变不仅体现了对环境保护的重视,也彰显了在电池设计与制造过程中对可持续发展的追求。

为了实现电池全生命周期的绿色、环保、经济且高效发展,研究团队提出了电池"循环—失效—再生"的关键策略。这一策略旨在通过循环利用、高效使用和环保回收,最大程度减少电池对环境的影响,同时确保经济效益达到最大化。

基于此理念,2018 年研究团队在国际化学顶级刊物 *Chem. Soc. Rev.* 上发表了面向退役电池的可持续回收技术设计与系统回收策略相关成果,从全生命周期评估角度提出了可满足未来新型二次电池可持续应用的 3R 新策略:再设计(redesign)、再使用(reuse)和再循环(recycle)。该策略对化学储能体系的循环利用具有前瞻性的指导意义。研究重点关注了电动汽车及储能领域,从经济、环境和政策等角度对相关技术的可行性、市场竞争力进行了分析,相关成果被业界视为电池回收与资源循环领域里程碑式的综述论文。

电池回收处理与资源循环技术

在当前电池回收技术领域,研究人员面临着诸多挑战,有许多方面需要改进。在传统的湿法冶金技术中,最重要的环节便是金属提取。金属提取通常需要在反应釜中使用大量强酸、强碱溶液,以确保金属能够有效地从电池废料中溶解出来。然而,使用大量强酸、强碱溶液会使后期的废水处理面临巨大压力。因此,需要采取有效措施来处理这些废水,以降低对环境的污染。

在1999年至今的20多年研究历程中,研究团队专注于探索如何在电池回收过程中,实现对反应釜废液更高效且绿色环保的替代处理方法。为此,研究团队先后研发了三代具有不同功能的绿色有机酸浸出体系,并开展浸提机理分析及工艺参数优化设计工作。第一代绿色有机酸提取技术,采用富含羧基的柠檬酸作为浸出液,羧基能与金属离子高效耦合,通过这种耦合作用,可以实现金属的高效有序提取。而且相较于传统强酸,有机酸更为环保,后期处理压力较小。第二代绿色功能有机酸提取技术,考虑到在金属提取过程中,过渡金属元素价态不同,通常需要加入氧化还原剂。因此,在第二代体系中,研究团队提出减少或无须添加氧化还原剂,转而使用具有更强还原特性的抗坏血酸,进一步减少了化学试剂的使用,提高了环保性。第三代绿色功能有机酸提取技术,后期溶液中的金属离子无须再次分离,可直接一步沉淀,从而简化了金属回收步骤,提高了效率。通过对这三代绿色有机酸浸出体系的研究,团队不断优化电池回收过程中的化学反应、工艺参数以及成本控制措施,致力于实现更高效、更环保且更经济的金属回收目标。

近年来,研究团队主要专注于电池材料的调控。鉴于电池材料技术发展迅猛,为确保回收技术能与这一进步同步,团队提出了四个研究思路:运用基于产物形貌可控的层状正极材料回收技术,对回收产物进行形貌调控;采用基于过渡金属共八面体保留转化的回收技术,此技术旨在实现转化过程绿色无污染,凸显了环境保护的重要性;开发基于材料原位锂/锰无序化的升级修复技术,借助原位升级修复,延长材料使用寿命,减少资源浪费;探索基于耦合机械化学-固相反应的绿色修复技术,以实现绿色低碳修复。这些研究思路共同构成了团队关于电池材料回收与再利用的全面策略,旨在实现电池材料的高效、环保回收,推动资源绿色、高效循环利用。

第一,基于产物形貌可控的层状正极材料选择性转化方法,通过原位转化过程,将失效钴酸锂转化为Co_3O_4和Li_2SO_4。研究发现,这些纳米级的Co_3O_4颗粒呈八面体结构,颗粒表面光滑,且直接应用于负极时展现出良好的稳定性。此外,Co_3O_4可与锂盐复合,重新生成结晶度较高的钴酸锂,这种材料具有良好的循环稳定性和倍率性能。

第二,在基于过渡金属共八面体保留转化的回收技术研究中,发现转化助剂在高温驱动下具备保持热力学稳定的能力,以及转化产物在焙烧温度范围内具有热力学稳定性。在转化过程中,硫酸盐及正极材料中过渡金属所在的氧八面体完全保留。以不同硫酸盐选择性转化$LiMn_2O_4$材料,回收得到的$ZnMn_2O_4$及Mn_2O_3均具有优异的电化学性能。在该技术路径具备可行性的基础上,研究团队对其经济性、安全性和环保性进行了评估。结果显示,其温室气体排放量分别仅为湿法回收和火法回收过程的51.6%和73.9%。在耗水量方面,分别仅为湿法工艺和火法工艺耗水量的24.8%和79.7%。因此,这是一种对环境和经济都很友好的技术路径。

第三,在基于材料原位锂/锰无序化的升级修复技术研究(图2)中,研究工作基于锰酸锂材料开展。锰酸锂失效后,锰的溶解现象十分严重。研究团队针对这种材料的锂、锰无序化进行了升级修复,这是因为团队在进行原位失效研究后发现,$LiMn_2O_4$材料中锂、锰的无序化是导致其失效的主要原因。因此,在对锂、锰无序化进行修复后,研究团队对整个材料的表面形貌和结构都进行了一系列表征。制成电池后,在4.7 V电压下,0.1 C时放电比容量为266.8 mA·h/g,2 C循环100次后放电比容量为212 mA·h/g,锂、锰无序程度的减轻缓解了材料的不可逆相变。同时,研究团队将目前的技术路径与水热合成修复技术进行了比较,升级回收过程可节省30%的总能耗,减少38.8%的温室气体排放量。

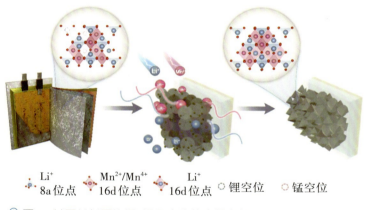

图2 基于材料原位锂、锰无序化的升级修复

第四,基于耦合机械化学-固相反应的绿色修复技术,该技术在高能机械球磨条件下,对修复元素的条件和比例进行了一系列优化。研究发现,修复前、后锰含量增加,锰离子在机械力的作用下可以通过这种高能球磨进入到Mn空位。修复材料的粒径明显减小,C、Mn和O均匀分布在晶体表面,C的均匀分布提高了R-LMO的导电性。并且修复材料具有较高结晶度,表明球磨过程恢复了尖晶石$LiMn_2O_4$的晶体结构。该技术的经济性和环保性评估结果显示,机械化学修复过程由机械能驱动,能源消耗较低,分别仅为水热和固相修复过程的50%和66.7%。机械驱动的化学反应可在室温下进行,且修复剂在室温下稳定,无污染气体排放,温室气体排放量少。

上述四项技术研究均基于正极材料回收的优化升级,要实现对电池材料全组分的回收,负极材料的回收工作也十分关键。

首先,是关于废石墨负极材料的晶型重构与再利用。石墨失效是因为重复的锂化过程使石墨晶格膨胀并产生大量缺陷。研究团队对石墨晶格进行重构,设计了一种石墨封装P掺杂Ni/NiO蛋黄/蛋壳纳米球,以增强锂存储性能的材料(图3)。通过一系列电化学测试可知,与废旧石墨相比,这种材料的性能有了明显提升,并且与商业化石墨相比也颇具优势。测试发现,纳米球内部镍和磷化镍分布均匀,这有利于电子从石墨传输到纳米球表面,以及在纳米球内部传输,从而减小电荷运输阻力,加快电荷转移速率,使石墨负极得以良好再生。

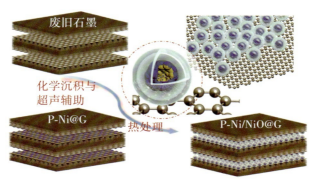

图3 石墨封装P掺杂Ni/NiO蛋黄/蛋壳纳米球

其次,研究团队探索了一种利用废锂离子电池材料衍生的多金属共掺杂碳来提升钾储存性能的方法。失效的石墨材料不仅能重新应用于锂离子电池负极,还可以被有效回收用作钾离子电池的负极材料。具体回收过程包含以下步骤:首先,用柠檬酸提取金属离子;接着,在冷冻干燥条件下处理浸出液;然后,在惰性气氛中进行高温热处理;最后,对混合粉末进行简单水洗,便可得到多金属共掺杂的储钾材料。这一研究成果不仅为废锂离子电池材料的高效回收提供了新思路,也为钾离子电池领域带来了新的材料选择,彰显了资源循环利用的巨大潜力。

总结与展望

在废旧电池材料回收领域,鉴于当前大规模储能与新能源材料的蓬勃发展,研究人员须从高安全性与多维度新材料耦合的视角出发,构建一套新型绿色催化回收体系。该体系将绿色催化理念融入电池回收流程,从而形成更为环保、高效的回收体系。与此同时,研究人员还应持续推进绿色低碳电池资源循环的研究工作,不断健全储能电池的安全状态评估机制,保障整个电池生命周期具备可持续性与环境友好性。

米春亭
圣地亚哥州立大学教授

美国能源部资助的研究生汽车技术教育(GATE)电驱动交通中心主任，电气和电子工程师协会(IEEE)以及汽车工程师协会(SAE)会士。担任多个IEEE会刊和国际期刊的主编、领域编辑、客座编辑和副主编，还担任10多个IEEE国际会议的大会主席。

主要研究领域为新能源汽车电机及驱动系统的优化设计、电池的充放电管理、电动汽车的智能充电系统等。出版5部专著，发表230多篇期刊论文、130多篇会议论文，拥有25项已授权和正在申请的专利。曾获密歇根大学迪尔伯恩分校的杰出教学奖和杰出研究奖、IEEE第4区杰出工程师奖、IEEE密歇根东南部分会杰出专业奖、SAE交通环境卓越(E2T)奖、*IEEE Transactions on Power Electronics*的3项最佳论文奖、ECCE学生示范奖、首届IEEE电力电子新兴技术奖、IEEE PELS车辆和运输系统成就奖、IEEE工业应用汇刊最佳论文奖，还获得了圣地亚哥州立大学2022年AWJ讲座杰出教授称号、2024年度发明奖以及2024年校友会杰出贡献奖。

动力电池二次利用的可行性、方式、方法、现状与前景展望

国轩高科第13届科技大会

引言

随着固态电池和液态电池技术的日益成熟,我们面临着一个重要问题:当这些电池技术发展到极致时,该如何规划未来的路线图?因此,本报告将结合团队在项目中的研究成果,对电动汽车动力电池的二次利用进行详细阐述。本报告针对电动汽车动力电池的二次利用问题,就温度、放电倍率等因素以及未来发展前景进行了深入探讨。

随着动力电池大规模应用的推进,如何高效环保地实现电池的二次利用,已成为电池技术发展中不可忽视的关键议题。因此,在不断推动电池技术创新的同时,也必须重视电池的全生命周期管理,包括电池的回收、再利用和最终的环保处理。这不仅能切实推动资源的高效循环利用,更彰显了我们对环境保护义不容辞的责任担当。

二次利用电池(SLBs)及其老化研究

随着电动汽车的普及,在过去10余年里,大量锂离子电池逐渐退役。这些电池包括因寿命到期而退役的电池、电池厂和电车厂的试用电池以及保险期内更换退回的电池等。理论上,这些电池的剩余使用寿命仍有可挖掘的空间。因此,研究人员考虑将这些退役电池再利用于储能系统。由于储能系统对电池性能的要求相较于电动汽车更为宽松,有望延长电池的使用周期,从原先的8~10年延长至20甚至30年。这有效减少了对原材料冶炼的依赖,显著降低了生产过程中产生的环境污染。同时,也为降低电动汽车及储能系统的运行成本提供了有力支持,在实现经济效益的同时兼顾了

环境保护，达成了经济与环保的双赢局面。然而，在深入研究这一领域后，研究者发现前方面临诸多挑战，例如电池的回收责任归属、拆装、运输、存储、测试与筛选等方面的问题；电池拆装后可能存在尺寸、额定值、电压、形状不一致的情况，如何将这些不同的电池组合应用于储能系统的设计、安装、维护和保险等环节，也是需要解决的问题。另外，减少或预防火灾危险，确保符合相关安全标准，也给研究人员带来了巨大挑战。

团队在2020年承接了美国加州政府能源署资助的一个研究项目。该项目旨在对电动汽车动力电池在储能系统中的二次利用开展可行性分析，属于较为系统化的研究。研究初期，团队在实验室内模拟了电池在储能系统中的使用环境，以此评估这些电池是否适合二次利用。若某些电池不适合二次利用，便无须进一步探讨相关问题；反之，若电池适合二次利用，下一步则需探寻如何有效利用它们，并解决相关技术问题。

鉴于电动汽车的广泛推广大致始于2017年，此前可获取的电动汽车电池相对较少，团队精心挑选了4种具有代表性的不同电池进行测试。这些电池包括比亚迪的LFP电池模组、日产聆风的第一代电池包、CALB的LFP电池单体以及日产聆风的第三代电池包，涵盖了三元电池和磷酸铁锂电池等类型，且分别来自乘用车、商用车等道路车辆。团队对这些电池展开了详细的老化测试研究，以评估它们在储能系统中二次利用的可行性和性能表现。

首先，团队对日产聆风汽车的第一代三元电池开展了全面测试(图1)。这些测试覆盖了从电池包到模组再到单体的各个层级，同时观察了它们在储能系统中的性能

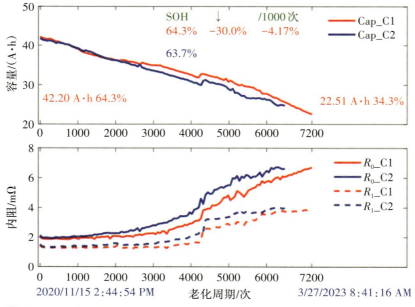

图1　日产聆风汽车第一代电池老化轨迹

表现。除了在常规实验条件下进行测试之外,团队还人为设定了不同的充放电倍率、充放电深度以及环境温度等条件,以此评估这些因素对电池性能产生的影响。

在此分享团队的两项研究成果:第一项成果是关于日产聆风的第一代电池,这种电池与磷酸铁锂电池类似,实验涉及100多个电池包。这些电池的SOH基本在65%。这表明,当电池SOH降至65%~70%时,用户会因性能无法满足需求而考虑更换电池。实验结果显示,这些电池的老化趋势十分良好,呈现出线性老化的特征,并且未观察到明显的老化拐点。在3500个循环内的二次利用过程中,这些电池内阻的增加也极为有限。因此,这些电池非常适合在储能系统中进行二次利用。

第二个测试对象是日产聆风的第三代电池,同样属于三元电池。与第一代相比,第三代电池的能量密度有显著提升。在相同的电池包配置下,电池的电量达到了62 kW·h。如图2所示,在二次利用过程中,当循环次数达到1500次左右时,这些电池的性能出现了一个明显的拐点。在这个点上,电池容量开始急剧下降,而非之前观察到的线性下降。同时,电池内阻也显著增加。这意味着从这个拐点开始,电池的老化程度已使其基本失去了使用价值。如果在这种情况下继续使用电池,电池包内部会

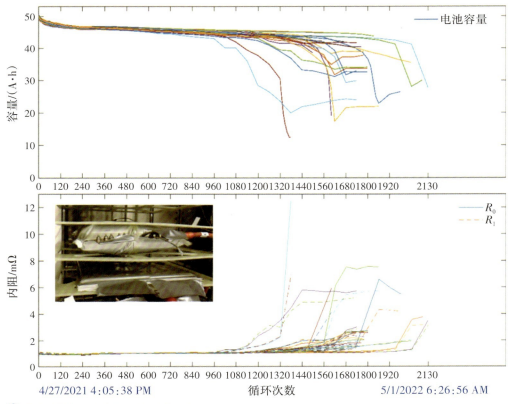

图2 日产聆风第三代电池老化实验

迅速膨胀并产生气体,这极有可能引发危险。这一发现对于确定电池二次利用的可行性和安全限制具有重要意义。

根据研究结果,团队深入思索如何在二次利用实验过程中避免电池出现拐点,这是研究重点之一。为详细研究电池的老化情况,团队把电池分成6组,分别设定不同的充放电倍率、充放电深度以及温度条件。实验发现,通过降低电池的充电倍率,减小充放电深度,并将电池置于适宜的温度范围内(15~27 ℃),能够避免电池出现拐点。这一发现对电池二次利用具有重要指导意义。具体而言,如果将电池应用于电动汽车,可能在充放电1500~2000次循环时出现拐点。一旦出现拐点,若电池不退役并继续在电动汽车中以高倍率或高温条件运行,很可能会出现故障甚至引发安全事故。

因此,实验得出的结论是:三元电池一旦出现拐点,必须及时退役,以确保安全和性能可靠。电池能在适当的时候退役,并且改善其循环条件,即在电流低于0.4 C倍率且放电深度小于80%的情况下,电池二次利用时可达到约3000次充放电循环,相当于约10年的使用寿命。这一发现对电池的二次利用意义重大。

此外,团队还对其他类型的电池进行了实验。对于磷酸铁锂电池,研究发现除老化问题以外,还存在均衡问题。研究表明,早期生产的电池,其一致性明显不如当下生产的电池,且电池间的性能表现差异显著。例如,2014年生产的部分电池包,到2020年时,其不一致性已超过35%。这一发现意义重大,它清晰地揭示了电池一致性问题的关键所在,以及该问题对电池性能表现和使用寿命产生的重大影响。

对上述电池的实验总结得出了几个关键发现:其一,磷酸铁锂电池的使用寿命极长。如果首次利用时寿命为10年,那么二次利用时,其寿命可达20~30年。这表明,对汽车电池进行二次利用是极为有效的方式,二次利用后再回收,能大幅延长电池使用寿命,减少资源浪费。其二,三元电池的一个重要指标是拐点,必须让进入拐点或达到起始拐点的电池退役,之后方可进行二次利用。如果电池进入拐点后继续使用,比如再经历30~50次循环,那么电池基本会报废。这对车主和环境而言,都是较大的损失。因此,及时识别电池的拐点并采取相应的退役和二次利用措施至关重要,以保障电池的安全使用和环境的可持续发展。

二次利用电动汽车电池的储能系统架构

电池一次利用后的回收与二次有效利用是一个关键的研究课题。当前,有两种主要方法可实现这一目标:

第一种方法是将电池包进行存储,然后把这些电池包串联或并联组成多个组件,用于储能应用。这种方法的优点是操作简便,电池易于获取且便于重组安装,获取电池包后无须拆解。然而,问题在于不同电池可能存在尺寸、电压和老化程度的差异。因此,在二次利用过程中,需要一个高效的能源控制系统对这些电池进行有效管理,以确保它们能平衡且高效地被再次利用。

第二种方法是对电池进行拆解,并在拆解后进行筛选。将状况不佳的电池与SOH相同的电池分开,以实现有效二次利用。这种方法显然能取得更好的效果,因为可以通过精确匹配电池的SOH来优化储能系统的性能。然而,这种方法涉及人工拆解过程,会带来能耗、人工成本以及安全方面的问题。

至于这两种方法哪种更优,目前尚无定论。预计两种方法可能并存,可根据具体的应用场景和可用资源来选择最合适的二次利用策略。

根据项目要求,团队采取了双管齐下的策略。一方面,团队在实验室内进行模拟实验,以评估电池是否适合二次利用。另一方面,团队设计了储能系统,并在加州大学圣地亚哥分校的图书馆仓库安装了一套模拟示范系统——SDSU系统(图3)。该系统包括一个先进的能源存储和管理系统,配备了6个日产聆风电池包,总电量约为362 kW·h,老化后储电量约为310 kW·h。研究人员在现场观察电池的老化情况,而非仅在实验室内进行测试。未来,团队计划进行交叉验证,以确认电池的老化情况是否与实验室模拟结果相符。同时,他们也将在现场模拟测试这种储能系统能否为用户节省电力和降低成本。

图3　美国加州大学圣地亚哥分校部署的SDSU系统

在考虑电池整体利用时,我们面临的一个重要问题是电池管理。当前的电池管理系统(BMS)的接口及相关的知识产权(IP),通常归属于汽车制造商或电池生产商,这意味着进行二次利用的公司可能无法直接获取这些协议接口。缺乏这些接口,公司就无法对电池进行有效控制和监控。为解决这个问题,需要采取一些额外措施,例如我们开发了一个中间接口,即BMS-网关用于实现对电池的控制。通过这种中间件,可确保二次利用商即使没有直接访问原始BMS的权限,也能有效管理和监控电池。

此外，电池的均衡性对其性能影响重大，尤其在磷酸铁锂电池中，该电池的电压外特性相对平坦，使得在实际使用中实现电池均衡颇具挑战。目前，无论在我国还是欧美国家，电池均衡技术主要采用电阻性被动均衡，这种方式电流极小，对于磷酸铁锂电池而言，不足以实现均衡效果。研究发现，多个厂家生产的电池使用5年后，不均衡程度可能达到20%～30%。这些数据源于五六年前的电池生产技术，尽管近年来生产的电池可能有所改进，但仍需等待五六年才能准确评估其是否达到均衡水平。

研究还表明，电池的不均衡状况可以通过特定方法改善。对电池包进行整体测试时，发现系统能量仅为额定值的55%。然而，经过单体电池均衡处理，如某些电池包经过一个月的均衡处理后，系统能量可完全恢复至80%，即恢复了超过25%的能量，证明这一处理过程十分有效。

最终，无论是磷酸铁锂电池还是三元电池，无论它们在二次利用中使用了5年、10年还是20年，电池终究会走向其生命周期的终结。特别是在电池生命周期的后期，由于内阻增加、有效能量减少，二次利用的价值变得有限。这意味着电池损耗的能量较高，而其储能能力又有限，因此节省电费和成本的效果大打折扣。此时，电池将被回收。目前存在多种回收方法，团队还与一家普林斯顿新能源公司合作，开发了一种较新的直接回收技术。这种技术并非回收锂金属，而是回收正负极材料。这些材料经过处理后，可直接用于电池生产。

目前，市场上的电池预计将在2028年左右迎来一个较小的退役高峰。美国加州地区作为美国电动汽车推广普及率最高的地区，将面临大量电池批量退役的情况。如果不能及时处理这些电池，包括进行二次利用和回收，将会对环境造成重大影响。因此，二次利用被证明是一种有效延长电池使用寿命的方法，值得推广。然而，在推广过程中，必须解决一系列电池回收的难题，包括建立回收渠道、对回收电池进行分类、制定相关法规政策和保险政策等。如何确保系统安全也是当前面临的重要问题之一。

综合以上内容，团队最终解答了以下两个问题：

第一个问题是电池能否进行二次利用？结论是：电池可以进行二次利用，这样能延长电池使用寿命，减少对环境的影响。

第二个问题是如何对电池进行二次利用，并在二次利用中维持较长的使用寿命？对此，我们得出了五个明确的结论：第一，对于磷酸铁锂电池系统，必须实现电芯的均衡；第二，三元电池必须在达到拐点之前退役；第三，对于液态电池，必须保证系统处于10～30 ℃的温度范围内，才能实现10～20年甚至30年的使用寿命；第四，充放电深度范围要控制在10%～85%，尤其在二次利用场景下，这是一个有效的控制区间；第五，充放电倍率必须低于0.25 C。

材料科学：能源革新的关键力量

056 / 固态复合金属锂离子电池研究进展
　　　张　强　清华大学教授

064 / 自主研发第一性原理软件——原子范畴及其在材料研究中的应用
　　　何力新　中国科学技术大学教授

070 / 锂离子电池高电压正极材料的研究
　　　金永成　中国海洋大学教授

078 / 云起微纳，剑指高能——锂离子电池硅碳负极的思考和进展
　　　杨全红　天津大学教授

086 / 多电子高比能电池新体系及关键材料研究进展
　　　陈人杰　北京理工大学教授

096 / 氧化物固体电解质与固态电池研究进展
　　　郭向欣　青岛大学教授

104 / 面向新能源产业的光学控温新材料
　　　涂　雨　浙江大学数据经济研究中心研究员
　　　胡小丽　中国科学技术大学特任副研究员

114 / 国轩高科电池材料开发进展
　　　杨茂萍　国轩高科材料研究院院长

张　强
清华大学教授

清华大学博士生导师，曾获国家自然科学基金杰出青年基金、教育部青年科学奖、中国青年科技奖、北京青年五四奖章、英国皇家学会牛顿高级学者基金、清华大学刘冰奖、国际电化学会议 Tian Zhaowu 奖，2017—2020 年连续四年被评为全球高被引科学家。长期从事能源化学与能源材料的研究，深入探索锂硫电池、锂金属电池、锂离子电池等化学电源的原理，发展了锂键理论，并根据能源存储需求，研制出固态电解质界面膜保护的锂金属负极，构筑了锂金属电池、锂硫电池、固态电池等软包电池器件。担任 *EES Batteries* 主编，*J. Energy Chem.* 副主编，*Matter*、*Joule*、*Chem. Soc. Rev.*、*J. Mater. Chem. A*、*Chem. Commun.*、*Adv. Energy Mater.*、*Energy Fuels* 等英文期刊编委，同时担任《储能科学与技术》《化工学报》等中文期刊编委。

固态复合金属锂离子电池研究进展

国轩高科第13届科技大会

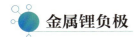
金属锂负极

自锂离子电池问世以来,金属锂即作为负极材料被广泛利用。然而,由于高活性的锂与电解液反应引发的安全问题,这促使研究人员寻找替代材料,最终碳替代了锂,推动了锂离子电池的诞生。随着电池应用的广泛扩展,人们对于更高的能量密度、更安全的性能和更广泛的应用场景的需求日益增强。这迫使我们思考如何在石墨负极中避免析锂,同时提高能量密度和循环性能。

面对这一难题,众多研究者正在开展广泛的探索。其中包括探索如何提升金属锂负极的使用效果,问题的核心在于锂的高活性所导致的非均匀沉积现象,这一现象往往具体表现为锂枝晶的形成。但若仔细观察实际过程,会发现锂枝晶的生长往往是首先体积膨胀,进而粉化,致使界面失稳,最终导致刺穿隔膜,引发安全隐患。因此,锂枝晶通常是锂界面不稳定的最典型表现。在拆卸电芯过程中发现,避免死锂的累积和粉化是关键。

近年来,相关学术研究进展显著,尤其表现在通过锂的复合材料、电解液的改良及界面修饰等多种方法来提升电池性能。然而,由于实验条件的局限和对材料性能深入理解的需要,许多研究采用纽扣电池作为评估工具。在这类电池中,循环面容量通常以低于 $1.0\ mA\cdot h/cm^2$ 计量,此时其电流密度相对较小。同时,实验中使用的往往是 $500\ \mu m$ 的厚锂片,这导致在进行 $5\ \mu m$ 级循环测试时,锂的内在不稳定性可能被系统的过剩容量所掩盖。在实际应用的电池单元中,一般不会使用 $500\ \mu m$ 的厚锂片,而是倾向于装配正负极比例相当的全电池。在这种配置下,循环容量与电流密度均会大幅提升,锂的使用效率亦显著增加。因此,当前学术界与工业界之间存在视角差异,部分原因在于各自应用的范围和方法并不完全一致。为了使技术向实用化迈进,我们必须在实际的工作条件下进行评估。

在实际操作中,高电流密度及高容量可能导致潜在隐患(图1)。具体来说,当使用 50 μm 的锂片进行对称电池循环测试时,可看到在 3.0 mA/cm^2 的电流密度和 3.0 mA·h/cm^2 的循环面容量下,电池界面呈现出迅速极化的现象。具体来说,如果放大观察每个循环,就会发现界面响应并非理想的方波形状,而是出现许多尖峰。这表明,锂界面的行为不仅仅是纯粹的电阻性质,其表面具有双电层电容和电感特性。在进行电池测试时,虽然能够观察到电压响应非常平稳,但这并不总是表示电池工作状态良好。例如,在"双十"(10.0 mA/cm^2,10.0 mA·h/cm^2)测试条件下,观察到从第二圈开始,电压曲线变成一个非常方正的波形并十分平整。这并不意味着电池正在进行稳定的循环,而可能是由锂枝晶刺穿导致电池从正常的电化学系统转变为简单的电阻元件。此外,值得注意的是,这种由枝晶刺穿而变为电阻的电池,其电压实际上比小电流条件下的还要小。因此,在电池评估中,我们应当认识到,并不是所有的电池都处于健康状态,上述观察到的现象实际上是电池在失效状态下的行为。

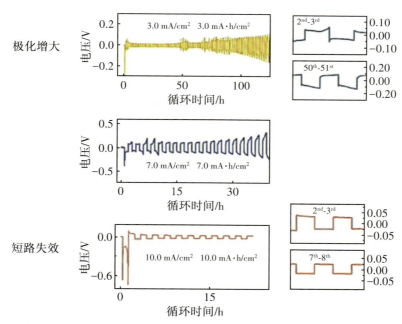

图1　软包电池中金属锂负极失效机制

在对软包电池进行拆解分析的过程中可观察到,在"双三"(3.0 mA/cm^2,3.0 mA·h/cm^2)条件下,锂逐渐极化并产生大量黑色死锂。当处于短路条件下时,金属锂表面出现极多剩余锂,同时在表面生成大量黑色死锂。此外,在隔膜侧也可见这种黑色粉末状物质穿透隔膜的现象。我们针对锂失效的问题,探讨其对容量和电流的敏感性。结论显示,锂的失效对容量更为敏感,这意味着锂的利用率直接影响其在循环过程中的体积形变程度。如果锂未被引入骨架结构而完全利用,那么其本身并不满足电化学工程对体积形变的要求,这也凸显了在全尺度设计电芯时被忽略的一个重要方面。从不同电流密度下,相同循环次数时锂的沉积形貌可知,在相同的 3.0 mA·h/cm² 比容量下,15 μm 的锂片在 3.0 mA/cm² 和 7.0 mA/cm² 电流密度下表现出不同的沉积形态。在较高的电流密度下,形成了更疏松、更粗壮的结构体系。这一观察结果说明,较高电流密度下的快充快放过程增加了电池的潜在失效风险,这也是部分用户对快充快放存在顾虑的原因。在分析锂的失效模式时,可依据循环次数、容量和电流密度构建相应的相图,该图可大致划分为三个主要区域:极化区、过渡区和短路区(图2)。在高比容量条件下,锂的状态基本处于短路区,短路区对于当前锂的利用率而言显然是一个危险区域。然而,在实际应用中,许多锂离子电池即使在 4.0 mA·h/cm² 以上的面容量,也表现出可靠的性能。因此,当前研究领域的核心在于如何有效缩减过渡区的范围,确保极化期的稳定循环,并扩大极化区的稳定范围。为此,我们应当避免仅在"双一"(1.0 mA/cm², 1.0 mA·h/cm²)范围内进行研究,而应更多地关注"双四"(4.0 mA/cm², 4.0 mA·h/cm²)、"双五"(5.0 mA/cm², 5.0 mA·h/cm²)等更高条件的测试,

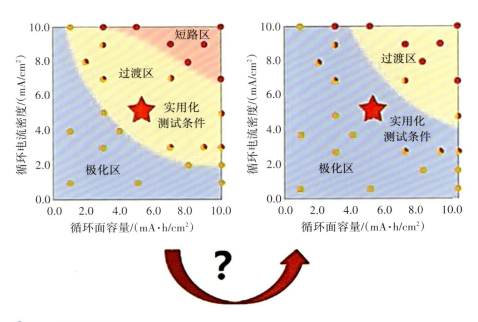

图2 锂负极设计

这为解决问题提供了一个新的思路。在这些条件下,如果对比循环次数、利用率与电流密度的关系,便会发现高利用率往往导致电池寿命缩短。此外,当前有一种实验方法是使用大面积锂片搭配小面积正极,其核心在于使用的锂片非常薄,所以电池寿命很长。但在实际制作软包电芯时并不会采用这种方法,而是选择正负极面积基本相等的设计,因为只有这样,电池才具有实际的工程价值。因此,至关重要的是找到有效的策略,使得锂能在更苛刻的条件下保持其极化区在实用化条件下的稳定性。

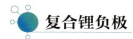 复合锂负极

在考虑上述因素后,我们认识到简单沉积锂是不可行的,必须引入骨架结构。然而,锂负极作为混合电子离子导体与电解质膜的本质区别在于,电解质层仅作为离子导体,而不传导电子。我们希望锂在电极内部沉积,而非跨越隔膜。这意味着在电子离子导体与离子膜之间,应形成一个高稳定、高强度、高韧性的界面。仅当此界面具有足够的力学强度时,锂才能在其下方被还原并沉积。因此,引入骨架结构后,我们面对的首要问题是厘清锂与骨架的关系;第二,明确锂与电解质的相互作用;第三,探究在限域空间内锂的沉积行为。

(一) 骨架-金属锂界面

锂离子电池之所以受到广泛关注,原因在于其具有高能量密度、长循环寿命、工作电压稳定等优点。而锂作为电化学当量最高且能量密度最大的体系,其使用轻质骨架进行替代成为了必然趋势。在众多轻质元素中,碳作为固体是个不错的选择。但是当碳与锂复合时,将它们紧密压合后放置1~3天,银色的锂会转变为黑色的复合锂,最终变为褐色的复合锂(图3)。这种变化的原因是锂与碳之间发生了化学插层过程。如果在拆解锂电池时细致观察,就会发现随着不同的放电深度(depth of discharge, DOD),石墨的颜色存在显著的变化。这些颜色变化主要取决于石墨插层化合物所处的阶数,呈现出黄色或绿色。对于锂碳复合负极而言,初期是单纯的锂与碳的组合,但随着时间的推移,会转变为碳化锂(LiC_6)和残余碳的混合物。幸运的是,LiC_6本身能够形成一种较强的结合力,这种结合力无论是在锂锂对称电池评测中,还是在锂硫电池体系中,抑或是在评测氧化物磷酸盐正极时,均能保持良好的稳定性。这归因于骨架提供的体积缓冲能力及表面亲锂特性所带来的循环稳定性。

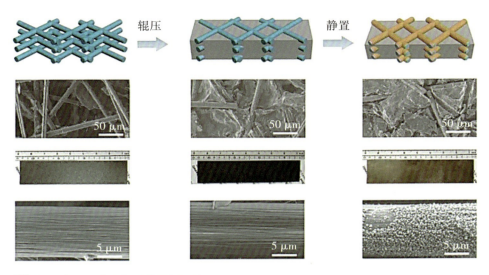

图3　复合负极 LiC_6 界面层的形成

对于沉积锂,亲锂固然是一个有利的特性,但脱出过程是否同样如此呢? 在脱出阶段,实际上是 LiC_6 中锂脱出的过程。随着负极电势的提升,金属锂优先脱出。若电解液稳定性良好,则可确保锂的可逆脱嵌。反之,如果电解液不稳定,那么意味着SEI膜会随着循环次数的增加而增厚,这会导致锂的损失以及扩散阻力的增加。在石墨材料中,锂以插层形式进入石墨层间,从而避免了锂与电解质的直接接触。此外,石墨表面的SEI膜体积膨胀相对较小。因此,在锂碳复合物中,初期的锂脱出是一个化学转化过程,而在后期,则是 LiC_6 的插层脱出过程。这就引出了在设计锂碳负极时,如何合理设计脱嵌容量的关键性问题。从循环性能角度来看,脱嵌明显优于脱出,且脱嵌占据了主导地位,即我们常说的无锂范畴。然而,当脱出过程占主导地位时,就自然进入了金属锂的过程范畴。

在实际体系中,这两个过程是高度交织在一起的。如果将电极设计为一半锂、一半碳的复合材料,就可以观察到锂优先参与反应,但这也导致了锂扩散不均匀。若追踪锂的行程,则可发现在 1500 mA·h/g 比容量下,约 1.6 h 内就可以完全嵌满锂,此时采用 0.4 C 循环,可以有效补充锂离子。这样的设计使得能量密度在达到 400 W·h/kg 以上时,复合锂材料能够满足电池性能需求。在 350 W·h/kg 以下时,硅碳复合材料表现良好,尤其是通过硅烷法气相沉积使硅沉积在多孔碳中的这种方式。从初期的预锂化到后期的以锂为主导,这都是必须解决的问题。

(二)电解质-金属锂界面

固态电池领域广受关注的一种材料是LiIn,因为铟的柔软性使得锂在固态电池中的迁移变得容易。当固态电池的性能不尽如人意时,常见的做法是在锂表面贴上铟片。但在铟片层与锂发生插层反应的过程中,首先会观察到约0.6 V的电压损失。其次,随着铟中锂含量的增加,电势会下降,所以LiIn对应的电势约为0.6 V。当从Li_3In_4转变为Li_3In_2时,电势基本稳定在0.4 V。而到了Li_3In_2阶段,由于锂占主导地位,电势几乎接近0。若使用飞行质谱技术来观察锂的分布,则会发现锂的分布并不是体相均匀的,而是在表面富集。为了更深入地分析这种反应,可采用交流阻抗谱学方法。

在锂脱出过程中,伴随而来的是锂集流体侧电流密度达到最大值,此时锂的迁移速率最快。极限电流密度的大小决定了空洞形核的密度。在较低的极限电流密度体系下,空洞容易扩大,导致集流体与锂发生脱附;而在较高的极限电流密度下,空洞初期形核较小,能使体相中的物质受到束缚。同时,在探讨纯锂及其合金相时,锂合金相带来的化学活性也会受到相应的调控。以锂铝熔融为例,熔融后铝更容易在晶界上偏析,这种晶界上的偏析反应活性与纯锂存在细微差异。这种差异使得锂至铝界面层上形成的SEI膜具有一个更薄的无机层,覆盖在有机层上,形成双层结构。此双层结构使锂的可逆脱嵌过程变得更加顺畅,从而实现主体相对于界面反应的有效调控。这种调控,无论是对锂还是对电解液,都能抑制非均相晶界对金属锂的副反应,从而形成更加稳定的SEI膜。这使得锂能更好地与电解质层协同工作,实现均匀沉积,减少锂枝晶等不良现象的发生,从而提高电池充放电过程的稳定性。因此,当此体系与三元523型电池匹配时,可以显著提高电池的使用寿命。

(三)锂在限域空间内沉积与工程试制

在高能量密度电池的研发过程中,可采用高达50 MPa的压力进行循环测试。值得注意的是,50 MPa相当于500大气压。在这样的条件下,固态电池不再是传统意义上的单体电池,而更像是一台内置了500大气压的机器。这种设计并非将压力全部施加于外界环境,而是通过施加压力来确保锂在受限的空间内有序沉积,避免其在最易沉积的位置迅速堆积。基于以上考虑,可在复合锂剩余的孔隙中优先注入聚丙烯腈体系。聚丙烯腈具有导离子的特性,只有当锂离子遇到骨架界面时,才能接触到电子并转变为锂金属。这一过程中,锂离子在骨架缝隙中逐渐沉积,随着沉积的进行,产生的内在压力使得锂仅在存在电子的地方沉积,进一步保证了锂沉积的有序性。因此,通过添加离子导体,能够实现锂的定点定向沉积,尽管这在提升能量密度方面存在挑战,但通过添加离子导体实现锂的定点定向沉积,为高能量密度电池的研发提供了新的思路和方向。利用X射线显微镜观察可知,锂的沉积主要集中在聚丙烯腈与碳纤维的交界处。这样的沉积模式使得在苛刻的33 μm、2.6的N/P比(即电池负极容量与正极容量的比值)条件下,电池仍能保持良好的循环性能。

目前,我们团队已成功制备了大面积锂片,并针对性地进行了A·h级别的试制。例如,轻松实现在440 W·h/kg的能量密度下,电池稳定运行100多次循环。达到500 W·h/kg的能量密度并维持100次以上循环亦在能力范围之内。此外,还有望触及在640 W·h/kg的能量密度下保持26次循环的性能表现。就锂硫电池而言,实现在750 W·h/kg的能量密度下循环几次并不困难,而真正的挑战在于如何在高能量密度下维持20次乃至上百次循环,这样的成就才具有里程碑意义。总而言之,提升能量密度的核心难题在于改善锂的长效循环稳定性,而这也正是现阶段技术发展的瓶颈。

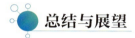

总结与展望

在实用条件下,特别是在实际的软包电芯中,如何增大极化区,如何使电芯实现更加稳定的可逆循环,是必须面对的问题。为此,需要将在析锂、补锂、复合锂等方面的经验集成到系统中,以实施更加定量、精准的优化措施,甚至探索新的方法。例如,表面不导电的离子导体层如何具有韧性,是现今要重点考虑的问题。目前,大多数高分子材料在这方面表现欠佳,所以不导电的非晶碳成为了一个不错的选择。为了降低形核电位,涂银或金的方法也是一个值得探索的思路。但关键在于,如何确保这些方法能够有效地引导锂的沉积方向朝向隔膜,这是我们面临的一大技术挑战。

当前,国内从事电池研发的企业及学术研究机构众多。我们期望通过持续的研究工作保持在行业前列,并确保将技术创新有效地转化为生产力。我们的首要使命是持续追求卓越的电池技术,以巩固我国在能源研究领域的领先地位。其次,可再生能源的安全与高效存储,是实现可持续发展目标的关键。再者,我国的研究人员正致力于提升基础科学和工程技术能力,以期建立一套清洁、安全且经济负担得起的能源技术体系。

何力新

中国科学技术大学教授

国家杰出青年科学基金获得者,英国物理学会会士,曾担任科技部量子调控项目"量子通信网络和量子仿真关键器件的物理实现"(2011—2015年)的首席科学家。

长期从事计算凝聚态物理研究,致力于发展和应用第一性原理方法,探索物质材料的基本物理性质。在半导体量子点的电学与光学性质研究方面取得了重要进展,并探索了其在量子计算与量子信息领域的应用;首次发现并证明在一维晶格中,Wannier函数和密度矩阵的一般渐进形式是幂衰减与指数衰减的乘积;预言了InAs/InSb量子点中存在自发形成的电子−空穴对(即强关联的激子基态);还涉及介电、铁电、多铁性材料的物理性质,以及自组织量子点的电子结构和纠缠光源等方向的研究。研究成果发表在 *Physical Review Letters*、*Physical Review B* 等国际权威期刊上,并被国内外学者广泛引用。

自主研发第一性原理软件——原子范畴及其在材料研究中的应用

国轩高科第13届科技大会

"第一性原理"这一名词的起源可以追溯到古希腊哲学家亚里士多德,他在其哲学著作《形而上学》中首次提出了这一概念。亚里士多德认为,在任何体系中,总会存在一些最基本的命题,这些命题是不依赖于其他命题进行证明的,它们构成了体系的最基础真理,即所有其他理论和推理的根本出发点。

最初,第一性原理仅是一种哲学思想。直到17世纪,牛顿在其经典著作《自然哲学的数学原理》中提出了运动定律和万有引力定律。通过这两个定律,牛顿为所有物体的运动提供了统一的解释框架,无论是天体的运动,还是地球上的各种现象,都可以通过牛顿力学来理解和描述。牛顿力学的诞生不仅为现代物理学奠定了基础,还标志着科学革命的真正开启,推动了自然科学理论的深入发展。

然而,到了20世纪,人们发现牛顿力学已无法解释微观世界的现象,从而催生了量子力学。要理解微观事物的本质,我们必须从量子力学特别是薛定谔方程出发。在微观世界中,量子力学中的薛定谔方程成为描述物理现象的基本原理。当然,薛定谔方程过于复杂,难以严格求解。为此,沃尔特·科恩(Walter Kohn)教授对该方程进行了适当的简化,发展出了密度泛函理论。今天所说的"第一性原理"在材料科学中通常指的就是密度泛函理论。借助密度泛函理论,我们可以不依赖实验结果或经验数据,直接从量子力学出发,在原子尺度上研究材料的物理性质。

如今,基于密度泛函理论的第一性原理方法已被广泛应用于多个科学领域,包括凝聚态物理、材料科学、化学、生物学甚至地质科学。沃尔特·科恩与约翰·波普尔(John Pople)教授凭借其在密度泛函理论方面的卓越贡献,共同荣获了1998年诺贝尔化学奖。第一性原理方法的发展从根本上推动了材料科学研究范式的变革。

借助第一性原理计算方法,我们有望推动研究方式的重大变革,即从传统的试错法向基于理论预测的理性设计转变。在这一发展过程中,人工智能无疑将发挥极其关键的作用。然而,大数据和人工智能的研究需要大量的数据支持,而这些数据显然无法仅通过实验获得。因此,我们需要依赖于第一性原理的方法来提供大量且高质量的数据。从这个意义上讲,第一性原理的方法确实是推动材料研究方式转变的核心技术之一。

要进行第一性原理计算,离不开专业的计算软件。目前有一些常用的计算软件,图1展示了部分软件的相关信息。这些软件长期被欧美国家垄断,欧洲国家在其中占据重要地位,许多知名的计算软件都来自欧洲。例如大家熟悉的 VASP、CP2K 等都是来自欧洲的计算软件。直到去年(2023年),我们的 ABACUS 软件终于被录入到该网站,这标志着国产第一性原理计算软件正逐步获得国际主流的认可。

第一性原理计算软件"动物园"

图1　计算软件

ABACUS 软件遵循 LGPL 3.0 开源协议,在学术领域可免费使用。目前,该软件已发展出丰富多样的功能,涵盖声、光、磁、电以及输运等多个方面的计算能力,能够满足众多前沿研究需求,为国内外研究者提供了强有力的计算支持(图2)。

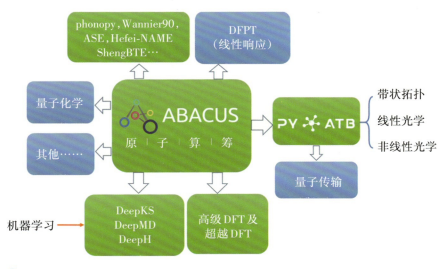

图2　ABACUS 软件的应用

那么，ABACUS软件的计算精度如何？我们将ABACUS软件与当前国际上使用最广泛的计算软件VASP进行对比。在反铁磁（AFM）态且考虑自旋轨道耦合的情况下，锰锑碲（MnSbTe）材料的能带结构计算结果与VASP实现了高度重合。使用ABACUS和VASP两个软件计算HfO2的声子（晶格振动）谱，计算结果基本重合。但ABACUS软件的计算效率相较于VASP软件，快了大约10倍，与CP2K软件基本相当，这主要是因为ABACUS软件的技术路线与CP2K软件的技术路线较为接近。

前文提到的密度泛函理论可以通过不断改进密度泛函近似来提高计算精度。我们不妨把这一过程比作攀爬"密度泛函的雅各布梯子"。只要沿着梯子一步步向上攀登，就能逐步提升计算精度，最终达到所谓的化学精度。我们实现了从最基础的局域密度近似（LDA）、广义梯度近似（GGA），向杂化泛函的演进，并且已经成功攀爬到了第五阶的随机相位近似（RPA）、GW等更高层次的计算方法。随着我们不断攀升，计算精度持续提高，但与此同时，计算所需的费用和资源消耗也急剧增加。值得注意的是，ABACUS软件在第四阶已经相当成熟，能够处理数千原子的杂化密度泛函计算，而传统计算软件如VASP在处理超过100个原子的杂化密度泛函计算时，往往已显得力不从心。因此，ABACUS软件在高精度计算中的优势愈发突出，成为进行大规模计算的强大工具。

在ABACUS软件的发展过程中，除不断优化核心计算软件以外，我们还与其他材料后处理软件进行了接口对接。这些接口不仅包括传统的材料计算软件，还涵盖了最新发展的机器学习相关计算软件。尤其值得一提的是，我们团队自主开发的后处理软件PYATB，它能够进行线性光学、非线性光学以及玻尔兹曼输运等一系列计算。通过这些创新，ABACUS软件已经发展成一个以原子算筹为核心的完整材料计算平台。

例如，我们团队和中国科学技术大学余彦教授合作，研究了钠离子电池的离子扩散过程，使用ABACUS软件可以计算不同路径的离子扩散能垒，进而预估钠离子电池中离子的扩散率。同时，我们还可以通过分子动力学分析，进一步计算其扩散系数。

另一个有趣的应用案例是关于无序超均匀态的研究。这种物质状态非常独特，在短程范围内表现为无序状态，类似于液体；而在长程范围内，则表现得像固体。最早，这种状态是在鸡的眼睛中发现的。鸡眼的导光率极高，远超一般液态物质。其主要原因正是鸡眼中存在这种无序超均匀态。我们的实验团队成功合成了一种二维二氧化硅的无序超均匀态材料。由于这种状态必须在非常大的尺度上才能体现其物理效应，因此我们构建了一个包含1800个硅原子的超胞来描述这种无序超均匀态。最初，实验团队尝试使用VASP软件进行计算，但发现VASP软件无法处理如此大规模的计算任务，于是转而使用我们团队的ABACUS软件进行模拟。最终，我们的模拟结果与他们的实验数据高度吻合。这项研究发表于 Science Advances（图3）。

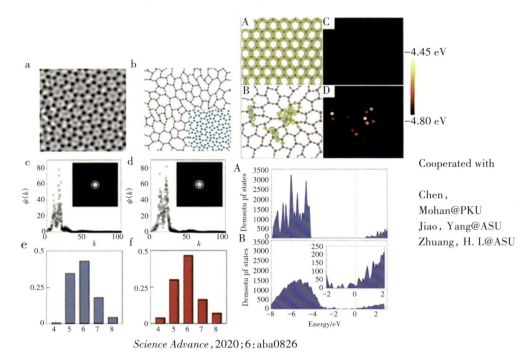

图3 发表的文章截图

最近，我们与中国科学技术大学微电子学院的胡琴教授合作，开展了一项关于钙钛矿电池掺杂的研究。相比于常见的铅基钙钛矿电池，锡基钙钛矿电池具有更好的环境友好性，但存在较多的自掺杂缺陷，因此太阳能转换效率较低。为了解决这一问题，我们提出了通过锗掺杂来抵消这些自掺杂效应的方案。掺杂后，我们可以观察杂质原子进入钙钛矿后究竟占据了哪个位点。通常，我们认为锗原子可能会替代锡原子的位置，但通过计算我们发现锗原子实际上替代了有机基团的位置。此外，我们发现随着掺杂浓度的提升，材料的费米面也相应上升。为了进一步优化材料性能，我们采取了梯度掺杂策略，从而产生了一个内建电场。这个内建电场有助于电子和空穴的分离，提高了整体的提取效率。最终，这项工作使得钙钛矿电池的太阳能转换效率从11.2%提升到了13%。这项研究在 Nano Letters 杂志上作为封面文章发表。

由于第一性原理方法的计算量较大，能够处理的系统规模相对较小。为了拓展第一性原理计算的适用范围，我们目前也在积极关注机器学习相关的研究，以期结合两者的优势，提升计算效率，增强系统规模的处理能力。例如，清华大学的段辉院士团队利用我们的软件训练了电子结构的相关模型；北京大学的鄂维南院士团队则使用我们的软件训练了力场模型，通过这一模型，他们能够在更大尺度上模拟整个结构的变化。

西湖大学的刘仕教授使用我们的软件训练了一个钙钛矿的通用力场,且训练时间成本非常低。与VASP软件相比,两者在精度上高度一致。然而,从计算效率来看,如图4所示,在处理100个原子时,ABACUS软件仅耗时VASP软件的约1/5,大幅提升了训练效率,显著降低了计算成本。

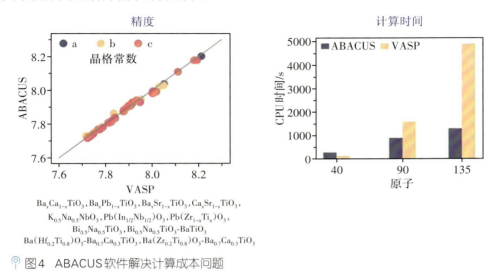

$Ba_xCa_{1-x}TiO_3$,$Ba_xPb_{1-x}TiO_3$,$Ba_xSr_{1-x}TiO_3$,$Ca_xSr_{1-x}TiO_3$,
$K_{0.5}Na_{0.5}NbO_3$,$Pb(In_{1/2}Nb_{1/2})O_3$,$Pb(Zr_{1-x}Ti_x)O_3$,
$Bi_{0.5}Na_{0.5}TiO_3$,$Bi_{0.5}Na_{0.5}TiO_3$-$BaTiO_3$,
$Ba(Hf_{0.2}Ti_{0.8})O_3$-$Ba_{0.7}Ca_{0.3}TiO_3$,$Ba(Zr_{0.2}Ti_{0.8})O_3$-$Ba_{0.7}Ca_{0.3}TiO_3$

图4 ABACUS软件解决计算成本问题

2023年,国家超算互联网联合体正式成立,使得计算软件可以像应用程序(APP)一样在网上商城供用户选择。用户可以根据需求,直接在商城挑选合适的软件,并选择相应的超级计算中心进行计算。我们的软件也成为国家超算互联网联合体的第一批(十多个)签约软件之一。

金永成
中国海洋大学教授

中国海洋大学筑峰人才工程特聘教授,科技部重点专项评审专家(锂二次电池、燃料电池),教育部长江特聘教授项目评审专家,青岛市自然科技奖励评审专家,国际学术期刊 Wiley、RSC、ACS、Elsevier 和国内核心期刊审稿专家。

研究方向为功能材料的设计与制备,能源材料界面性能的设计与研究,以及能源转换和储能器件的设计、优化、组装及应用研究等。近年来,主持了科技部中日合作重点项目、国家自然科学基金面上项目、中国科学院装备项目等,并参与了科技部新能源汽车动力电池重点项目和企业合作项目等。在 Advanced Materials、Advanced Energy Materials、Advanced Science 等国际著名学术刊物上发表论文100余篇,申请专利30余项。

锂离子电池高电压正极材料的研究

国轩高科第13届科技大会

由于高电压正极材料的研究较为深入且历时较长,三元正极、磷酸铁锂等正极材料已得到广泛研究。因此,从科学问题的创新性角度来看,这些领域较难挖掘出全新的研究内容。为了提高能量密度,我们未来的研究方向之一是探索如何提升正极材料的电压。但是,一旦正极材料的电压提高,就必须考虑到电池是一个整体系统,需要与电解液和添加剂相匹配。若未妥善匹配,则正极材料的高电压化可能会导致电池性能不稳定、循环寿命缩短等问题。最近,我们团队通过与其他公司合作,获得了稍高电压的电解液,从而在尖晶石型镍锰酸锂和橄榄石型正极材料的高电压化方面取得了一定成果,希望在此与大家分享。

研究背景

如今,正极材料已由早期的钴酸锂、锰酸锂材料升级为磷酸铁锂材料和三元材料。随着新能源汽车与大型储能系统的需求日益增长,市场对具备更高安全性与能量密度的正极材料的需求也随之提升。近几年,为满足储能与新能源汽车领域对高能量密度的追求,我们首先致力于开发高能化的磷酸铁锂(橄榄石型)正极材料。最初侧重于磷酸铁锂的研究,随后将焦点转向磷酸锰铁锂,其能量密度亦有所提高。另外,三元正极材料向高镍方向发展,并探索其与固态电池技术的融合。目前,这两个方向正在同步推进。而在提高能量密度的进程中,需考虑正极材料高能量化的进一步研究与应用。

接下来,对正极材料的性能进行对比分析。根据图1可知,橄榄石型的磷酸铁锂(以黑色表示)具有3.4 V的放电平台,而磷酸锰铁锂(以蓝色表示)的能量密度则比磷酸铁锂高出约25%。再观察三元正极材料(以红色表示),其下方区域面积(代表能量大小)与磷酸锰铁锂相近,但相较于镍锰酸锂(以深绿色表示),逊色不少。进一步探讨,橄榄石型聚阴离子正极材料在安全性方面远超三元和富锂锰基材料,因此,基于橄榄石型聚阴离子正极材料在安全性方面的优势,我们引入对磷酸钴锂的讨论,分析其在能量密度与安全性方面的综合表现。从提升能量密度的角度出发,当前正极材料的发展趋势是走向高电压化。例如,通过提高镍含量,我们实现了镍含量约30%的增长,从而将比容量提高了大约20 mA·h/g。关于钴酸锂,其目前已在4.45 V级别上较为成熟,而4.6 V级别的研究仍在进行中。当放电电压窗口从4.2 V提升至4.6 V时,其比容量能从140 mA·h/g显著提升至220 mA·h/g,此时未受资源限制便实现了能量密度的提升。若去除钴而采用镍锰酸锂,则可使用4.71~5.0 V的电压平台。尽管富锂材料存在问题,但通过稍微提高电压,即可实现250~350 mA·h/g的比容量。对于磷酸铁锂,仅通过将铁替换为锰,其比容量便可提升至接近磷酸钴锂的水平,且电压能提高到4.9 V,这里的电压提升是基于材料结构变化和元素特性改变所带来的结果。因此,在节约资源和降低成本的基础上,实现比容量的提升是可行的。

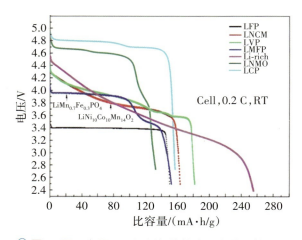

正极材料	电压范围/V	比容量/(mA·h/g)
NCM523	2.5~4.3	180
NCM811	2.5~4.3	>200
LCO	2.5~4.2	140
	4.45	180
	4.6	220
LNMO	3.0~5.0	135
Li-rich	2.0~4.8	250~350
LFP	2.0~3.8	160
FMP	2.0~4.2	160
LCP	2.0~5.0	160~170

图1 不同电压下正极材料的放电比容量比较

研究现状

第一,高电压钴酸锂。高电压钴酸锂正极材料作为锂离子电池的核心组成部分,其结构变化对电池的循环性能影响深远。特别是在固态电池中,正极材料若未经过表面包覆或处理,体相容易出现问题,会在循环过程中产生裂纹,这是由体相不可逆变化引起的,并且伴随着应力和位错等问题,这些因素都会使正极材料易于产生裂纹。

表界面问题更为复杂,因为在溶液体系中,正极材料表面很容易形成正极电解质界面(CEI)膜。该膜在高电压条件下形成,低电压时分解。这种反复的过程会导致电解液逐渐消耗,并且正极材料表面的不致密性也会引起裂纹的产生。对于富锂或高电压钴酸锂以及三元正极材料,表面氧的参与会促使电解液分解。结构上,从稳定的层状转变为尖晶石,再进一步变为岩盐相,这一过程导致材料结构演变,特别是裂纹的产生,这是一个极为重要的问题。因此,很多人通过添加剂来调控电解液。

另外,对隔膜进行改良。例如使用聚酰胺材质,聚酰胺隔膜能使电解液分布更加均匀。我本人也正在开展聚酰胺隔膜相关的研究。正极材料表面的电流密度可以非常均匀地分布,从而有效抑制充放电过程中氧气的产生。然而,在高电压条件下,正极材料的结构容易坍塌,进而影响材料的形貌。同时,由于黏结剂等高分子材料在高电压下发生分解,正极的基本结构会受到影响。

此外,电解液在高电压下容易分解产生气体,其分解产物如氢氟酸,可对CEI膜或正极材料造成损害,甚至对负极表面的SEI膜产生影响,从而促进钴或锰的溶解。因此,我们需要在下一步的充放电过程中重新构建CEI膜和SEI膜。但如果循环进行,还可能面临集流体腐蚀和隔膜氧化等问题。上述关于正极材料在高电压下出现的问题以钴酸锂为例进行说明,但磷酸钴锂或镍锰酸锂等其他正极材料也会遇到类似问题。

第二,高电压三元正极材料。从能量角度考量,若将电压设定为4.2 V,811与622材料的能量密度大约相差70 W·h/kg。而当电压提升至4.4 V时,811与622在容量和能量密度上的差异显著缩小。但需要注意的是,在高电压条件下,例如电压超过4.5 V,材料性能会开始衰减。具体来说,从起始电压直至4.3 V、4.4 V及4.5 V,衰减趋势保持一致。但当电压超过4.6 V,衰减速度显著加快。

第三,富锂锰基材料。富锂锰基除了具备高放电容量和高工作电压的优点,还存在诸多缺陷,如首次充放电效率低、倍率性能差、容量和电压衰减快、电压滞后以及压实密度低等。在高电压环境下,富锂锰基材料在首次充放电过程中会发生氧释放,导致其结构持续变化,进而引发电压衰减和电压滞后。尽管已有大量的研究成果,但在实际产业化应用或电池使用中,这些问题仍较为突出。众多研究正围绕体相掺杂、体相调控、表面包覆和修饰等方面展开,以期改善这些不足。

第四,尖晶石镍锰酸锂。一方面,作为正极材料,其优点在于:放电电压平台高达4.7 V,能量密度达到650 W·h/kg;三维锂离子通道确保锂离子扩散系数为10^{-11} cm^2/s;无钴环保、生产成本低。另一方面,其缺点在于:循环过程中过渡金属离子的迁移与溶解；高电压下电解液的分解；3.0 V左右Mn^{3+}的歧化反应引起的结构相变。尽管尖晶石镍锰酸锂已实现量产，但其在高电压条件下（超过4.6 V）的应用仍面临挑战。最新的研究表明，通过引入高电压添加剂，纽扣电池中可实现约1000次循环，显示了通过电解液和添加剂的调控可以优化其性能。不过，材料表面的锰溶解问题依然难以解决。

为此，我们采取了一系列策略，包括本体掺杂、表面包覆和形态控制等，以优化尖晶石镍锰酸锂正极材料的结构和表面特性。同时，结合高电压添加剂和氟代溶剂的使用，进一步改善电解液的性能，这些措施共同克服了镍锰酸锂电池在产业化上的难题。借助镍锰酸锂体系的高电压平台、出色的倍率性能以及较低的材料成本优势，其在5 C放电平台上电压超过5 V，尖晶石镍锰酸锂有潜力取代磷酸铁锂和锰酸锂，在电动工具和储能领域得到广泛应用。

第五，橄榄石型正极材料。其优点在于：结构稳定性好，得益于结构中稳定的P—O结构；热稳定性能优异，电热峰值可达350～500 ℃；安全性高、成本低、寿命长，循环寿命可达20000次以上。其缺点在于：电子传导性差，小于10^{-10} S/cm；锂离子扩散系数低，小于10^{-16} cm^2/s。针对以上不足，我们采取了一系列调控方法。主要是通过碳包覆来改善其导电性，例如采用导电碳层、导电高分子、无机导电材料或金属材料进行包覆。鉴于锂离子的扩散速率较小，还可采用掺杂或尺寸调控的方法，如晶面调整和纳米化，以此优化橄榄石型正极材料的性能。

第六，高电压添加剂。例如，对于正在开发的电解液，最高占据分子轨道（HOMO）和最低未占据分子轨道（LUMO）的性质至关重要。在理想情况下，HOMO越低越好，LUMO越高越好，这有利于与正极材料的匹配。当这种匹配无法实现时，可以考虑加入少量的添加剂，能显著提升电池的稳定性，使其能够稳定循环1000～2000次。根据目前的研究结果，适当的添加剂可以使电池的工作电压提高至4.8 V甚至5.2 V。然而，添加剂会对电解液的黏度和凝固点产生一定影响。尽管如此，在南方温暖地区使用时，电池的性能仍表现良好。

课题组研究进展

（一）尖晶石镍锰酸锂

近期，镍锰酸锂已成为一种产业化的重要正极材料。从以往的研究中观察到，镍锰酸锂在循环过程中表面会形成大量的氟化锂。基于这一发现，我们提出了一个设想：是否可以在制备过程中直接添加氟化锂？研究结果显示，从材料的形貌来看，原始的正极材料呈现多孔结构,在550 ℃条件下处理后仍保持多孔性。当添加了氟化锂后,可得到一种较为致密的正极材料。

通过XPS结果可知,少量氟化锂会在正极材料中形成一个过渡金属与氟的界面。但是,当氟化锂的添加量过多时,通过横截面的元素线扫发现,氟不仅存在于镍锰酸锂的表面,而且存在于镍锰酸锂的内部。通过观察循环过程的放电曲线可知,经过氟化锂改性后的镍锰酸锂样品,在第1次与第100次循环的放电曲线保持一致,这表明,氟化锂改性的镍锰酸锂样品具有长循环稳定性。此外,经过氟化锂改性的镍锰酸锂在4.0 V下放电比容量高于未改性的镍锰酸锂以及经过550 ℃处理的镍锰酸锂样品,说明氟化锂的添加有效地促进了Mn^{3+}的产生。

进一步分析显示,经过氟化锂改性的镍锰酸锂的倍率性能也得到了显著提升,特别是LNMO-1.3LiF样品,在10 C的高倍率条件下,其仍能保持117.8 mA·h/g的放电比容量。与此同时,氟化锂改性的镍锰酸锂样品的循环性能较原样品有了显著提高,其中在1 C的倍率条件下,LNMO-1.3LiF样品能够达到138.1 mA·h/g的放电比容量,容量保持率高达97.1%。

此外,从镍锰酸锂和LNMO-1.3LiF正极在不同循环次数下的XPS分析结果可以发现,LNMO-1.3LiF正极表面电解液分解的沉积物要明显少于镍锰酸锂正极,表明氟化锂的存在成功抑制了电解液的分解。而镍锰酸锂和LNMO-1.3LiF正极循环200次后的XRD图谱和SEM图像表明,氟化锂的改性有助于维持镍锰酸锂正极的晶体结构和形貌特征。态密度计算结果表明,添加氟化锂后可以有效减小带隙宽度(带隙宽度由0.84 eV减小至0.01 eV),提高正极材料的电子电导性和过渡金属的氧化还原电压。同时,锂离子的迁移能垒降低0.08 eV,而Mn^{4+}的迁移能垒提高0.07 eV。这表明,添加氟化锂后可以有效促进锂离子的扩散,也可以抑制锰的迁移溶解。

接下来,进一步探讨当镍锰酸锂的比容量仅为140 mA·h/g时,是否可以通过添加其他氧化还原中心来提升其比容量。借鉴氟化锂的经验,我们尝试加入了氟化钛,并在低温条件下进行烧结。实验结果显示,这种改性使得镍锰酸锂的比容量从140 mA·h/g提高至150 mA·h/g。特别是在4.0 V的电压平台上,改性后镍锰酸锂的性能明显优于锰从+3价到+4价氧化过程对应的性能。在1000次循环后,循环维持率仍能保持在70%以上,这是我们团队近期研究的一项重要成果。从密度泛函理论分析来看,添加钛元素使电子电导性显著增强,进而提升了倍率性能,此时材料的带隙几乎变为0。同时,锂离子扩散的迁移能垒也显著降低了0.11 eV,而锰的迁移能垒却提高了0.13 eV。这些结果表明,经过氟、钛包覆后,材料的性能提升由其结构决定。

(二)富锂锰基材料

从量产的视角出发,我们团队设计了一套容积为 2 m³ 的合成装置。在合成装置内对物质反应的 pH、混合角度及混合时间等方面进行了广泛研究,并取得了积极的成果。我们发现,在含钴正极材料中应用氧化铝包覆技术后,含钴正极材料的倍率性能显著提升。2023 年,针对无钴富锂锰基材料,我们团队采用了三氧化二铝掺杂包覆的方法,成功制备了具有多孔结构的富锂锰基正极材料。经过 200 次循环测试,该材料仍能保持多孔结构不发生破碎,这可能归因于铝源对颗粒的黏接作用。铝源的掺杂有效稳固了氧的电子结构,并在循环过程中限制了氧的析出,从而降低了材料与电解液的反应。

(三)橄榄石型高电压正极材料

在此部分研究中,我们团队主要关注了磷酸锰铁锂和磷酸钴锂两种材料。若将锰和钴替换为铁,则可以实现电压的显著提升。一方面,在磷酸锰铁锂制备过程中添加 3% 的 811 材料,随后与原料进行球磨并烧结。结果显示,这种改性后的磷酸锰铁锂的倍率性能得到了极大提升,无论是在 60 ℃,还是在常温条件下,循环性能均表现优异。因此,提升倍率性能成为磷酸锰铁锂研究的一个重要方向。另一方面,若仅仅将镍、钴、锰元素简单掺杂到磷酸锰铁锂中,则其性能提升并不明显。然而,当三元正极材料以球形结构与磷酸锰铁锂混合时,磷酸锰铁锂的性能提升显著。

由于磷酸钴锂具有 4.9 V 的电压平台,许多电解液无法与之匹配。因此,我们考虑使用高电压电解液,并尝试通过控制磷酸钴锂表面碳材料的包覆方式来优化其性能。例如,在处理磷酸钴锂时,采用聚偏二氟乙烯(PVDF)进行烧结,从而在材料表面形成碳氟键。若引入十六烷基三甲基溴化铵(CTAB),则能在表面形成 C—N—F 键。通过透射电镜观察发现,在仅有 C—F 键的情况下,磷酸钴锂表面的碳膜分布并不均匀;而当存在 C—N—F 键时,该键合层则显得非常薄且致密。从 XPS 氩离子蚀刻光谱分析结果可知,在 0～10 nm 的刻蚀深度范围内,可以检测到 C—N 键的存在,也同样可以检测到 Co—N 键。即使在循环之后,这些键仍保持稳定,这对抑制钴的溶解具有显著效果。

例如,循环后若无 C—N—F 键,负极表面则会积聚大量钴元素;而当存在此类键时,锂金属表面并未检测到钴的存在。从容量角度来看,电池实现了长达 1000 次的循环充放电,充放电倍率涵盖了 1 C、5 C、10 C,库仑效率虽在初期较低,但随后逐渐接近 100%。比容量方面,可达到 155～157 mA·h/g 的水平(图 2)。在作用机理分析中,我们利用C—N—F键锚定钴,有效防止了钴在循环过程中的溶解。此外,碳包覆层非常致密,与缺少氮键的表层碳膜相比,致密的碳包覆层显著降低了分裂的可能性。进一步考虑到橄榄石型正极表面电子电导性较差,其在低温下的性能并不理想,我们考虑是否可以通过体相掺杂与碳表面改性的双重调控来改善性能。

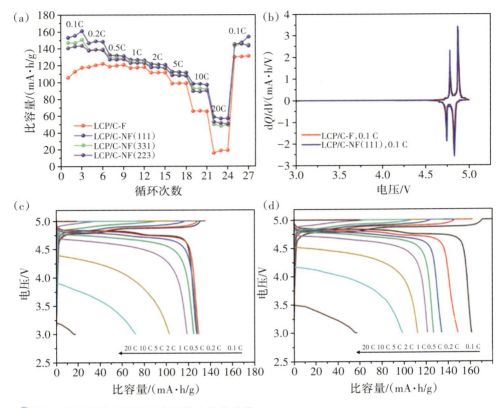

图2 倍率性能及不同倍率下的充放电曲线

小结

综上所述,首先,对于中镍或高镍三元正极材料进行体相改性和表面包覆等处理,并与高压电解液相配合使用,可进一步提高正极的容量与性能,从而提升现有电化学体系的能量密度和循环稳定性。其次,传统尖晶石镍锰酸锂、富锂锰基材料需要进一步优化体相和表界面结构,同时深入探索高电压电解液体系的作用机理,拓展现有潜在应用领域。最后,应进一步开发具有高安全性的高电压橄榄石型正极材料,尤其是加快磷酸镍锂正极材料的研发,以弥补橄榄石型正极材料能量密度低的缺陷。

杨全红
天津大学教授

  天津大学博士生导师,第十四届全国政协委员,国家杰出青年科学基金获得者、长江学者特聘教授,国家重点研发计划"工程科学和综合交叉"首席科学家,天津市有突出贡献专家、天津市科普大使,科睿唯安全球高被引学者和爱思唯尔中国高被引学者,担任多家电池头部企业技术委员会委员、中国超级电容器产业技术联盟副理事长等。

  从事碳功能材料、先进电池、储能技术和"双碳"战略研究,在碳纳米材料设计制备、致密储能、锂硫催化、钠离子电池筛分型碳负极等方面取得系列进展。获国家技术发明奖二等奖、天津市自然科学奖一等奖。指导的学生团队获全国先进储能技术创新挑战赛一等奖和全国博士后创新创业大赛金奖。担任 Energy Storage Materials 等期刊副主编,Advanced Energy Materials、National Science Review、Carbon 等期刊编辑组成员或编委;出版《石墨烯:化学剥离与组装》《石墨烯电化学储能技术》《动力电池技术创新及产业发展战略》等专著;发表SCI论文400余篇,他引55000余次,H因子为121,拥有中国和国际授权发明专利60余项。

云起微纳，剑指高能——
锂离子电池硅碳负极的思考和进展

国轩高科第13届科技大会

在此，我谨代表我们团队，就过去七八年中关于微米硅碳材料以及自2023年以来备受关注的气相沉积纳米硅碳材料的研究成果，向大家作一个简要汇报。我们特意为此次汇报定名"云起微纳，剑指高能"，这既是对我们工作的一种概括，也寄托了我们对未来发展的期望。在锂离子电池硅碳负极材料的研究方向上，我们始终秉持着严谨的科学态度，进行着深入的思考。每一步的研发进展，都凝聚着我们对材料性能提升与应用拓展的深度思考和不懈追求。我们相信，通过对这些高新技术材料的持续探索和优化，能够为推动锂离子电池行业的发展贡献自己的力量。

硅负极的优势与挑战

构建"可再生能源+绿色储能"的能源互联网，是实现"碳达峰"和"碳中和"伟大目标的必由之路。高能量密度、体积集约化和高安全性是智能互联时代新型储能器件的基本要求。于锂离子电池而言，上述三个要素对于其实用性尤为重要。在实际应用中，二次电池的体积能量密度占据着举足轻重的地位。自从我们团队由碳材料研究拓展到二次电池领域以后，我们就一直致力于致密储能技术的研究，旨在提高电池的体积能量密度。其中，硅作为一种质体兼修的高能锂离子电池负极材料，既拥有高的质量比容量，又具备了高的体积比容量。预计2025年全球硅基负极材料整体市场空间将达297.5亿元。同时，随着电动汽车市场份额扩张，硅基负极渗透率提高，预期可达到千亿规模（图1）。

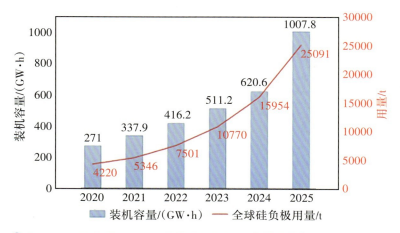

图1 全球锂离子电池装机容量及全球硅负极用量预测

硅负极虽然具备显著的优势,但其应用面临诸多挑战,其中最为核心的问题在于硅负极在充电过程中剧烈膨胀,影响电极稳定性,即硅基材料在充放电过程中存在严重的体积变化(300%),容易引发硅颗粒破裂、材料粉化、极片脱落等问题,导致循环性能及库仑效率较差,制约大规模商业化。

纳米化开启了硅负极的商业化之路,微米粗硅材料的纳米化可有效缓解膨胀问题,抑制破碎,使硅负极成功进入锂离子电池产业链。硅负极纳米化是中国人对锂离子电池产业的重要贡献,在过去的20多年里,结构稳定的纳米硅开启了产业化漫漫征程。而近几年,硅负极已逐步成为主流产品的组成部分。事实上,微米硅从未离开过科学家的视野,近期更被认为是固态电池的完美解决方案。

如今,在固态锂离子电池的研发领域,硅负极的选择显得尤为关键,无论是纳米硅还是微米硅,都扮演着不可或缺的角色。相较于主流的纳米化造粒策略,微米硅在成本、质量能量密度和体积能量密度及首效方面均具有优势。然而,我们仍需面对20年前便已存在的问题,即大尺寸颗粒内应力较高且易破碎粉化,这是必须克服的瓶颈。"云落云起"——微米硅解锁高能锂离子电池,其不但在质量密度上有着重要意义,而且在体积能量密度方面同样举足轻重(图2)。

我们有两大代表性研究领域:一是碳材料;二是未来电池技术。我们的重要使命之一是解决电池中与碳相关的关键问题,以推动电池技术的快速发展和性能提升。在过去的10余年里,我们在碳界面、碳网络和碳孔隙等方面进行了一些深入且接地气的科学研究。接下来,我们重点讨论怎样用碳撬动硅的实用化进程。

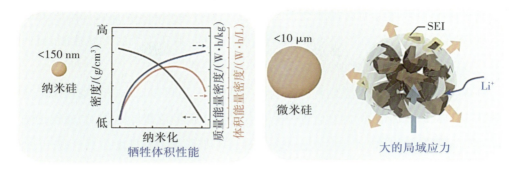

图2 微米硅解锁高能锂离子电池

碳不仅在微米硅的应用中发挥至关重要的作用,而且在活性炭沉硅制备纳米硅碳的技术中同样具有不可或缺的重要性。在利用碳推动硅实用化的过程中,三个关键点尤为突出:一是碳导电剂的应用,涉及自适应电连接和纳米弹簧技术;二是碳包覆硅技术,包括"金刚软甲"双层碳壳、共价碳层包覆以及高弹高黏SEI膜设计;三是碳骨架负载硅,特别是筛分型硅碳结构的应用。

碳导电剂的应用与碳包覆硅技术

"类细胞双层碳笼"结构采用了碳包覆技术,而且它与传统的碳包覆有着本质的不同,首先采用化学气相沉积(CVD)方法构筑第一层碳笼(类细胞膜),然后将包覆了一层碳笼的大颗粒投入石墨烯水溶液中并成胶,继而通过毛细收缩形成致密的石墨烯网络(类细胞壁),从而构筑第二层碳笼。从显微图片(图3)上可以清晰地看出,"类细胞双层碳笼"的内层为CVD碳笼,即类细胞膜结构,其类似于功能性半透膜,能够

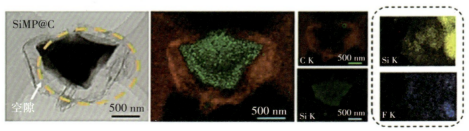

图3 双层碳笼内层

使锂离子选择性地通过而有机溶剂无法通过,这意味着SEI膜只在壳层的外表面形成。外层则为毛细收缩石墨烯网络,即类细胞壁结构,兼具强大的支撑性能,宛如高强度与高韧性并存的金刚软甲,其在高外压下结构完整。

具体来说,构建类细胞壁结构就是利用毛细现象,这可以比作将一堆微米尺寸的硅碳球投入氧化石墨烯的"汪洋大海"中,然后通过水凝胶毛细收缩作用,使得这些球如同被装入网兜的皮球一样,在水分脱出时通过毛细作用力紧密地拉在一起,从而实现极其致密的网络结构,起到强有力的支撑作用。此类细胞壁结构不仅可以提供良好的导电性,同时还具备滑移能力,这使得材料在对抗压力时兼具极高的强度和韧性。因此,结合类细胞膜和类细胞壁的结构设计是非常重要的。

采用以上策略,我们在2020年就实现了微米硅碳负极1000次的稳定循环,并构建了能量密度达到1050 W·h/L的全电池。我们通过外抗压、内缓冲的"金刚软甲"助力微米硅梦想照进现实。强韧兼修的类细胞结构攻克了长期循环的问题,但其中仍有很多重要问题需要解决。在产品化的过程中,我们发现了许多关键的科学问题,完成了几项非常有意义的工作。其中之一就是允许微米硅在受限的空间内破碎,破碎过程在类细胞膜和类细胞壁内进行;另一个发现是微米硅可以突破裂临界尺寸,达到1.5 μm不破碎。在产品化过程中允许硅破碎,但破碎后,即便在类细胞膜内,破碎的硅颗粒之间也存在严重的电传导问题。因此,我们采用液态金属对微米硅在循环过程中产生的破碎颗粒进行自适应电修复;同时,通过添加成本低廉的碳纳米管,构建纳米弹簧结构解决破碎过程中的电传导问题。

为了在硅碳界面间提供稳定的传导结构,我们还采取了共价包覆碳层的策略。其中最关键的一环是成功构建了一个强键合界面,使硅体积收缩时仍保持界面电接触。关于界面副反应,我们采用导电层状聚合物包覆设计,利用层间原位构筑"一体化"复合SEI膜,抑制颗粒破碎,稳定电极结构,实现高稳定电极-电解液界面构建。另外,层状导电聚合物包覆可以极大地改善界面稳定性,并提升循环稳定性和倍率性能。近期,我们提出了一种面向微米硅颗粒的SEI膜设计策略,实用且有趣。该策略强调SEI膜需要兼具极高的弹性和极高的黏附性。其中,高弹性能够适应活性颗粒充放电过程中的体积膨胀,并提供必要的力学限域作用;而高黏附性则有助于维持电极与电解液之间的稳定界面,确保锂离子的高效传输。通过此策略,我们能够构建出极薄的SEI膜,从根本上解决问题。

在全固态微米硅锂离子电池中,将微米硅与固态电解质结合使用,可谓天作之合。通过对电子-离子导电界面进行修饰,我们成功实现了在高面容量(5~6 mA·h/cm²)的条件下,经过100次循环后,面容量仍能保持80%的优异性能。在微米硅的研究过程中,我们虽然发表的文章数量不多,但每一篇都紧密贴合实际,致力于解决科学实践中的难题。我们从材料的晶格结构出发,深入研究材料表面包覆技术,进而探索电极自修复机制,精心设计SEI膜,最终都是为了解决类细胞结构在产品化过程中遇到的实际问题。2022年8月8日,我们在江苏溧阳孵化成立了至微新能(常州)科技有限公司。这家公司可能还未被广泛知晓,因为我们选择的是一条充满挑战的道路——专注于微米硅技术的研发与应用。尽管任务艰巨,但我们的产品已经通过了行业头部企业的评测,并获得了具有中国合格评定国家认可委员会(CNAS)资质的第三方认证检验报告,证明了其出色的性能(表1)。在硅碳材料的研究中,微米硅碳必将成为硅负极技术的巅峰之作,它无疑是该领域的终极产品。通过表1可知,此类材料对碳的需求量极少,几乎接近纯硅,而微米硅能够实现高达3200 mA·h/g的质量比容量。我们相信,通过不断地探索和实践,微米硅技术将为新能源领域带来更多的创新和进步。

表1 至微新能公司的微米硅产品性能与其他厂商产品对比

	性能	微米硅	厂商1产品	厂商2产品	厂商3产品
技术指标	振实密度/(g/cm³)	1.2	0.95	1.04	1.25
	首次库仑效率	93%	85%	90%	76%
	质量比容量/(mA·h/g)	3200	1600	1200	1600
	体积比容量/(mA·h/cm³)	优	中	中	良
	循环稳定性	优	良	良	优
成本		低	高	高	中
产品定制化服务配合度		高	中	中	中

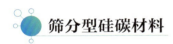

筛分型硅碳材料

2023年初,美国在活性炭沉积硅烷制备纳米硅碳技术上取得突破,这一技术在10

年前还被认为不安全且成本过高,仅适合实验室研究。然而,美国人的持续创新精神使得这一技术得以成功应用。

很多时候,电池技术的关键一环在于碳材料的应用,例如我们研发的钠离子电池中"樱桃小口、大腹便便"的筛分型碳。筛分型碳的理念在活性炭沉硅中至关重要,这是因为筛分型碳独特的结构与离子电池中溶剂化与去溶剂化过程紧密相关,而溶剂化与去溶剂化是离子电池的关键过程。筛分型碳,因其"樱桃小口、大腹便便"的独特形态,几乎能够解决所有与溶剂化相关的问题。因此,筛分型碳结构在锂离子电池中同样具有极大的潜力,能够展现出卓越的性能。

我们成功研发了筛分型硅碳材料,并已经解决了一系列的工艺问题。首先,筛分型碳载体孔口小,孔肚大,孔口与孔肚尺寸可调。这种结构能够高效吸附硅烷,通过恰当调整孔口和孔腹的尺寸,实现特异性吸附。其次,硅烷在孔内沉积,宽敞的孔腹能够容纳无定形硅,并缓冲其膨胀。最后,表面的碳层能够被封堵,预制高结晶度碳层,形成稳定SEI膜。同时,新型筛分型硅碳结构实现了高硅量、快传质和低体积膨胀,有效降低了界面反应。

从理论上讲,活性炭沉硅可以完美地解决纳米硅碳膨胀的问题。然而,活性炭的设计极具挑战性,并且其定向膨胀的调控难度较大。因此,从产品端来看,这些问题尚未得到根本解决。如果能够完全精确地调控活性炭的结构,那么体积膨胀和界面反应将有望得到彻底解决。筛分型纳米硅碳结构展现出高度的结构稳定性和充足的动力学通道,从而保证了高比容量、高首效,以及优异的循环稳定性。其中,低膨胀筛分型硅碳产品通过充分预留孔腹缓冲空间并有效封堵孔口,从而实现更低的体积膨胀。而快充筛分型硅碳产品通过对表面及硅碳纳米界面进行改性处理,有效降低跨界面电荷传输势垒,从而提升纳米硅碳的充电性能。

目前,至微新能公司所开发的筛分型纳米硅碳产品在性能指标上表现优异。根据硅碳负极开发路线图,我们的研究方向体现了科学性与前瞻性,尤其是在第三代筛分型硅碳和第四代微米硅碳技术方面。我们坚信这些技术具有引领性。第三代技术涉及新型纳米硅碳材料,我们采用筛分型硅碳结构,实现了对孔隙结构的精确控制。这种独特的"樱桃小口、大腹便便"设计使我们能够在材料内部巧妙地调节缺陷结构。第四代技术则关注微米硅碳,我们引入了具有"金刚软甲"特性的微米硅碳类细胞结构碳包覆技术。我们期待至微新能公司在碳包覆策略上为行业带来创新,并为高能硅碳负极提供解决方案,从而为推动行业发展做出贡献。

综上所述，多孔碳基纳米硅被视为硅负极的现实理想选择，我们对其充满信心，但鉴于其能量密度并未达到最高标准，它可能并非硅碳负极的终极选择。微米硅的重新引入，虽被认为是硅基负极的最佳方案，但其发展道路也必将漫长且充满挑战。此外，固态微（纳）米硅碳体系实际上已成为未来固态电池的首选材料，我们目前正在开展固态电池研究，相信在实现终极的固态锂离子电池和固态锂金属电池之前，当前的固态锂离子电池技术是一个非常理想的选择。

陈人杰
北京理工大学教授

国家部委能源领域专业组委员,中国材料研究学会副秘书长(能源转换与存储材料分会秘书长),中国硅酸盐学会固态离子学分会理事,国际电化学能源科学会(IAOEES)理事,中国有色金属学会常务理事,中国化工学会化工新材料专业委员会副主任委员,储能工程专业委员会委员,中国电池工业协会全国电池行业专家,《储能与动力电池技术及应用》丛书编委,《中国材料进展》和《电化学》编委,长江学者特聘教授,北京高等学校卓越青年科学家,中国工程前沿杰出青年学者,英国皇家化学会会士,科睿唯安全球高被引科学家,爱思唯尔中国高被引学者。

主要从事新型电池及关键能源材料的研究,开展多电子高比能电池新体系及关键材料、新型离子液体及功能复合电解质材料、特种电源与结构器件、绿色电池资源化再生、智能电池及信息能源融合交叉技术等方面的教学和科研工作;在 Chemical Reviews、Chemical Society Reviews、National Science Review、Advanced Materials 等期刊发表SCI论文400余篇;授权发明专利70余项;开发出电池材料基因组数据平台,获批软件著作权10项;出版学术专著3部;获得国家技术发明奖二等奖1项、部级科学技术奖一等奖6项。

多电子高比能电池新体系及关键材料研究进展

国轩高科第13届科技大会

多电子反应机制,这一概念最初在2002年由吴锋教授作为首席科学家带领团队承担科技部第一期973计划项目时提出。随后,团队又连续承担了第二期和第三期的973计划研究任务,一直延续至今。在当时,"973团队"聚集了国内最前沿的电化学研究者,包括清华大学邱新平教授、南开大学高学平教授、厦门大学孙世刚教授与董全峰教授、武汉大学杨汉西教授和艾新平教授、中国科学院物理所王兆翔研究员、吉林大学陈岗教授、天津大学单忠强教授及哈尔滨理工大学李革臣教授等。虽然多电子反应机制在2002年便被提出,但基于此机制进行材料研究和体系构建仍经历了漫长的过程。

研究进展

(一)多电子反应机制

我们团队致力于研究多电子反应机制,旨在开发具有更高比能量的电池新体系,以此满足日益增长的需求。如图1所示,在多电子反应公式中,分子 n 代表电化学反应电子数,n 越大意味着材料的比容量越高。而分母中的 M 代表电化学体系中活性物质的摩尔质量。这意味着,在元素周期表中选择摩尔质量较小的元素,同样可以获得高比容量。

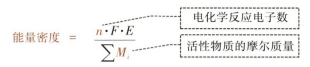

图1　多电子反应公式

这一理念源于973项目中吴锋老师带领的"973团队"提出的轻元素多电子反应机制。基于此原理,我们团队持续进行各种材料的研究、探索和优化。2002年第一期973项目提出这个概念时,许多内在机制尚不明确。在整个项目执行过程中,我们不断对其进行完善,包括对许多材料进行初步的理论计算,发现它们具有多电子反应特征和理想的理论比容量。但是在实验测试中,实际样品的性能与理论值存在显著差异。如何实现材料的多电子反应特性从而有效提升实际电化学性能,这是我们团队长达20多年研究过程中,不断摸索、归纳与总结的一项重要工作。

2016年,我们团队应 *Advanced Science* 期刊的邀请撰写了一篇关于多电子反应机制的综述。在这篇文章中,我们团队首次提出了多电子反应的元素周期表,对所有元素进行了逐一梳理,明确了它们是否具有多电子反应的特征,并将其分为4个类别。由于电化学反应机制的不同,具有多电子反应特征的元素的反应模式也存在较大差异。这意味着在构建或改进体系时,需要采用截然不同的策略。将具有多电子反应特征的元素进行分类,基于这些元素构建的电池体系大致可分为单价阳离子电池、多价阳离子电池、金属空气电池和锂硫电池4个类别。在此基础上,我们团队进一步探讨了如何实现多电子电池材料的工程制备,使其实测性能尽可能接近理论比容量,以此来构建高比能的电池体系。

在2020年,我们团队应 *National Science Review* 期刊的邀请,撰写了一篇系统分析多电子反应体系的热力学机制和动力学特性的文章。电池材料的反应机制不同会导致显著的性能差异,我们将这些机制细分为7个类别:单离子嵌入、双离子嵌入、化学键合反应、阴离子氧化还原反应、转化反应、合金化反应以及转化与合金化复合反应。在不同的反应模式下,离子传输特性的差异意味着材料结构也存在明显不同,因此改进的策略也需进行相应调整。

这篇文章在一定程度上剖析了先前材料实测值与理论值之间存在巨大偏差的原因,主要是未能针对不同的材料和反应模式确定合适的材料改进策略,从而导致性能受限。同时,我们团队还关注了不同体系的相关性能和反应公式,通过详细分析,梳理出影响多电子反应的关键参数,包括载流子价态、载流子个数和阴阳离子价态变化等。而控制反应过程的主要因素包括化学键的类型、氧化还原中心的类型和载流子的类型。基于这些原理,我们团队进一步对材料进行了优化和改性。

多电子电池体系电化学反应中的动力学变化是一个非常复杂的过程,包括金属的沉积剥离、溶剂化过程、离子在电解液中的传递、去溶剂化过程、界面的赝电容效应、离子在界面层的传递以及离子在电极中的迁移等步骤,每个步骤的快慢和动力学特征都有明显差异(图2)。尽管这些步骤都对电池的整体性能特别是功率特性有贡献,但它们影响的权重却有很大不同。通过对比,发现电化学反应的决速步骤主要发生在电极和电解液的界面,这意味着二次电池的正极和负极界面对整个功率特性的影响是最关键的。这也解释了为什么需要将电极和电解质材料的匹配性和相容性做到最优。我们团队针对反应过程中的每一步骤进行了机理分析,系统梳理了影响步骤的各项具体参数。

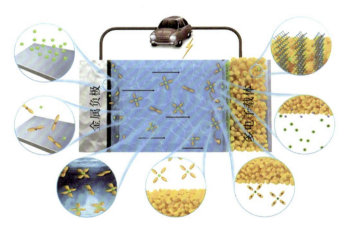

图2 多电子电池体系中离子迁移和存储的动力学过程

基于上述分析,电池体系中电极和电解液间的界面膜的基本物性和电化学性能值得关注,我们团队的研究工作也从早期考虑界面膜的稳定性逐步扩展到对其包括离子迁移特性在内的综合性能进行改性。通过上述分析可知,影响多电子反应的关键因素包括载流子类型、主体材料类型、电解质类型以及相互作用类型。其中,载流子类型直接决定了转移电子数,并影响存储过程的动力学。主体材料类型则决定了反应类型,如嵌入、转化、合金等,这也是影响动力学过程的关键要素。过往,我们认为电解质在电池中仅起到配角作用,作用仅限于为离子传递提供一个介质,对电池的比能量并无直接贡献。但随着研究的深入,我们发现电解质在多电子反应过程中发挥着愈加重要的作用,电解质的不同成分和类型决定了多电子反应过程中的界面稳定性与动力学性能。此外,相互作用类型在化学反应中也起着关键作用,其直接决定了反应类型,而化学键的强弱则是影响反应动力学的关键因素。

我们团队进一步总结了多电子反应体系中一些关键电极材料的特点。我们进行了一项理论研究工作,通过高通量计算方法,对比了不同多电子反应物质的电化学性能。研究结果显示,单价离子在三维结构中的传输具有较快的迁移速率,而低价离子由于其较小的半径和较弱的结合能,展现出更快的迁移速率。但是综合考虑实际电池体系中多离子的复杂性发现,多离子协同迁移比单离子迁移具有更低的能垒,证明了多电子反应中的多离子效应具有动力学优势,也从理论上印证了多离子复合协同增效的可行性。

在此基础上,我们团队提出了未来材料设计、改性和优化的策略。其一,复合材料结构设计,如高电子电导复合材料、高离子电导复合材料以及有序和无序复合结构设计等。其二,电极结构设计,包括晶体结构设计、异质结构设计、双氧化还原中心设计、电子结构设计、富阳离子结构设计和优势晶面设计等,其中电极结构设计要通过不同的反应模式进行筛选和优化。其三,电极形貌控制,包括材料结构物性,如颗粒尺寸、孔隙分布、比表面积、尺寸均一性等,也包括组装结构设计,如阵列、核壳、团簇等。通过引入不同的纳米尺度材料或导电聚合物材料,希望能让材料的稳定性、功率特性等都能得到进一步的改善。其四,电解质优化,包括电解质类型、溶剂化结构、单离子迁移率、电解质中载流子浓度、复合电解质组成、溶剂离子共嵌入等。其五,多电子存储机制调控,包括调控赝电容效应、控制反应深度、设计电极中的缺陷、利用协同迁移效应、调整价键作用的强弱、构建亲和性结构等。其六,内外因素影响机制,以往我们更多地希望电池减少外界环境对其产生的不利影响,如高低温、高压等。现在我们通过采用外部的一些影响策略,让电池性能变得更好,或者在特殊领域可以发挥更独特的性能。例如,我们引入温度调控、电磁场作用、界面相容调控、催化剂辅助等促进反应动力学加快、性能显著提升的非主体因素,就是把原先认为的干扰因素、负面影响转化为正面效应,进行逆向思维改性的研究策略。

基于上述策略,我们建议未来构建更高性能的电池体系时,重点关注硫电极、空气电极、磷电极、硅电极、高比能转化反应电极、阴离子氧化还原反应电极等的设计。当然,这需要针对不同的电池体系进行筛选。同时,也要从多离子反应过程中的协同效应出发,优化多电子电极中的反应动力学,并将其推向实用化。

（二）高比能锂硫电池

目前，锂硫电池是高比能多电子反应机制中最接近实用化的电池新体系的代表。锂硫电池为二电子反应体系，其理论能量密度高达 2600 W·h/kg，是下一代高比能电池研究的热点。它具有材料比容量高、设计多样、资源丰富、耐过充、工作温度范围宽、价格低廉等优点。追溯历史，关于锂硫电池的第一个专利早在 1962 年就已提出，但其发展过程漫长，主要是因为在电化学体系中筛选许多材料的组成，特别是适合匹配电极材料的电解液的组分配方，花费了大量时间。

十几年来，随着电解液体系趋于稳定，电极材料性能不断改进，锂硫电池得到了科研人员的广泛关注，并在许多领域展现出应用潜力。虽然其优点显著，但缺点也明显，包括单质硫在室温下绝缘、电化学反应速度慢、绝缘固态放电产物沉积影响电荷传输、放电过程涉及多步反应且中间产物易溶解形成飞梭效应，以及锂金属作为负极存在界面稳定性差的问题，导致电池循环性差。为了满足其作为成品电池的应用需求，我们团队从工程化的角度提出了实现高比能、长循环、高功率、高安全的研究思路。为此，我们需要达到材料设计和电池体系构建的基本门槛，这样才能确保开发的材料支持成品电池实现最低 300 W·h/kg 的比能量指标。

基于以上设计理念，我们团队开始了对锂硫电池的正极、负极、电解液及隔膜等一系列材料的探索研究。

第一，在正极材料的研发中，针对硫电极导电性差、高比容量难以实现的难题，我们团队设计了具有不同微结构特征的材料，其中包括多种碳材料，如活性炭、石墨烯、碳纳米管等，并构建了三维多孔层状结构的碳-硫复合材料及核壳结构的导电聚合物-硫复合材料。这些材料构筑了三维导电网络和锂离子扩散的多孔通道，使得材料的比容量超过了 1300 mA·h/g，这是商用锂离子电池正极材料比容量的 8~10 倍。我们团队还设计并复合了有机金属框架材料，利用它们独特的微结构实现了对活性物质的高效担载。同时，这些材料中的金属离子还能促进锂硫电池电化学反应过程中的吸附和转化过程，从而进一步提升电池的电化学性能。

第二，针对由"飞梭效应"导致的循环稳定性差的难题，我们团队创新设计了选择性通过隔膜和多吸附位点功能夹层。这些隔膜和夹层能够有效地吸附多硫化物等放电中间产物，将其限制在正极一侧，达到浓度平衡后，可防止其过度溶解。此举有效抑制了多硫化物的穿梭，提高了活性物质的利用率和电池的循环性能，循环寿命提升 5 倍以上。

第三，针对提升电池的循环性和功率性能的需求，我们团队基于 MOF 纳米颗粒，分别与柔性碳纤维、剥离的 MXene（一种新型二维层状纳米材料）纳米片进行自组装设计，并通过原位硒化策略成功制备了分级多孔多面体 CoSe、CoSe-ZnSe 异质结构及 0D-2D 异质结构的电催化剂。这些材料对多硫化物具有多重吸附位点，增强了多硫化物的吸附能力，有效抑制了穿梭效应，从而在贫液和高载硫条件下实现了电池样品的长循环寿命和高倍率特性。锂硫电池的转化反应对电解液的需求量较大，但是增加电解液量会制约锂硫电池高比能指标的实现。因此，我们致力于通过材料的稳定性能减少电解液用量，并提高活性物质的载量，以满足工程应用的基本指标。

此外，我们团队采用浸润生长的 CoZn-MOF 和原位气相化反应，构筑了阴离子空位和异质界面共存的双过渡金属硫族化合物纳米片阵列。这种协同阴离子空位和异质界面的方法，调制了双金属硫化合物的局部配位环境和电子结构，从而提高了其催化活性和稳定性。独特的纳米片阵列结构缩短了离子传输路径，缓解了电催化剂的体积膨胀，并确保其在充放电过程中的结构稳定性。

第四，针对材料集成及电池工程化制备难度大的问题，我们团队利用吹气泡方法，提升了成品电池活性物质的载量。相较于基础研究，成品电池的制造面临更多实际限制，如活性物质载量、极片面密度、液硫比等。为有效提升电池活性材料的载量，我们团队创新性地运用吹气泡方法，将纳米尺度的活性材料填充到导电骨架结构中，以提高电池比能量。我们团队对材料实现实验室微量合成后，逐级放大，成功制作了一个 1.5 A·h 的电池，其能量密度达到了 313 W·h/kg，从而制成了小容量、高能量密度的电池样品。但在 2017 年测试其循环性时，仅达到 50 多次，之后衰减较为明显。这项工作使我们发现，尽管活性物质载量得到提升，但许多活性物质的利用率仍然不高，原因是结构过于致密，不利于电解液的充分浸润。

为了解决这一问题，我们团队采用费歇尔酯化反应方法来构筑具有微米尺度孔道结构的电极材料，以优化电解液的浸润性。通过良好的浸润，可以减少电解液的用量，使能量密度得到有效的提升。基于这种改进的材料，我们团队制备了 18.6 A·h 的电池，其能量密度达到了 470 W·h/kg。这些电池验证了改进的材料从基础研究到工程应用的可行性。目前存在的问题是循环性还难以超过 100 次。这要求我们对隔膜、电解液的组分配方等方面做进一步的改进。

（三）低成本钠离子电池

钠离子的半径比锂离子的半径大 35% 以上，导致在刚性结构中稳定的嵌脱变得困难，即使可以实现嵌脱，其动力学过程也相对较慢。另外，钠基电极材料在理论比容量与倍率性能方面与锂基材料相比存在显著差距。我们的目标是尽可能地提高其理论比容量，并从实际工程的角度对其进行研发，同时尽可能提升循环寿命、倍率性能等指标。在正极材料方面，我们团队主要专注于普鲁士蓝类化合物的研究。这些材料不含 Ni、Co 等高成本金属元素，具有双电子氧化还原反应的特性。普鲁士蓝类化合物的理论比容量达到 170 mA·h/g，且无须高温煅烧，制备工艺简单，具有较高的经济效益。针对富钠结构普鲁士蓝在储钠过程中出现的晶格畸变、缺陷以及界面不稳定等技术难点，我们团队通过结构设计调控、金属掺杂、精准离子交换等方法，设计并研制了具有新型结构组成的材料。

在负极材料方面，我们团队更多关注硫化物、硒化物等具有高比容量的新型负极材料，以期实现钠离子电池能量密度的提升。我们团队引入电化学惰性元素 Ti，构建了纳米片堆叠的中空花状结构；设计具有阳离子缺陷的金属硒化物材料，构建了纳米片阵列结构；在低温环境下合成羟基氧化物用于储钠，构建了纳米棒组装的花状团簇。这些特殊结构的负极材料可以改善循环的结构稳定性，抑制体积膨胀，提升电子电导率，从而使循环性和倍率性能得到有效提升。

在电解液的研究方面，尽管近年来关于钠离子电池的相关工作已经取得了许多进展（图3），但这还远远不够。因为钠离子电池体系的未来不应局限于有机液态电解液，还应包括固态电解质、离子液态电解液以及水系电解液等多种类型。针对不同类型的电解液，需要构建不同的钠离子电池体系以适应各种应用场景，并且更为关键

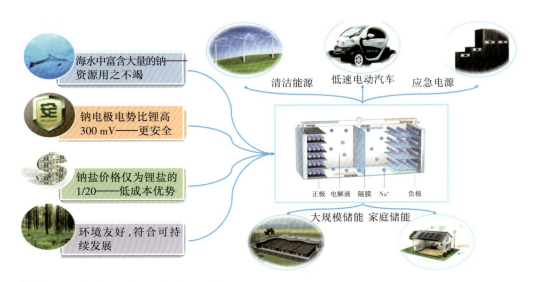

图3　钠离子电池的优势及应用领域

的是，在不同的电池体系中，需要匹配适宜的正负极材料以实现最优性能。因此，对于不同的电极材料，寻找最适合的电解液组分就显得尤为重要，这也为电解液的研究工作带来更多的需求和更大的发展空间。我们团队从电解液中的钠离子性质、不同电极材料SEI/CEI的主要组分及相关功能等方面，对相界面性质进行分析，并论述了相界面的修饰方法和作用原理，为构筑与不同电极、电解液材料体系相匹配的电池提供了理论支持。

未来展望

我们团队最近在Joule期刊上发表了一篇综述文章，提出了智能电池的概念。随着第四次产业革命的到来，电极材料的理论创新和技术转化面临挑战，基于传统思路开发的新型电池技术发展空间有限，亟待突破现有电池功能局限，加速推进电池智能化研究。而人工智能（AI）等尖端信息技术的迅猛发展，预示着将其融入电池的设计、制造和应用过程，会催生新一代电池体系的颠覆性变革。

智能电池是一种集实时感知、动态响应、自主决策等功能于一体的能量转化与存储系统，可以满足储能系统的电化学性能提升、安全可靠性改善、应用适应性拓展和功能多样性优化的需求。其应用场景广泛，涵盖可穿戴设备所需的柔性可变形、动态自愈合、自适应变化特性，智能电网所追求的一体化智能、全自主决策能力，以及能源交通领域对实时感知和智能控制的要求等。

根据智能功能的特点，我们按智能电池发展的程度将其分为实时感知型智能电池、动态响应型智能电池及自主决策型智能电池三代系统。具体而言，第一代实时感知型智能电池可以提供多样的感知机制，通过内置先进传感器，可以获取电池单体全寿命周期内部的温度、应变、气体、气压等信息，实现精准评估电池运行状态、热失控预警等功能。这一进展标志着从外部感知向内部感知的转变，使得电池从"黑箱"状态逐步过渡到"灰箱"乃至"白箱"状态。第二代动态响应型智能电池可通过特种智能材料的应用赋予电池多种特殊功能，可以实现电池与环境之间的交互，对内外界环境的刺激和变化及时做出响应与反馈，显著提升电池在不同应用环境和特殊工况条件下的稳定适应性。按照动态响应型智能电池的特有功能种类，可将其分为自保护型、自愈合型、自充电型、自适应型及自切换型。当前的基础研究已发现一些材料在电池体系中具有自愈合等功能，这些研究成果预示着未来电池性能将在这些方面得到显著提升。第三代自主决策型智能电池则在大数据、数字孪生、云端BMS技术的驱动下,能够实时监控电池状态并实现数据可视化,执行更加准确、可靠的电池预测和诊断,从而更有效地自主控制及优化系统决策。这使得电池成为一个真正智能的储能装置,无须人为干预即可自我调控,进一步增强了其对未来能源供给的支持能力。

  基于上述分析,我们提出以下智能电池发展技术路线:第一,在实时感知型智能电池方面,利用高精度加工技术制造超薄传感器,以提高感知精度,并结合人工智能算法对数据进行综合分析,从而实现电池的安全预警和寿命预测。同时,通过优化 λ 值减少信号交叉,并选择耐腐蚀材料来提升传感器性能。第二,在动态响应型智能电池方面,结合AI和ML(机器学习)技术加速材料的设计与筛选,以发展创新智能材料。通过将电化学模拟与实验数据相结合,优化电池的性能和兼容性。此外,利用3D、4D打印技术实现复杂结构的定制,从而提高生产效率和电池性能。第三,在自主决策型智能电池方面,利用物联网构建云端大数据平台,并结合AI技术提高电化学模型适应性。通过5G技术,将信息实时传输到BMS,以实现高效的控制策略并优化运行。以上智能电池发展技术路线看似是一套理想的规划,但实际上包含了不同学科领域的技术要素,其中不乏巨大瓶颈和极具挑战性的难点。因此,我们需要对关键技术领域进行深入探索和多学科技术的交叉融合,以推动智能电池技术的高质量发展。

郭向欣
青岛大学教授

国家自然科学基金委员会高技术研究发展中心（国家自然科学基金委员会基础研究管理中心）新能源汽车重点专项2023年度全固态锂离子电池技术重点研发计划首席科学家，中国科学院"百人计划"杰出海外人士，上海市浦江人才，山东省泰山学者，青岛市创业创新领军人才，《无机材料》学报副主编，以及《储能科学与技术》《电源技术》和《交叉学科材料》杂志编委。

主持国家自然科学基金委联合基金重点、面上项目，省部级重点、企业委托研发项目多项。研究工作聚焦固态离子导体中的离子输运与界面调控，在氧化物固体电解质材料及其固态电池方面开展了一系列具有广泛影响的工作。

氧化物固体电解质与固态电池研究进展

国轩高科第13届科技大会

研究背景和产业发展

固态电池的核心理念是实现全固态化,其主要特点是利用固体电解质替代传统的液体电解液。固体电解质在化学和电化学方面的稳定性较高,使其能够与高活性的正极材料及锂金属等负极材料相结合,从而提升能量密度。此外,由于不存在流动性的液体,其安全性也得到了显著提高。固态电池没有流动的电解液,因此可以采用双极性结构进行内部串联和叠片单体电芯设计。提升体积能量密度,实际上是固态电池发展的终极目标之一。尽管已有诸多尝试,但是我们在全固态电池技术路径上仍面临诸多选择与挑战。

固态电池的分类与固体电解质材料密切相关,以下是当前应用于新能源汽车的固态锂离子电池在国内外的发展现状:首先,聚合物固体电解质已得到应用示范,例如法国博洛雷公司生产的Bluecar,使用PEO作为固体电解质。这种聚合物具有明显的优缺点,其优点在于易加工,缺点则包括离子电导率低于10^{-4} S/cm,抗氧化窗口难以突破,并且需要在升温条件下运行。其次,硫化物固体电解质,以丰田e-Palette搭载的电池为代表。硫化物的离子电导率非常突出,超过10^{-2} S/cm,但其制造成本高,对环境敏感,且相关技术形成了较高的知识产权壁垒。最后,氧化物固体电解质,主要应用于东风E70车型。氧化物的离子电导率约为10^{-3} S/cm,满足应用要求,并且易于规模化制备(图1)。然而,其界面接触不够紧密。这种氧化物固体电解质是国内早期头部企业以及当前进行上车验证的项目所采用的主流固体电解质之一,主要采用复合路线。我国已经布局多个路线,其中之一就是基于氧化物复合聚合物固体电解质的全固态电池。

博洛雷 Bluecar　　丰田 e-Palette　　东风 E70

图1　应用固态锂离子电池的新能源汽车

2023年,新能源汽车重点专项全固态锂离子电池技术国家重点研发计划"高能量密度全固态锂离子电池技术"中提出了一个目标,即全固态电池电芯能量密度超过800 W·h/L,实现上车100辆的应用示范。后期的目标进一步提高到1000辆(图2)。综合分析,基于氧化物复合聚合物固态电解质的全固态锂离子电池,在规模化生产方面具有最大优势,实现装车应用的可行性最高。

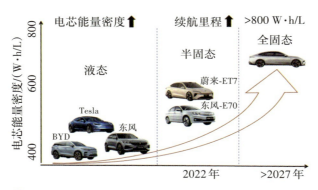

图2　新能源汽车研发计划

从材料科学的视角出发,采用氧化物复合聚合物固体电解质的全固态电池研发路线涉及以下几个关键方面:第一,固体电解质在现行电池体系中的应用与优化是首要任务。这包括将固体电解质引入现有电池体系中,并逐步增加其比例,同时相应减少液体电解液的用量。随后,应用固化技术进一步降低电解液含量,最终实现向全固态电池的转变。这一过程涉及整体材料构成的重大调整。第二,高性能固体电解质膜的研发是另一个重要课题。该膜材料必须具备高离子电导率和极小厚度的物理特性。目前,固体电解质膜已成为全固态电池领域内一个亟待突破的关键组件。第三,对于负极材料,尽管锂金属负极因其高能量密度而备受关注,但其面临的锂枝晶生长和死锂问题依然棘手。当前,更多研究倾向于将硅碳复合材料应用于全固态电池的负极,尽管硅碳负极的体积膨胀问题仍需解决。因此,这些负极材料的改进与优化也是研究的关键点。第四,正极材料的开发同样不容忽视。在传统液态电池中,多孔正极便于液体电解质的自然渗透。然而,在固态电池中,需要开发致密的厚正极。由于固体电解质无法流动,如何构建固体界面并确保其在循环过程中的稳定性是高能量密度固态电池所必须面对的技术挑战。总而言之,全固态锂离子电池的开发涉及多个层面的材料创新与技术突破,需系统地推进各项关键技术的研究与攻关。

氧化物作为固体电解质材料,其研究历史颇为悠久。目前备受关注的材料,如磷酸钛铝锂(LATP)和锂镧锆氧(LLZO),其研究起源可追溯至多年前。相对而言,LLZO是在21世纪初期(2004—2005年)由德国学者提出的,虽不能称为最年轻的固体电解质材料,但至今也已经历了近20年的探索。此外,近期还涌现出新的材料体系,例如具有钠超离子导体(NASICON)结构的磷酸硅锆锂($Li_3Zr_2Si_2PO_{12}$),其室温锂离子电导率达到3.59 mS/cm。由此可见,对氧化物固体电解质材料的研究正在持续发展。

LLZO固体电解质粉体的制备与关键问题

多年来,我们团队致力于LLZO的研究。从2010年实验室物相控制起步,经历尺度控制阶段,至今已实现吨级制备。在LLZO的表面稳定性提升和成本降低方面,我们团队也进行了深入探索。现今,学界逐渐意识到材料表面的Li_2CO_3问题是关键问题之一。通过采用电子显微镜聚焦离子束(FIB)等手段对Li_2CO_3的形貌进行细致分析,发现Li_2CO_3的形成主要源于LLZO表面的碱性特征,该表面在接触水分时会生成LiOH,进一步与空气中的CO_2反应形成Li_2CO_3。这一反应在初期进行得较快,随后逐渐趋于饱和,形成的Li_2CO_3呈絮状物覆盖在材料表面,厚度可达微米以上。这种覆盖层的形成对表面电阻有不利影响,且在对称电池中,它不利于抑制锂枝晶的生成。

针对Li_2CO_3问题,我们团队最初采取的简易措施是利用LLZO表面的碱性特性,促使多巴胺在LLZO表面自发聚合。这一过程能有效隔断LLZO与空气、水的直接接触,从而显著提升材料的空气稳定性,并消除Li_2CO_3带来的不良影响。实际上,Li_2CO_3在弱酸环境中能迅速分解,例如在盐酸中仅需30 s即可分解,但长时间的酸性处理会对材料造成腐蚀。因此,在实验室中,通常将粉体置于酸性溶液中处理后,再经过抽滤和干燥过程,制得表面无Li_2CO_3的LLZO,从而进行复合处理以提升性能。

目前,对于去除Li_2CO_3的方法,我们更倾向于采用一步法处理。其中一种方法是在LLZO表面存在Li_2CO_3的情况下,引入$NH_4H_2PO_4$。通过表面反应,Li_2CO_3被分解为

CO_2，而磷酸则留下形成磷酸盐。这样不仅为材料表面提供了磷酸盐的保护层，还能维持材料在水环境中的稳定性以及良好的离子电导率。我们通过对比无 Li_2CO_3 和有 Li_2CO_3 的粉体性能，发现两者之间存在显著差异。在无 Li_2CO_3 的情况下，LLZO 在离子电导率、电化学窗口及抑制锂枝晶生长方面均表现出显著的提升。

此外，在研究过程中，我们发现当聚碳酸亚丙酯（PPC）与 LLZO 结合时，原本为固态的 PPC 会转变为液态。这种现象的原因是 LLZO 表面的羟基破坏了 PPC 高分子间的相互作用，导致其解聚。基于这一发现，我们探索了相关反应机制，并成功开发了一种一步法制膜技术。在制膜阶段，将 LLZO 直接加入 PPC 中，使两者充分混合反应，随后形成膜。在这一过程中，PPC 不仅转化为了具有界面传输功能的聚碳酸酯，还促进了 LLZO 表面 Li_2CO_3 的分解。进一步，我们采用此方法制备了 PEO 膜和 PVDF 膜，并对它们的阻抗、电化学窗口以及在对称电池中的表现进行了比较。结果显示，这种制膜技术显著提升了材料的性能。在制浆料的过程中，通过一步法去除 Li_2CO_3，并且形成高质量界面，大大提高了电解质膜的整体性能。

LLZO 陶瓷电解质及固态电池

为了测量陶瓷粉体材料的离子电导率，我们需将其制作成高致密度的陶瓷片，并利用阻抗谱进行测量。目前，我们已能成功将 LLZO 制成高致密度的陶瓷片。这种陶瓷片的优势在于它与锂接触时化学性质稳定。基于此，我们能够轻松构建全固态电池，具体做法是在陶瓷片一侧放置锂金属，另一侧放置正极材料。

如今，固体电解质膜确实面临诸多挑战，而高致密度的陶瓷片为正负极界面研究开辟了新路径，助力解决许多科学问题。过去，这方面的研究主要是与实验室、研究机构合作。近年来，企业也开始逐渐关注这一领域。当前固体电解质材料的研究方向给我们提出了新的要求：膜材料不仅要薄且具有一定柔性，还要具备良好的一致性。这也是目前业界对陶瓷材料的新观点和要求。

实际上，陶瓷片的应用早已带来了一些颠覆性的认识。最初，我们普遍认为固体电解质膜，如 PEO 因其柔软性会被锂枝晶穿透。因此尝试通过提高硬度，采用陶瓷材料作为替代。但是实验研究结果表明，情况并非如此。当锂金属与陶瓷片接触时，锂枝晶的生长速度反而加快，且陶瓷片在抑制锂枝晶生长方面的性能甚至不如液体电解质和 PEO。为了改善这一情况，我们团队进行了大量的探索工作，主要目标是构建一个三维离子和电子混合导电中间层，以抑制锂金属在 LLZO 陶瓷电解质中的贯穿。

若LLZO不采取任何保护措施,则锂枝晶的生长将非常明显。

例如,陶瓷片本身呈白色,类似玉石,但可肉眼观察到上面的黑点,这些黑点在电镜下显示为数微米的锂枝晶。在原始的LLZTO中,可以观察到沿陶瓷晶界贯通的锂金属,而具有混合电导界面的LLZTO在 0.5 mA/cm² 电流密度下可以稳定循环 400 小时。

此外,我们团队也进行了相关验证。以PEO作为中间层,确实能够发现其改善作用,即通过构建柔性、电子绝缘且高离子导通的中间层,来解决锂枝晶在LLZO陶瓷电解质中的生长问题。基于此方面的分析,我们团队随后进行了深入研究。例如,在LLZTO与锂负极之间引入BiOCl,BiOCl与锂自发反应,形成$Li_3Bi@Li_3OCl$复合中间层以抑制锂枝晶在陶瓷电解质中的生长。其中的颠覆性问题主要在于表面接触,即固-固界面。原以为接触面是均匀的,但实际上是点接触。一方面,这种情况导致了电场分布不均,局部过电势较大。另一方面,陶瓷是多晶的,晶界带负电。根据电化学中性平衡原理,负电会吸引带正电的锂离子聚集。在这种情况下,锂离子会在此处团聚。一旦超过临界尺度,锂枝晶就会逐渐变大。

在对全固态电池的研究中,许多关键科学问题尚未被揭示,且这些问题与在液态电池中所理解的情况截然不同。因此,需投入更多的精力和时间去探索全固态电池中真正存在的科学问题。

LLZO柔性复合电解质膜及固态电池

我们团队致力于开发柔性膜,走的是常说的复合材料路线,即将LLZO与高分子聚合物相结合。此项研究开展得很早,在2016年便有相关成果问世。当时,我们注意到,将粉体加工至纳米级别会产生渗流效应,此时离子电导率达到最优,这一发现也成为我们持续研究的基础。在制备此种膜材料时,我们通过调整固体含量来诱导渗流效应,从而确保离子电导率最大化,这也是我们团队为学界提供的一个参考方向。此过程涉及纳米粉体的制备及其在浆料中的均匀分散,我们团队在这方面也进行了探究。具体而言,利用LLZO表面的羟基并添加分散剂,如硅烷偶联剂,以实现在有机溶剂中的均匀分散。通过丁达尔效应观察到粉体均匀分散后,将其与聚合物复合,结果显示,复合后的材料离子电导率与电化学窗口均有所提升,整体性能显著增强。

首先,粉体应用十分广泛,不同粒度的粉体能够赋予材料各异的特性。例如,在电解质膜的制备中,可采用粗粉与细粉的结合。其中,核心部分采用机械性能较好的粗粉,表层则覆盖具有柔软特性且离子电导率较高的细粉,从而制得外柔内刚的膜结构,提升整体性能。这种方法通过对固体粉体尺度的精准调控,达成了柔性膜在抑制锂枝晶生长能力与界面相容性之间的平衡。

其次,功能化提升亦是关注的重点。鉴于不同聚合物在耐高电压和耐锂金属性能上存在差异,我们团队研发出一种复合膜,它融合了耐高电压材料与耐锂金属材料的优势,构建出高性能的柔性膜结构。这项技术通过对单层膜成分的精细调控,让柔性膜在耐高电压性能和对锂金属稳定性方面均有出色表现。

近期,PVDF材料的重要性也日益凸显。在制膜过程中,我们观察到高分子材料本身亦存在致密化的问题。直接成膜的PVDF因颗粒较大而在中间形成空隙,这在全固态电池中是不利的。因此,可以引入二维材料以优化成膜过程,使颗粒细化,并通过二维材料填充空隙,从而显著提高膜的致密度与离子电导率。此外,我们通过引入氟化石墨烯,使柔性膜在对金属锂和高压正极的稳定性方面表现出色。我们团队对此进行了广泛的研究,包括表征、计算以及对称电池和全电池的研究。结果表明,这一思路极具潜力。但是二维石墨烯的成本相对较高,二维石墨烯应与纳米颗粒(例如LLZO)结合使用。通过此种复合方式,在原位固化过程中,可以制备出一张高致密度的PVDF膜,从而显著提升电池的性能。

目前,我们在青岛设有一处固态电池山东省工程研究中心,该中心配备了5~20 A·h固态电池的制备线。我们基于氧化物固体电解质研发磷酸铁锂软包锂离子电池,旨在优化其低温性能。同时,推进三元软包锂离子电池的开发,以追求更高的能量密度,确保产品的安全性满足国际标准。在电池制造过程中,为提升电池性能,将固体电解质引入正极材料中,例如对NCM811进行纳米级均匀包覆,以此增强正极材料的稳定性和电池整体的电化学性能。

实验发现,在30 ℃、1 C和3.0~4.2 V的充放电条件下,包覆NCM811后,10 A·h级别电池的循环容量保持率和倍率性能均有显著提升。通过对比原始和包覆后的正极材料经过100次循环后的SEM形貌,我们观察到未包覆的正极材料产生裂纹,包覆后的正极材料则无裂纹出现(图3)。深入分析发现,虽然看似简单的包覆处理能防止裂纹的产生,但事实上其中涉及的因素颇为复杂,我们需对这些深层次原因进行探究。

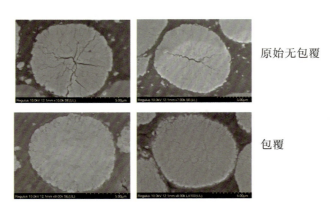

图3 原始和包覆的正极材料循环后的SEM形貌对比

结论与展望

综上所述,第一,氧化物固体电解质及其固态电池是当前产业化的重要方向。第二,在应用LLZO粉体材料时,需高度关注表面Li_2CO_3问题。第三,LLZO陶瓷片电解质在界面问题研究中操作便利,但面临厚度难以减薄和机械性能欠佳的挑战。而基于LLZO的有机-无机固体电解质膜虽利于制备大容量电池,但其离子电导率仍有待进一步提高。第四,纳米氧化物固体电解质在固体电解质膜和复合正极材料中的应用可以显著提高电池性能。

涂 雨
浙江大学数据经济研究中心研究员

浙江大学数据科学与管理工程学博士,主要研究方向为成果转化与未来产业。有丰富的产业界工作经验,曾担任独角兽企业高管。参与国家重点研发计划3项,国家社科重大项目1项,学术成果发表于 International Journal of Electronic Commerce、Journal of Retailing and Consumer services 等期刊。

胡小丽
中国科学技术大学特任副研究员

中国科学技术大学管理科学与工程博士,合肥微尺度物质科学国家研究中心博士后,中国科学技术大学科技战略前沿研究中心特聘研究员。主要从事人工智能与领导力的交叉研究、科技信息智能平台研究、新能源材料研究。主持国家自然科学基金青年基金项目、中国科学院战略研究与决策支持系统建设专项项目等,参与科技部创新战略研究专项、中国科学院学部咨询项目等,在 Energy、Journal of Knowledge Management、Journal of Managerial Psychology、Ecological Indicators、《管理科学学报》等国内外核心期刊发表多篇论文。

面向新能源产业的光学控温新材料

2024科创文化建设圆桌汇

2024年2月19日,习近平总书记在中央全面深化改革委员会第四次会议上强调,以"双碳"工作为引领,协同推进降碳、减污、扩绿、增长,把绿色发展理念贯穿于经济社会发展全过程各方面。

对比全球国家,中国的煤炭使用量占全球煤炭使用量90%以上。为了在2030年前实现"碳达峰"目标,中国必须依赖于三个关键领域的发展:提高效能、发展可再生能源和减少煤炭使用量。同时,目前实现"双碳"目标的主要手段可以分为四种:碳替代、碳减排、碳封存、碳循环。其中纳米制造作为未来产业创新发展的新赛道[1],将有效赋能碳减排。

光学控温技术原理

光学控温技术研究是近年来的国际研究热点,已在光学性能、量产化、工艺优化、功能优化等方面实现创新突破(图1)。我们团队长期聚焦于此,基于微纳米制造技术,控制无机陶瓷颗粒及有机高分子纤维在100~2000 nm范围内的三维结构分布,利用光子共振效应调控光谱,从而改变材料表面在紫外短波至中远红外长波的光学特性,以实现热辐射控温效果。基于近10年来的研究成果,我们不断探索光学控温技术如何赋能新能源产业,如何赋能"双碳"目标。截至目前,我们在 Advanced Materials、Science Advances 等国际顶刊上发表了相关论文,其中零能耗辐射制冷技术还获得了2017年《物理世界》十大物理突破奖。

---

[1]《工业和信息化部等七部门关于推动未来产业创新发展的实施意见》,工信部联科〔2024〕12号。

图1 光学控温技术研究脉络

我们团队研发的光学涂层技术的转化方向包括两个方面：一是辐射制冷（降温）材料。这是一种具有巨大应用潜力和应用前景的无碳降温技术，通过发射 8～13 μm 的红外波段将地表热量导向太空，同时反射绝大部分的太阳辐射，可使物体即使在正午太阳光照下，其温度低于环境温度，目前可以做到低于环境温度 5～11 ℃。二是辐射制热（增温）材料。这是一种具有巨大应用潜力和应用前景的无碳制热技术，通过吸收绝大部分的太阳热辐射，同时降低自身向外的辐射散热，可使物体在光照下迅速升温，其温度可高于环境 80 ℃以上，太阳光热转化率可达 90% 以上。

光学控温技术应用场景

光学控温技术的典型应用场景包括光伏发电、电化学储能、大型建筑、粮食仓储、线缆化冰等，在零能耗前提下实现降温或增温解决方案。不同应用场景下，技术产品的展现形式也是多样化的，包括固体、液体、透明、有色等。反射型辐射降温膜、透射型辐射降温膜、辐射降温车窗膜、辐射降温涂料等都是产品之一。实验表明，贴上反射型辐射降温膜的户外铁柜，表面可以直接降温 25～45 ℃，内部可降温 7～15 ℃。同时，其可以实现五项功能：

（1）表面自清洁：具有超疏水性，降低维护成本；

（2）增强气密性：气密性优秀，可替代建筑防水；

（3）耐候性：耐盐雾（1500 h）、耐湿热（1500 h）检测合格；

（4）耐老化：降温性能稳定无衰减，预计可用 10 年；

（5）绿色环保：选用安全无毒环保材料，符合 RoHS 和 REACH 标准。

以电力通信行业应用为例，电力设备常常因高温而加速老化，引起设备故障，影响稳定性与安全性。研究表明，温度每上升 10 ℃，电力设备寿命缩短 50%；且高温导致绝缘材料失效，影响设备运行，可能导致火灾事故，危害人身及财产安全。目前市场上主要还是通过空调降温,但空调降温随即产生新的问题:一是能耗高,在变电站总耗电中,空调降温耗电占比36%;二是容易产生凝露从而引起设备线路短路,空调降温使得设备在短时间内温差变化大,更易产生凝露,危害设备健康;三是部分设备无法配置空调,特别是在55 ℃以上的环境下,部分空调无法正常工作,也就无法保护设备,而这样的设备可能降温需求更加明显。我们的光学控温技术和产品很好地解决了这个问题,实现了电力通信零能耗降温,促进节能减排,不仅能大幅降低设备柜体温度,减少设备故障率,还能将设备柜内温度调节得更平滑,减少凝露,起到保护设备、延长设备寿命的作用。同时,用户可以根据需求自由选择膜材料、液体涂料等不同形态产品。

光学控温技术赋能新能源产业

我们的光学控温技术在光伏发电中已进入产业化阶段,正在多个实地测试中;在储能和节能方面已完成4000余个订单;在线缆化冰方面也获得了产业化课题,正处于中试阶段。实践表明,光学控温技术和产品能将储能效率增加至少5%。

(一)粮食仓储

粮储建筑防水、气密性功能落后,给储粮带来诸多挑战。在控温方面,传统制冷控温措施因平房仓仓顶导热系数大,能耗高、运维成本大。同时,粮库"冷心热皮"特征明显,这对粮食保鲜和虫霉控制极为不利。

辐射制冷材料为解决上述问题提供了有效途径。在仓顶应用辐射降温材料,可有效降低仓顶吸收的热量,减少热量向仓内传导。因其具备高反射率和高辐射率特性,能将热量以辐射形式散发到低温的宇宙空间,降低仓顶温度,进而减少仓内温度波动。

从气密性和防水性来看,在应用辐射降温材料过程中,可配合其他密封和防水材料,形成综合防护体系,提升粮库整体气密和防水性能。如此一来,既能为粮食储存创造稳定低温环境,又能减少外界湿气、虫害等对粮食的影响,有效提升粮食保鲜效果,降低虫霉滋生风险,保障粮食储存安全,且在长期运行中可降低能耗和运维成本,具有显著经济和社会效益。

（二）储能柜

根据《2023年中国储能行业研究报告》，新型储能已经占比19.3%，而从新型储能累计装机规模来看，主要就是通过锂离子电池实现储能，装机占比超过94%。

锂离子电池能量密度大、能量效率高、响应速度快、循环寿命长，是目前最主要的电化学储能方式。然而，锂离子电池的寿命和性能受温度影响非常大，具体而言：

一是高温缩短电池寿命。锂离子电池对温度具有较高的依赖性，目前锂离子电池最佳温度区间为10～35 ℃，过低的温度会导致电解液凝固，阻抗增加，过高的温度则会导致电池的容量、寿命以及安全性大大降低。学术界研究表明，在30～40 ℃工作温度范围内，温度每升高1 ℃，电池寿命就会减少60天。[1]索尼18650锂离子电池测试时也呈现这样的特征[2]，当测试温度为45 ℃时，锂离子电池的循环次数可以达到800次，容量衰减为37%；而当测试温度升高至55 ℃时，锂离子电池的循环次数几乎减半，只有491次，并且容量衰减高达71%。针对这个难题，虽然目前储能系统都有配套的电池热管理系统，但在储能系统运输、安装、检修等过程中热管理系统往往无法正常工作，特别是出现故障或其他极端情况时，更加无法保障高温环境下的电池安全。

二是高温导致能耗增加。当前影响储能装置电转效率的原因之一就是辅助系统用电，例如，磷酸铁锂储能装置的辅助系统的用电率达到10%以上，其中空调能耗占比最大。据统计，2022年全国500 kW/500 kW·h以上电化学储能电站平均综合效率仅77.95%，仅空调能耗就导致综合效率下降超过5%。[3]以最新的储能系统产品为例，每天进行1充1放的1次循环，每年仅空调损耗电量就有91250 kW·h，收益损失（按电价差0.7元/（kW·h））63875元，储能系统理论寿命为10年左右，生命周期内收益损失超过638750元。

三是高温带来安全隐患。电池热失控是储能系统发生燃爆事故的主要原因，2011年至今，全球储能安全事故超过100起，其中2022年后发生的有42起。[4]以2021

---

[1] Zhao R, Gu J J, Liu J. An experimental study of heat pipe thermal management system with wet cooling method for lithium-ion batteries[J]. Journal of Power Sources, 2015, 273: 1089-1097.

[2] Anthony B, Benjamin D, Sebastien G, et al. A review on lithium-ion battery ageing mechanisms and estimations for automotive applications[J]. Journal of Power Sources, 2013, 241: 680-689.

[3] 来源：中国电力企业联合会《2022年度电化学储能电站行业统计数据》。

[4] 来源：https://baijiahao.baidu.com/s? id=1785213907832903834&wfr=spider&for=pc。

年4月16日北京大红门储能项目起火爆炸事故为例,安全事故造成1人遇难,2名消防员牺牲,火灾直接导致财产损失1660.81万元。

基于光学控温技术研发的产品——反射型辐射降温膜(电化学储能行业专用F100E)有效解决了上述难题。反射型辐射降温膜由无机功能材料构成,该结构在大气和物体之间建立散热通道,大幅增强设备的散热性能,同时可以反射98%以上的太阳光热,实现高效降温。其可应用于各种不透明物体的外表面,如水泥、金属、防水卷材等。反射型辐射降温膜在实现了电化学储能零能耗降温的同时,可以增强电芯防护能力,使储能系统降本增效。从技术参数上来看:一是超强降温,外部降温25~45 ℃,内部降温7~15 ℃,辐射降温功率为151 W/㎡;二是安全环保,选用安全无毒环保材料,符合RoHS和REACH标准;三是自清洁,有疏水表面,对灰尘、水滴有自清洁能力,降低维护成本;四是耐候性强,耐磨抗腐,预计可使用10年。

储能专用辐射降温涂料很适用于储能柜。我们对此做过户外对比实验,测试结果显示,外顶最高降温42.3 ℃,内部最高降温13.8 ℃,内外温差拉大,且外部温度低于环境温度10.4 ℃,3日平均空调节电率为61.0%(设定26 ℃)。实验结果表明,储能专用辐射降温涂料可有效降低阳光直射下模型屋表面及内部的温度,可显著降低模型屋空调降温的耗电量。储能专用辐射降温涂料已经用于储能行业某头部品牌储能柜(图2),应用结果表明内部温度分层良好,试验柜内顶与底端温度的差值(分

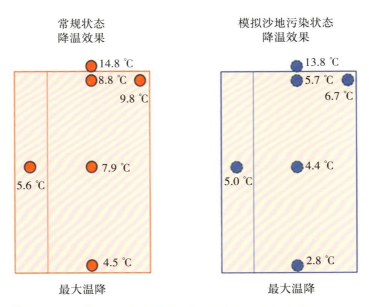

图2 储能行业某头部品牌储能柜的户外对比实验结果

层)远小于对比柜(2023/11/5 11:20,0.6 ℃/5.6 ℃),辐射降温膜让柜体内的温度分布非常均匀,极大降低太阳热量引起的内部温度分层。且试验柜内部温度分布在25 ℃左右,温度均衡,大幅度过滤了异常的高温,降低了高温对储能电池容量的衰减风险。

(二)太阳能光伏板

根据中国能源大数据报告(2023)数据显示,2030年中国化石能源占比下降为72%,水电占比为8%,核电占比为4%,风电占比为8%,光伏占比为9%;预计到2040年碳达峰目标实现期间的最关键10年里,中国的化石能源占比将降低为52%,水电占比为7%,核电占比为7%,风电占比为13%,光伏占比为21%。光伏发电成为中国新型能源体系里最重要的一部分,其每年新增装机容量也在不断增加。然而,光伏发电目前也面临一些难点:

一是高温导致光伏发电效率降低。在持续超过35 ℃的高温天气下,光伏组件功率输出与温度呈现出负系数关系,即温度越高,输出功率越低,因此发电量也会相应减少。且高温对光伏发电组件有诸多不利影响(图3),例如,导致光伏组件输出率下降,形成热斑效应影响组件寿命,影响开路电压导致系统充电不足,产生PID(电势诱导衰减)效应造成组件失效,影响逆变器核心部件使用寿命等。

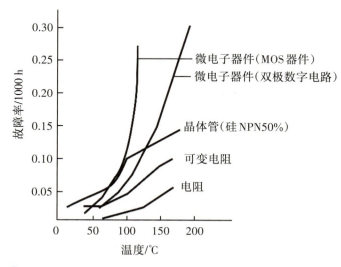

图3 温度与元器件故障率关系图[①]

[①] Huang G, Wang N, Sun S, et al. Research of mobile power pack security verification based on scenario simulation[J]. Cluster Computing, 2019, 22(4):8757-8767.

二是面板表面污染成为光伏行业痛点之一。光伏面板表面一旦被污染,将导致发电量减少5%~30%。这些污染物来源甚广,其中,全球每年因为灰尘带来的经济损失超过50亿美元。这些污染物沉降对光伏玻璃透光率、光伏玻璃温度、光伏玻璃腐蚀等都有影响,目前主要除尘方法有三种:① 机械除尘,但设备安装和维护成本高,这也间接提高了发电成本;② 工程车除尘,但工程车体积大,使用时受场地限制;③ 人工除尘,这不仅浪费水资源,而且只能去除大颗粒灰尘,对于微小颗粒灰尘很难清除,并容易刮伤组件玻璃。

三是玻璃表面反射太阳光,减少了可利用光能。由于空气与玻璃界面的折射率差(玻璃表面存在光反射,约为8%),减少了光能的透过(可见光透过率<92%),光伏板可产生的电能降低。

基于光学控温技术的光伏涂层材料(太阳能电池板新材料产品)能够有效提升光伏发电效率(5%),实现辐射降温涂层技术、自清洁技术、抗反射增透技术的"三位一体"化,使其有效防护期达到5~8年,并且其施工便捷、强耐候性,能够有效减少运维成本。

太阳能电池板温度通常介于15 ℃和35 ℃之间,在此区间太阳能电池将产生最大发电效率。然而实际上,太阳能电池板的温度可能高达65 ℃,此时太阳能电池的效率将受到严重阻碍,如导致光伏组件输出功率下降、影响开路电压导致系统充电不足、影响逆变器核心部件使用寿命、形成热斑效应影响组件寿命、产生PID效应造成组件失效等,辐射降温涂层技术的使用,可以有效降低太阳能电池板温度,提高输出功率、保持系统充电充足、延长核心部件及组件使用寿命、预防PID效应产生进而提升光伏发电效能。

光学涂层自清洁技术有利于构造不同粒径尺寸(5~100 nm)的凹凸结构,通过—NH—C=O—与有机硅烷紧密键合,亲水基团能接枝到无机颗粒,这种有机-无机杂化体系促使涂层更加致密牢固,最终实现高反射、高效光催化、持久耐用超亲水性,材料透明,且使用过程中,去污渍、耐磨、合成简单,使用方便且成本低。

抗反射增透技术的使用将改变穿过玻璃的光,使其被透射、吸收或反射。相比以大角度透过的光线,以小角度透过玻璃的光线反射率更高,例如在白天,日出和日暮时分的阳光入射角也较小,为了优化转换率,需要在低入射角条件下减少太阳光反射。光学涂层抗反射增透技术的应用可以降低光反射率,保持玻璃的高透明度。

基于光学控温技术的实际应用,我们进一步形成了一整套零能耗降本增效绿色城市立体化解决方案(图4)。立体化降本解决方案全面针对各类建筑设计,满足不同应用场景的零能耗降温需求,全方位促进绿色城市建设,落实节能减排,打造全面、立体化的绿色城市。例如在商业建筑中,反射型辐射降温膜适用于各类仓房顶面,零能耗实现准低温储粮(25 ℃),显著提升仓房气密性和防水性能,减少通风次数,降低水分损耗。应用辐射降温涂料适用于各类仓房墙面,易于施工,更低成本实现零能耗降温,大幅降低机械降温能耗,助力建设高标准绿色粮仓。透射型辐射降温膜适用于办公室玻璃门窗,能大幅降低办公室空调能耗,提升室内舒适度,促进企业全面落实节能减排。自清洁光伏增透涂层适用于光伏面板,可有效提高光转化率,增加光伏发电效能,减少运维成本,提高发电量。在此基础上,节能减排管理一体化、效果可视化也已实现。

图4 零能耗降本增效绿色城市立体化解决方案

总结

2024年,国家重点研发计划首次提出辐射降温技术攻关——用于高压输电导线自降温增容涂料技术的研发。面向国家战略需求,我们依托辐射降温光学涂层技术的研发和产业化应用,实现了太阳直射下的持续被动降温和节能降耗。未来,我们将持续以成为辐射降温光学涂层技术研究的开拓者和应用的领航者为使命,为绿色循环低碳发展提供降温节能解决方案。

杨茂萍
国轩高科材料研究院院长

先后荣获合肥市庐州英才、安徽省115产业创新团队带头人、合肥市三八红旗手、合肥市C类高层次人才等称号。从事新能源行业近15年，坚持推动前沿技术向产业化转化，热衷于研究工作，掌握了特有的锂离子电池材料合成及改性技术，在高性能电极材料及电池材料化学体系匹配、动力电池开发等方面积累了大量的核心技术。获安徽省科技进步奖二等奖1项、三等奖1项，安徽省专利金奖1项，国家专利优秀奖1项。

主要研究成果包括：磷酸铁锂材料技术升级，解决低温功率问题，满足产品端需求并实现量产；针对国内外客户端需求，实现6系、7系三元材料量产，完成8系三元材料设计；定制化开发满足快充、长循环的石墨负极材料，并将其导入我司产品端应用；定制化开发不同功能涂覆隔膜材料，满足电芯端在安全、界面、快充、长循环等方面的需求；针对铁锂体系、三元体系电芯需求，开发满足不同产品端需求的电解液配方；针对高能量密度、长循环、低温等方向进行化学体系开发，包括功能辅材的开发。

国轩高科电池材料开发进展

国轩高科第13届科技大会

引言

目前,国轩高科材料研究院确立了明确的战略定位为:致力于为电芯产品提供全方位的材料解决方案。我们聚焦于电池四大主材及功能材料的创新研发与应用开发,构建从前驱体到终端材料的完整产业链,并通过建立材料大数据平台,打造系统化的电池材料研发体系,实现从实验室到产业化全链条的技术创新。

国轩高科电池材料的开发进展

(一)正极材料

在当前市场需求和技术发展的双重驱动下,国轩高科电池正极材料的研发布局聚焦于五大核心领域:磷酸铁锂、磷酸锰铁锂、三元材料、钠电正极材料以及补锂剂 Li_2NiO_2(LNO)。这一战略布局不仅全面覆盖了当前市场的主流需求,更前瞻性地把握了未来电池技术的发展方向。

在众多正极材料中,磷酸铁锂凭借其卓越的安全性能和稳定的化学特性,已成为动力电池和储能系统的首选材料之一。为满足多元化应用场景的需求,国轩高科创新性地开发了两大类型的磷酸铁锂材料:低温倍率型和能量型。

国轩高科在低温倍率型磷酸铁锂材料的研发中,采用了"三位一体"的技术策略:通过前驱体精准调控优化材料本征特性,结合碳包覆改性提升导电性能,并引入元素掺杂增强结构稳定性。这一系列创新技术的协同效应,使材料在−20 ℃的极端低温环境下仍能保持45%以上的容量保持率(扣式电池,1 C放电),同时实现了2.4 g/cm³及以上的压实密度。这一突破性进展显著提升了电池在寒冷环境下的工作性能,为高寒地区的新能源应用提供了可靠保障。

针对高能量密度电芯的市场需求,能量型磷酸铁锂材料采用了多元素协同掺杂、助烧剂优化、复合碳源和颗粒级配等先进技术。这些创新使材料实现了2.65 g/cm³以上的压实密度,并将平台电压提升了20 mV及以上。这些技术突破不仅显著提升了电芯的能量密度,还优化了放电能量效率,为电动汽车和储能系统提供了更长的续航里程和更高的能量利用效率,有力推动了新能源产业的升级发展。

在磷酸锰铁锂材料的研发过程中,我们采用了一系列创新性技术方案来系统提升材料性能。通过纳米化工艺的引入,显著改善了材料的离子传导,但如何在保持优异加工性能的同时实现容量最大化仍是一个关键挑战。为此,我们创新性地构建了"双步包覆—离子掺杂—颗粒级配"的技术体系。在碳包覆技术方面,我们选用富含sp²杂化结构的优质碳源,成功在材料颗粒表面构建了均匀连续的导电网络。这种独特的碳包覆结构不仅显著提升了颗粒间的电子传输效率,还大幅增强了电极的整体导电性能。在离子掺杂方面,通过引入镁、铝等活性离子,实现了晶体结构的精准调控,优化了锂离子的扩散动力学路径,稳定了材料晶体结构,使材料展现出优异的倍率性能和循环稳定性(图1)。特别值得一提的是,离子掺杂策略还成功提升了材料的电压平台,为电池能量密度的突破提供了新的可能。在颗粒级配设计上,我们创新性地采用多尺度颗粒优化技术,通过精确控制不同粒径颗粒的配比,实现了紧密堆积的电极结构。这种设计不仅显著提高了电极的压实密度,还大幅提升了体积能量密度。

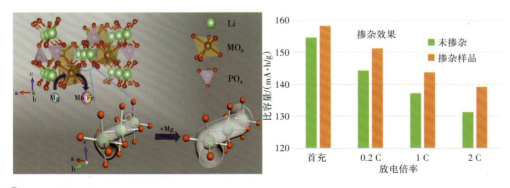

图1 离子掺杂前、后效果对比

在三元材料的研发领域，我们通过创新性的技术集成，构建了多维度的材料性能优化体系。我们系统性地开发了前驱体相掺杂、体相-表面协同掺杂、快离子导体原位包覆以及熔融氧化物包覆等核心技术。目前，国轩高科已成功构建了完整的单晶三元材料产品体系，涵盖6系、7系和8系三大系列，并取得了突破性进展。例如，在6系单晶三元材料的研发中，我们实现了高电压性能的重大突破，将上限电压提升至4.4 V，同时保持了优异的循环性能。

然而，我们也意识到，针对更高镍含量的三元材料，进一步提升电压后，比容量的提升已不再明显。这表明在一定范围内，提高电压可以有效提升材料的性能，但超过这个范围后，效果会逐渐减弱。基于这一认识，我们将未来的研发重点转向了更具创新性的技术路线。其中，表面固态电解质全包覆技术成为核心突破方向之一。该技术通过在材料表面构建均匀致密的固态电解质保护层，不仅能够有效抑制电极材料与电解液之间的界面副反应，还能显著提升材料的循环稳定性和安全性能，为下一代高能量密度电池的开发提供新的技术路径。

在锂资源价格高的背景下，钠离子电池因其原材料丰富和成本较低的优势，正逐渐受到广泛关注。国轩高科在钠离子电池的研发上专注于两个重要方向：层状氧化物和聚阴离子型正极材料。这两种材料各有其独特的特点和优势。在层状氧化物正极材料的研发中，我们通过单晶颗粒的可控合成，改善材料的均匀性和一致性，进而提升电池的循环稳定性；通过离子掺杂，提高材料的电导率和结构稳定性；通过应用表面包覆技术，降低材料与电解液间的副反应，减少残碱含量，显著提升电池的长期稳定性。在聚阴离子型正极材料方面，研发团队通过缺铁计量比设计，有效抑制了电化学惰性杂质生成，优化了材料的电化学性能。

镍酸锂因其高能量密度和较好的电化学性能被认为是下一代锂离子电池正极材料的有力候选。然而，镍酸锂材料表面的残碱含量较高会导致电池性能下降，因此，降低表面残碱是提升其性能的关键因素之一。为此，我们通过引入降残碱剂来实现超低残碱残留（图2）。我们采用多元素协同全包覆，改善了加工性能和离子传导率。通过这些方法，有效改善了镍酸锂材料的表面特性，降低了副反应的发生概率，提高了材料的循环稳定性。将这种改进的镍酸锂正极材料应用于全电池时，会显著提升电池的循环性能。特别是在储能和需要长循环寿命的领域，优化后的镍酸锂材料展现出广泛的应用前景。储能系统，尤其是与可再生能源相结合的电网储能，需要大量、稳定、可靠且长寿命的电池。优化后的镍酸锂材料能够很好地满足这一需求，为储能市场提供更高效、更经济的解决方案。

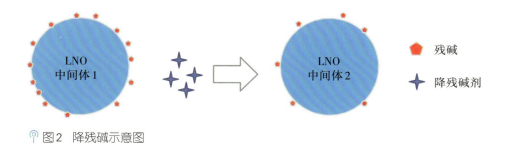

图2 降残碱示意图

(二) 负极材料

针对当前市场的多元化需求，我们在电池负极材料领域的研发重点聚焦于石墨和硅基负极两大方向。在石墨负极材料的研发中，我们进一步细化为两个核心研究方向：一是面向长循环寿命的石墨材料；二是支持4 C快速充电的石墨材料。在长循环石墨材料的研发中，我们致力于开发低膨胀性胶体原料、应用表面修复技术以及优化石墨化工艺等关键技术。具体工艺流程包括焦化处理、整形处理及石墨化处理，通过精确控制比表面积等关键参数，显著提升了石墨的循环性能，延长了使用寿命。在4 C快充石墨材料的研发中，我们重点关注均向性前体材料的筛选、骨料粒径的精准调控、表面形貌的修复以及二次造粒技术的应用。通过优化包覆工艺，构建高效的表面导电网络结构，并调整骨料粒径（如采用针状焦炭和中硫石油焦以降低成本），以及结合前期造粒全包覆方案（旨在降低残留碳含量），我们成功实现了在保证充放电倍率性能的同时，兼顾了高温环境下的使用性能。这些技术的综合应用不仅显著提升了快充石墨材料的能量转换效率，还增强了其在高温工况下的稳定性，使其在快速充电循环性能方面展现出显著优势，为满足市场对高性能电池的需求提供了有力支持。

硅基负极材料因其高理论比容量（高达4200 mA·h/g）而被认为是下一代锂离子电池材料的有力候选者，尤其是当考虑到电动汽车和高性能移动设备对高能量密度电池的需求时。我们在硅基负极材料的研发上遵循两条主要的技术路线：硅氧材料（SiO）和硅碳材料（SiC），并在这两方面均取得了显著的进展。在硅氧材料方面，我们开发了预锂硅氧（二代硅负极）技术，研发的重点包括均一碳包覆技术、体相控制技术、硅晶控制技术以及残碱控制技术等关键技术。这些技术的整合使得预锂硅氧材料在首效（首次充电效率）和容量扩展方面都表现出了良好的性能提升。在硅碳材料方面，国轩高科致力于新型硅碳（三代硅负极）材料的研发，聚焦于硅基体结构设计（微纳结构）、碳基体粒度调控、形貌控制及造孔（球形化设计），以及表面修饰（人工SEI膜构建)等关键技术。研发成果显示,新型硅碳材料在可逆比容量已突破1700 mA·h/g的水平,显示出了优异的电池性能。

(三)电解液

对于磷酸铁锂电池而言,实现快速充电功能是提高市场竞争力的关键方向之一。快充性能不仅涉及电极材料的优化,而且电解液的配方设计也起着至关重要的作用。国轩高科在磷酸铁锂快充电解液的研发上取得的进展,主要体现在以下几个方面:一是低阻抗SEI成膜添加剂的开发。我们自研的低阻抗SEI成膜添加剂,可以有效改善电池在快速充电过程中SEI膜的稳定性和均匀性。二是低溶剂化能的结构溶剂的应用。选择具有低溶剂化能的结构溶剂,有助于提升电解液的整体电导率,降低电池内阻。这种类型的溶剂通常具有较好的溶解能力和适宜的黏度,有助于锂离子在电解液中的快速迁移,从而实现快速充电的目的。三是低黏度溶剂的选择。选用低黏度溶剂,可以进一步降低电解液的黏度,提高锂离子在电解液中的迁移速率。低黏度溶剂的使用,不仅有利于提升电解液的浸润性和电导率,还能减少电池在低温环境下的性能衰减,保证快充性能在更广泛的温度范围内的稳定性。国轩高科自研的磷酸铁锂快充电解液配方,在与竞品对标测试时显示出明显的性能优势。特别是在高充放电功率特性测试中,展现出更低的阻抗和更优的功率性能。此外,该配方在低温和高温存储性能方面也有优异的表现,这为磷酸铁锂电池在各种环境条件下的可靠性和稳定性提供了保障。

在高镍高电压电解液的研发领域,我们通过自主开发正负极成膜添加剂和过渡金属捕获剂,显著提升了电池的性能。针对高镍电极材料在高电压条件下易发生电解质分解和电极材料相变的问题,我们展开了深入的研究。研究发现,通过自主开发的正负极成膜添加剂,可以在电极表面形成一层稳定的保护膜。这层膜能够有效抑制电解质的分解和电极材料的相变,从而拓宽电化学窗口,提高电池的循环稳定性和安全性。这一技术的应用,使得电池在高电压条件下仍能保持稳定的性能,为电池的长期稳定运行提供了有力保障。此外,高镍电极中的过渡金属离子(如镍、钴、锰等)在电解液中的溶解是导致电池性能衰减的一个重要因素。为了解决这个问题,我们采用了过渡金属捕获剂。这些捕获剂能够有效地捕获溶解在电解液中的金属离子,减少它们对电解液的催化分解作用。这不仅提升了电池的高温存储性能,还改善了电池在高电压下的存储性能。通过这些技术的整合,高镍高电压电解液在4.45 V的高电压下展现出了优异的循环性能。这为电动汽车和储能系统等高要求应用场景提供了可靠的解决方案,为电池技术发展开辟了新道路。

(四)隔膜材料

在锂离子电池的构成中,基膜(隔膜)扮演着至关重要的角色。它不仅需要确保锂离子的顺畅传输,还需要提供足够的机械和热稳定性,以保障电池的安全运行。我们的研发团队在基膜材料的研发上取得了显著成果,尤其是在超高分子量PE基膜和耐高温类芳纶基膜的开发上。团队采用超高分子量PE基膜,通过高倍率拉伸工艺,实现了商用PE隔膜的定制化,推出了 5 μm 和 7 μm 两种厚度的产品。这种基膜的穿刺强度提高了20%以上,这意味着,它具有更好的机械稳定性和耐久性。穿刺强度的增强有助于防止电极材料穿透隔膜,减少短路的风险,从而提高电池的整体安全性。对于高温环境下的应用,我们开发了类芳纶基膜。该基膜在接近300 ℃的高温下仍能保持隔膜结构的完整性。这种优异的热稳定性能可以有效防止极端条件下隔膜的热收缩或熔化,保障了电池在高温环境下的安全运行。此外,类芳纶基膜在高温下仍能维持正常的锂离子传输,这对于电池性能的稳定输出至关重要。我们在基膜技术上的创新,不仅提升了电池的性能,还增强了电池对不同环境和场景的适应性,包括电动汽车、大型储能系统等高要求领域。特别是对电动汽车而言,电池的机械稳定性和热稳定性是影响其安全和使用寿命的关键因素。

总结和展望

综上所述,我们在电池材料领域的自主研发和技术产业化方面取得了显著成就。我们不仅在正负极材料研发方面取得自主研发成果并成功实现产业化导入,还对电池全产业链进行了全面的研发布局。

在正极材料方面,针对磷酸铁锂材料,我们探索了极限高压实兼顾低温和能量效率的方向;在磷酸锰铁锂材料中,通过减少锰溶解,我们提升了高温循环性能;在三元材料方面,我们着重提升了中镍和高镍两种材料的能量密度,并坚持走低钴路线以降低成本。对于负极材料,我们开发了石墨负极的快充、长循环和高比能量三个重点方向;同时,在硅基负极方面提高了首效和循环性能。在电解液方面,我们实现了宽温程、快充、长循环、三元系高电压的性能提升。在新型材料体系搭建方面,我们对局域高浓度、凝胶电解质以及固态电解质等进行了开发。隔膜材料则持续向薄型化、高强度、高破膜温度的基膜和功能涂层隔膜等方面发展,以提高材料的耐热性和黏附性。

数智科技：前沿科技与未来趋势

122 / 动力电池全生命周期智能化技术
　　　欧阳明高　中国科学院院士

132 / 大数据与人工智能驱动的预测性维护研究与实践
　　　傅晓明　欧洲科学院院士

138 / 电池设计自动化平台
　　　陈冠华　香港大学教授

144 / 智能网联新能源汽车与交通低碳运输
　　　殷承良　上海交通大学教授

152 / 锂金属电池的复兴与锂负极的保护研究
　　　邓永红　南方科技大学教授

欧阳明高

中国科学院院士

清华大学教授,第十四届全国政协常委,清华大学学术委员会副主任,新能源动力系统与交通电动化专家,国际交通电动化期刊 eTransportation 创刊主编,国际氢能燃料电池协会(IHFCA)首任理事长。

早期从事汽车发动机控制研究,2000年开始从事新能源动力系统研究,研究领域包括混合动力与电控系统、燃料电池与氢能系统、动力电池与储能系统、超级充换电与车网互动智慧能源系统。截至2023年4月底,在核心刊物上发表学术论文600余篇,其中科学索引期刊论文400余篇,他引30000余次;以第一作者出版专著1部、参编多部;授权发明专利200余项。2010年获得国际政府间氢能与燃料电池联盟IPHE技术成就奖,2016年获得中国汽车工业技术发明奖一等奖,2020年获得北京市科学技术进步奖一等奖,2022年获得IEEE交通技术奖,2024获得年度全球能源奖。

动力电池全生命周期智能化技术

国轩高科第13届科技大会

前言

目前,团队正在构建一套集成电池储能、绿色氢能以及智慧能源的"三位一体"研发体系。在氢燃料电池和电解绿氢技术方面,我们正积极筹建国家氢能创新平台,并已成功建立张家口氢能与可再生能源研究院和相应的创业企业群。在智能动力与智慧能源系统领域,南京智能动力创新中心及相关创新企业群、深圳智慧能源创新中心及相关创新企业群已经成立。在电池安全研究与新型电池开发方面,我们有四川(宜宾)新能源汽车创新中心与创新企业群的支持,同时还建有由国家市场监管部门监管的重点实验室,专注于储能和动力电池安全的研究。

本报告旨在探讨电池领域的需求变迁、技术革新,以及团队在此背景下所专注的科研方向。回溯至2010年,锂离子电池开始从消费领域延伸至动力及储能领域。随着电动汽车市场需求的不断上升,在电池动力化的转型过程中,其安全性问题成为当时的焦点与技术难题,因而研究重点确立为电池热失控现象的科学与应用技术探究。

自2018年起,我国锂动力及储能电池产业由国内服务拓展至全球市场供应,行业内部对提升产品品质和生产效率的追求日益明显。为应对这一转变,团队着手开展电池生产与管理的数字化转型研究,致力于实现电池全生命周期管理的智能化。进入2022年,我国锂离子动力电池行业面临国际技术创新的竞争压力,市场对电池能量密度提出更高要求,迫切需要基于新材料体系的根本性技术革新。固态电池技术因此成为新的研发重点与难点。针对此趋势,团队也已积极投身于全固态锂动力及储能电池的研究工作。

在研究的整体框架中,电池热失控的发生及发展过程可被细分为三个核心环节:热失控诱因、热失控发生以及热失控蔓延。针对热失控的全流程,团队开发了三项主要安全防护技术:主动安全与智能电池技术、本征安全与固态电池技术以及被动安全与安全电池技术。关于被动安全,团队研发了大容量定容绝热燃烧仓,以探究高能量密度电池射流的特征,并进行了电池系统热失控蔓延的仿真实验。在储能电池系统的蔓延测试中,观察到电池系统内从单体热失控到整体热失控会经历顺序、乱序和同步蔓延等阶段。而在同步蔓延阶段,缺乏有效的干预手段,因此在蔓延的初期设计无蔓延电池系统至关重要。

同时,团队在高压电池系统电弧方面也取得了新进展。在电池热失控喷发的过程中所产生的颗粒物及喷射的电解液,有可能诱导电极间发生电弧。由于颗粒物的堵塞,即使在原本绝缘设计良好的情况下,也会产生突然的电弧,而电弧的温度可达到数万摄氏度,破坏原有电池系统的安全设计。通过对电弧测试与防护设计的研究可知,电弧的击穿电压和颗粒物的平均粒径以及电极间的间距有关,呈现出可预测的关系。

基于以上发现,我们研发了具有清华大学完全知识产权的第三代防火墙系统——禹神盾(图1)。该系统融合了低温导热、中温吸热以及高温隔热的多重功能,能够有效抑制电池系统的热扩散。禹神盾现由昆山清安科技有限公司进行产业化,其隔热效果远超市面的气凝胶,且成本更低。

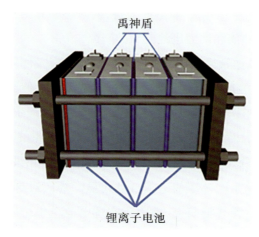

图1 禹神盾

关于本征安全,团队研究了电池失效时能量释放的热力学与动力学特性及其释能路径,旨在精确识别导致热失效化学反应中能量释放的关键靶点。高镍三元电池热失控全过程机理,涵盖初始诱发、反应触发和反应完全发生三个阶段。研究表明,在电池热失控的早期阶段,适时采取恰当的干预措施能够有效地控制并抑制其进一步发展。例如,针对"还原性气体攻击"反应的抑制,团队开发了一种电池安全设计方法。该方法涵盖了从抑制还原性气体的生成、传输到攻击正极的三个关键阶段。此设计方法通过阻断还原性气体的攻击路径,可有效预防高比能电池发生热失控。

动力电池全生命周期智能化技术现状

如今,电池行业已步入高质量发展的阶段,面临众多挑战。在大规模及多样化电池管理方面,存在许多困难,包括安全问题、电池管理问题、维修保养问题、健康检测问题、估值问题及梯次利用问题等。这些问题因数据孤岛现象、机理沉淀不足及算法各异而变得更加复杂。

同时,当前电池制造行业面临三大主要痛点:首先,制造合格率低。尽管我国的电池制造规模超过全球一半,但电芯的配组合格率仅为80%~90%,与国际上95%~98%的水准存在较大差距。其次,材料利用率低。电芯尺寸规格多,加之在电池结构和工艺方面的积累不足,以及对电池可制造性的研究不充分,使得电池材料的利用率仅为90%~94%,有较大提升空间。最后,产能利用率低。大多数企业的产能利用率仅为45%~67%,即便是国内最好的企业也未达到90%,远低于国际优秀企业约95%的产能利用率。

此外,电池行业正经历增长减慢、利润率下降以及产品迭代放缓的困境。在这一背景下,我们迫切需要开发和引入电池全生命周期的智能化技术,以优化"设计—制造—管理—回收"的全生命周期过程,实现效率提升和成本降低。当前,人工智能领域为我们提供了前所未有的机遇。特别是以Chat-GPT为代表的大型模型技术,正逐步实现从弱人工智能向强人工智能的阶跃。因此,我们期待人工智能技术能够为电池全生命周期的提质增速提供可能性。Chat-GPT大模型依托深度学习(deep learning),基于这种深度学习架构Transformer模型发展而来,其参数量达到数亿级别,而现在主流的大模型参数量通常在百亿至千亿之间。该模型的核心能力体现在两个方面:一是其推理能力,即人类可清晰感知的智力表现;二是业务输出能力,即专业知识的实际应用。

基于电池大模型构建的电池全生命周期智能化愿景涵盖了电池智能设计、智能制造、智能管理以及智能回收等全生命周期过程,其核心共性技术建立在底层的电池大模型之上。

第一,在电池智能设计领域,设计技术已历经三个阶段的演变,从最初的实验试错法,到仿真驱动设计,再到如今的智能化全自动设计。在高精度建模技术和高效智能寻优算法这两项核心技术的支持下,清华团队正在开发名为BDA(battery design automation)的新一代电池智能技术。此项技术能够根据车辆性能需求自动化地进行设计,并提供最佳电池设计方案(图2)。

图2 电池智能设计BDA技术

第二,在电池智能制造领域,企业通过工艺数字孪生技术、缺陷智能检测技术和产线大数据分析技术,实现制造过程智能化。其中,工艺数字孪生技术通过虚拟仿真优化实际生产过程,显著提升工艺开发的效率,实现更科学、智能化的生产流程。缺陷智能检测技术结合了电池缺陷演化机理与人工智能技术,有望极大提高电池的质量管控水平。通过对电池产线数据的深度挖掘,智能预测和决策支持技术能够有效降低成本、增加效益,并增强企业在市场中的竞争力。这三大技术共同推动电池制造过程中前段、中段和后段工艺的全面智能化。

第三,在电池智能装备领域,电池智能装备正从单机的"感知—决策—执行"智能化向多机协同智能化转变,并从分段连续操作向整线一体化连续生产迈进。我们期望通过全方位的技术创新,实现锂离子电池制造的极致目标,包括达到十亿分之一级别的产品缺陷率、全生命周期内电池产品的高可靠性,以及TW·h级别的超大规模高质量交付能力。

第四,在电池智能感知领域,引入多维内置传感器,以精确监测电池内部的多种状态,包括温度、电位、压力、湿度以及气体成分等。通过对内部多维物理、化学信号的测量,可融合机理与人工智能技术开发出先进的状态感知算法,实现对电池全生命周期中衰减机理的智能化评估,以及对热失控现象和电热效应的精准调控。

第五,在电池智能管理领域,采用大规模预训练表征学习方法来构建电池大模型,以解决新能源汽车动力电池异常标签不足的问题,从而实现弱标签或无标签条件下的早期异常检测，其检出率和误报率均处于行业领先水平。

第六，在电池智能调控领域，基于先进的电池管理和感知技术，开发一系列主动调控技术，包括均衡调控、热反应调控、气压调控和析锂调控等，全方位提升电池在使用过程中的安全性、动力性和耐久性。具体而言，这些技术利用智能芯片实现电池均衡调控，通过智能膜电极技术实现快速充电与抑制析锂，以及利用智能芯片和智能端盖技术实现对热失控反应的调控和气体的管理。

第七，在电池智能回收领域，包含四个主要环节：智能拆解、延寿与修复、重组与梯级利用以及单体拆解与材料回收。智能拆解过程从电池包扩展到模组，最终到达电池单体。在延寿与修复环节，我们探索如何运用智能化方法来延长电池芯体的使用寿命。此外，我们也致力于实现电池的再利用，通过重组和梯级利用，以及在单体拆解与材料回收过程中实现智能化，从而提高电池回收过程的效率，增强环保性。

清华团队电池智能化技术进展

电池大模型的发展历程起始于采用类似GPT模型所采用架构思路的vGRU架构，该架构是一种结合了机理模型的异常检测框架。团队成功构建了首个融合机理与数据的电池异常检测框架（VAE-GRU），解决了伪周期、零标签时序数据在异常检测技术上的难题，实现了高检出率和低误报率的数据驱动异常检测。经过多数据集的验证，此方法被证明是有效的。特别是vGRU算法成功检出两起传统算法无法识别的事故车辆相关情况，展示了vGRU算法对伪周期特征信号的强大提取能力。

之后，团队引入了大模型1.0版本，即PERB1.0，它采用了图卷积神经网络（graph convolutional neural networks，GCNN）架构。具体而言，GCNN模型通过对每个数据集单独训练来获得权重参数（类似于vGRU）；而图卷积神经网络–模型无关元学习（model-agnostic meta-learning，MAML）则通过多个数据集的共同训练来得到一个大模型。PERB1.0（GCNN-MAML）在多个实验及实车数据集上的SOH估计误差小于2%，显示了其优异的性能。

团队进一步探索利用此大模型解决多个研发任务的可能性，由此推出了电池大模型的PERB2.0版本，PERB2.0版本也是由昇科能源开发。第二代大模型拥有10亿级别的参数量，历经涵盖400余种电池类型的TW·h级海量数据训练。它运用了掩码自编码器（MAE）架构，该架构具备强大的数据还原能力，即便在数据掩码比例高达75%的情况下，依然能够实现高保真的数据还原。此大模型能够有效应对多项通用任务,包括安全预警、故障溯源、健康评估和寿命预测等。同时,PERB2.0也适用于不同型号、不同材料、不同批次和不同接口的多种电池,真正实现了用单一模型解决多个电池智能化任务的目标。PERB2.0不仅提高了生产效率,降低了对样本训练数量的要求,而且在电池预警方面的精度相比现有大模型提升了超过20%。

在电池智能管理领域,其核心优势和应用场景主要表现在以下几个方面:首先,针对无标签数据,能够显著扩大可用数据的规模,实现万倍增长。通过采用对比学习的方法,直接从大规模无标签数据中提取信息进行预训练。此方法特别适用于新能源科技公司构建电池算法模型和进行安全升级。其次,模型具有高度可迁移性,能够实现新电池的快速冷启动。通过模型迁移或微调,可在极短的时间内(从3个月缩短至1周)将模型快速应用于新的电池和场景。这种方法适用于新能源电池制造商、汽车主机厂,以及搭建储能电站算法模型的场景。最后,模型支持无须人工介入的自适应学习。这意味着,冷启动模型可以根据实时数据进行自适应迭代,无须人工调整参数,确保关键性能指标始终达标。这一特性尤其适用于新型产业中的新能源电池安全运维管理技术服务。

目前,电池AI大模型PERB2.0已实现在大规模、多类型电池全生命周期的安全运维与智能管理。此模型已在全国范围内得到大规模推广和应用,业务覆盖超过30个城市,有效监控了GW·h级别的储能系统,以及数百万新能源汽车和数万充电桩,确保了动力电池和储能电池在使用过程中的安全性。

在电池智能设计领域,团队开发了全自主国产软件工具链,这项工作由我们所孵化的公司——苏州易来科得科技有限公司承担。易来科得专注于提供具备全方位功能的电池智能化设计软件工具,其功能包括电池虚拟建模、电热性能仿真、老化与性能寿命评估以及电池全自动设计等。该工具能够实现电池型号的全自动化设计。

在电池智能制造领域,团队正在探索软件定义的电池工艺方法,其首要任务是针对产线进行异物检测和电池缺陷检测。同时,我们也与企业合作,开展电池产线分容容量的软件预测工作,提升了预测精度与异物检出率。在这方面,我们所孵化的公司——四川赛鸥科技有限公司,基于AI的电池缺陷检测平台,将异物缺陷电池的专业知识软件化,并引入人工智能技术。赛鸥科技首创了基于产线大数据的异物缺陷电池检测软件——清云V3.0。与传统的质量管理检测软件相比,清云V3.0能够实现高达90%的检出率,为企业提供了创新的解决方案。

在智能电池开发领域,团队成立了四川赛科动力科技有限公司,主要致力于无线BMS与智能电池系统集成工作。这涉及融合性传感器技术的三个关键方面:智能端盖(图3)、智能隔膜(图4)和智能集流体(图5)。

图3 智能端盖及组件

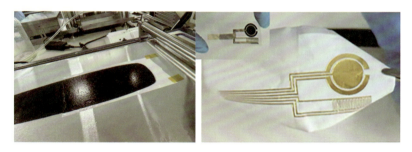

图4 智能隔膜及组件

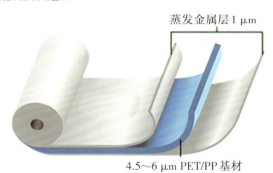

图5 智能集流体及组件

下面重点分享团队在智能隔膜技术方面近10年的研究成果。智能隔膜技术的发展始于金属锂型参比电极,但这种电极寿命有限,且其老化机理为活性物质损失(LAM),失效后表面状态不佳,无法进行二次激活。自2020年起,我们开始采用多孔金属作为基底,在提升参比电极性能方面逐步取得了突破。在2022年,我们以多孔薄膜为基底,成功实现了参比电极连续运行3000小时的目标。然而,3000小时的寿命仍然无法满足实车应用的需求。因此,我们进一步选择了嵌入型材料(如LTO、LFP)来延长参比电极的寿命,并持续提升智能膜电极的性能。目前,由于缺乏理论指导,我们难以设计长寿命的嵌入型参比电极,这也使得三电极智能电池的优化设计面临挑战。

此外,在智能膜电极老化分析路径的基础上,我们优化了整个智能电池系统的工作流程,选择了可循环的参比电极,并探索了长寿命参比电极的老化机理。通过这些研究,我们提出了全生命周期管控方法的具体方案,并设计出一种新型的智能参比电极。以上改进使得参比电极的寿命突破了300次循环或3000小时的限制,如今已实现超过1000次循环(1 C)和6000小时的性能,达到当前文献报道最高水平的3倍。我们预计该电池将继续运行6000小时,直至达到80%的SOH。智能膜电极能够实现的功能包括:能够基于自身和参比电极的测量结果,获得电池正极和负极相关的衰减参数,这为BMS的在线管理提供了新的应用可能性。

基于AI的全固态电池研发范式展望

现今,高能量密度锂金属负极全固态电池面临众多科学技术难题,在材料、界面、电极和电芯层级上,均有大量问题亟待解决。

具体而言,在材料层级上,硫化物电解质面临化学稳定性和空气稳定性差的问题,同时在批量生产上也面临挑战。而如何优化正极NCM材料以及选择锂金属负极的过渡层材料也是关键问题。在界面层级上,电极材料与固态电解质的界面相容性受界面副反应、固-固界面机械接触和体积变化等因素影响,这些问题都需要通过包覆与掺杂材料来解决。在电极层级上,高面载复合电极在动态应变条件下的电荷输运缓慢,高电流密度下锂负极的循环稳定性以及黏结剂与分散剂材料的选择都是挑战。最后,在电芯层级上,环境控制成本高、等静压压制方式的效率低、电芯做大做厚难,以及车载工况下电芯性能的综合评估,尤其是安全性都是需要关注的主要问题。因此,建立基于人工智能的全固态电池新型研发范式显得尤为重要。

人工智能正在逐步改变材料研发范式,并将大幅加速全固态电池研发速度。然而,国内缺少固态电池核心技术数据库,这不利于关键技术环节的明确和研发力量的集中。随着GPT3.5、垂类大模型的涌现,基于大数据与大模型的科学发现成为新一代研发范式。国际上开始用AI筛选固态电解质,如美国通过AI和高性能云计算筛选全固态电池电解质(微软与PNNL合作,从3200万种无机材料中选出一种固态电解质,完成预测到实验的闭环)。由此可见,国内急需构建基于大数据和大模型的智能服务体系,以助力科研突破。

我们团队提出了一项关于全产业链技术谱系及知识产权数据库建设的策略。该策略基于已有的谱系经验,运用智能聚类方法,并通过网络文本提取的智能收集方法,广泛搜集全球范围内的文献、专利和技术报告中关于全固态电池的最新研究进展,以构建一个全面的全固态电池全产业链技术知识体系。同时,团队建立了一个集成了从微观到宏观的表征、计算、分析及设计的测试与仿真开发平台。基于此平台,我们开发的人工智能方法有望为关键知识产权的鉴别验证和核心技术数据库的建立提供新的解决方案。

此外,在固态电池垂直领域,团队正在研发一个大模型和智能化公共服务平台,包括构建微调数据集,利用掩码重构、低秩适配器和损失函数进行高效微调,以优化预训练的通用大模型;结合专家反馈,采用强化学习微调,以实现精准行业研究报告的生成;将大模型与全链条服务模块联合,以提供技术研发服务。特别值得提及的是,2024年1月21日,由我本人牵头,众多领军企业、知名高校、研究机构以及多个地方政府联合发起,成立了中国全固态电池产学研协同创新平台(CASIP)。

展望未来,期望大家能够共同努力,运用人工智能技术保持我国锂离子电池的技术领先优势。电池技术发展路线如下:其一,高比能电池领域。2022—2025年,主要发展高镍三元等正极材料,石墨和硅碳负极材料,并致力于新型电解液和添加剂的研发,以实现车规级单体350 W·h/kg的能量密度目标。2030—2035年,致力于高镍三元和富锂锰正极材料、锂金属负极和固态电解质、金属空气及锂硫材料体系的成功应用,以实现车规级500 W·h/kg的能量密度目标。其二,低成本电池领域。重点关注磷酸铁锂、镍锰酸锂、磷酸锰铁锂及其与三元掺混的材料。同时,研究低成本钠离子电池、Zn/Al电池和其他金属空气电池体系等(图6)。

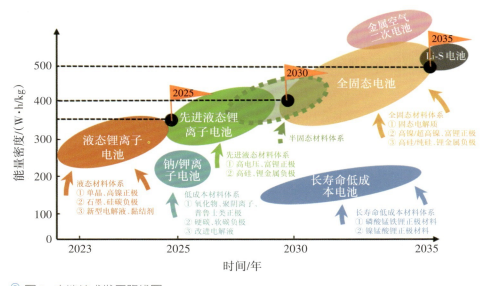

图6 电池技术发展路线图

傅晓明

欧洲科学院院士

德国国家工程院院士,电气与电子工程师协会会士,德国哥廷根大学中德社会计算研究所所长、计算机科学研究所教授,复旦大学社会智能研究中心首席科学家。2000年获清华大学计算机系统结构博士学位之后,在德国柏林工业大学担任研究员,先后担任哥廷根大学计算机系教授、数学与计算机学院学术院长、国际办公室主任,英国剑桥大学、美国哥伦比亚大学、瑞典乌普萨拉大学、法国巴黎第六大学、澳大利亚悉尼大学等校访问教授,美国UCLA富布莱特学者讲座教授。

主要研究领域包括互联网、移动/边缘计算、云计算、大数据及社会计算。曾担任 IEEE ICNP 2013、ICDCS 2024、ACM ICN 2016 等国际会议主席或程序委员会主席,以及 Green ICN、Mobile Cloud、Clean Sky 及 ICN 2020 等四个欧盟大型科研项目的总负责人兼首席科学家,领导来自英国、德国、法国、意大利、挪威、瑞典、芬兰、波兰、日本、美国、中国等国家的一流科研院校和工业界研究开发人员开展联合研究,取得了一系列丰硕的成果,培养了一大批青年科学家。

大数据与人工智能驱动的预测性维护研究与实践

国轩高科第13届科技大会

 预测性维护的背景与意义

在工业4.0和"中国制造2025"的背景下,智能技术正成为推动智能制造的核心力量。人工智能与大数据技术的深度融合,为工业设备的预测性维护提供了全新的解决方案。通过实时数据采集、智能分析和故障预测,不仅能够显著提升设备运行效率,还能降低维护成本,延长设备使用寿命。从预测性维护的视角出发,深入研究计算及智能技术在这一领域的应用潜力,对于推动制造业的智能化转型具有重要意义。本报告从数据整合、模型应用、技术瓶颈及未来展望等多个角度,深入探讨预测性维护的研究与实践。

近年来,在欧美国家制造业的数字化转型进程中,政府、社会和企业共同发挥推动作用。在电池制造等诸多行业中,物联网传感器的广泛应用贯穿于生产、销售和运营的全流程,覆盖了多样化的应用场景。然而,传感器的真正价值不仅在于数据采集,更在于如何利用这些数据为系统和设备赋能。例如,在传感器的全生命周期中,它们能实时监测设备状态并提供预警,从而避免潜在故障。通过将传感器数据与人工智能模型结合,企业可以更高效地解决设备和系统性的维护问题。这种预测性维护方式不仅减少了设备故障带来的损失,而且能显著提升运营效率。

在设备运行过程中,当仪器出现黄灯预警时,通常需要将相关设备和系统单元单独列出,以助力解决潜在的功能故障。然而,这种被动响应模式往往无法彻底避免故障的发生。要实现真正的预测性维护,关键在于周期性地检查设备状态,从而提前发现并解决问题。以高速公路运营管理为例,巡检车辆会以半年至一年为周期进行全线巡逻,排查潜在故障隐患。尽管如此,在节假日等高峰时段,即使智慧交通指挥系统和大型显示设备已投入使用,重大交通事故仍无法完全避免。例如,广东某高速公路曾因塌陷导致重大伤亡事故,尽管事后调查发现存在地质隐患,但如果能通过更先进的预测性维护技术(如实时地质监测和智能预警系统)提前识别风险,悲剧或许可以避免。这一现象表明,单纯的周期性检查仍存在局限性,需要结合实时数据分析和智能预警技术,进一步提升预测性维护的精准性和时效性。

预测性维护的若干关键问题

尽管信息化系统已逐步搭建并不断完善,但由于系统能力有限,如何最大限度地减少功能故障的发生,仍存在一系列亟待解决的问题。例如,如何通过智能预警机制提前识别潜在风险?这些预警信息如何在系统中直观呈现?AI系统又如何与人工干预实现无缝衔接?以广东某高速公路塌陷事件为例,若能在信息化系统中集成实时地质监测和智能预警功能,并通过可视化界面及时提醒管理人员,同时结合人工干预进行快速决策,或许可以显著降低类似事故的发生概率。这些问题不仅关乎技术实现,更涉及系统设计与实际应用的深度融合,值得深入探讨与优化。

(一)运维系统与用户交互及协作模式

在与智慧城市及智能制造领域的专家交流中,我们深入探讨了将手机APP与运维系统深度融合的可能性,以构建更高效的预警和响应机制。例如,通过手机APP(如微信等)向运营人员推送实时通知,使其能够快速获取关键信息并采取相应措施。这种模式不仅减轻了运营人员长时间紧盯大屏幕的负担,还显著提升了人机交互的效率。这种便捷的协作方式不仅优化了响应速度,还为预测性维护提供了更加灵活和智能的支持,进一步推动了智慧城市运维管理的数字化转型。

(二)响应策略的制定与实施

当系统周期性地出现问题时,如何制定及时且有效的响应措施仍是一个挑战。例如,阈值的设置需要根据系统的生产状态动态调整,否则可能因阈值不当而导致误报或漏报。因此,我们需要设计一种符合系统规律的维护机制,能够实时监测设备和传感器的状态,并根据相关数据动态调整阈值和响应策略。这种机制不仅要求技术上的精准性,还需要结合行业知识和实践经验,以确保设备和系统的高效管理。

(三)智能故障识别与设计折中

如何利用优化模型识别潜在的故障时机?这需要基于系统的综合状态和动态表现进行全面分析。例如,是通过设定特定阈值来监测,还是借助其他能力(如机器学习算法)进行测试?在系统运行过程中,哪些环节可能成为性能瓶颈?这些瓶颈是否会引发新的问题?为了找到兼顾成本和效益的解决方案,我们需要明确选择哪种维护模式:是传统的响应式维护,还是规划式维护,抑或是更先进的预测性维护。不同模式带来的效果各异,而我们的经验是预测性维护能够显著提高系统运行的可靠性。

此外,成本因素不可忽视。无限制地追求系统可靠性会导致成本急剧上升,因此我们需要在工程可行性、技术能力和经济效益之间找到一个平衡点。这个平衡点是一个折中方案,既能满足系统可靠性的需求,又能将成本控制在合理范围内(图1)。

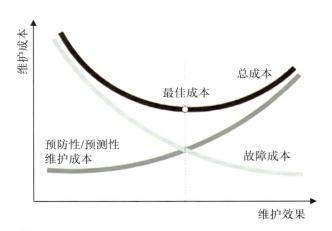

图1 维护成本与维护效果

(四)数据整合与规则构建:从无序到有序

如何整合现有的知识与数据研究成果,并构建相应的规则,是当前面临的重要课题。数据常呈现无序状态,而借助人工智能模型可使机器展开自主学习,具备整合的可行性。部分规则能够经由常规途径逐步推导衍生,并非必须依赖极为复杂的人工智能模型加以生成。事实上,用于生成规则的模型本身会消耗大量能源并耗费时间。因此,我们需要找到一个折中的方案。

案例分析

在一个预测性维护的案例中,我们使用了一列地铁车厢上15个传感器在7~8个月内的公开数据,并进行分析研究。从结果上看,有两个机器学习模型在预测设备故障传感器状态时,可以取得较好的故障概率预测准确性:随机森林模型和极端梯度提升(XGBoost)模型。从原理上来说,是因为这两个模型用到了多个决策树(decision tree)模型的集成学习机制。这两个模型基于多个决策树的集成学习机制,能够有效降低单一决策树容易过拟合的风险,并通过集成多棵树的预测结果,显著提升了模型的泛化能力和准确性。随机森林模型通过引入随机性和多棵树的投票机制,增强了模型的鲁棒性;而XGBoost模型则利用梯度提升框架和正则化机制,进一步优化了模型的性能和效率。因此,在数据量有限的情况下,这两个模型已足以满足预测性维护的需求。如果数据规模得以进一步扩充,那么大模型或深度学习模型所具备的优势与效能或许将更为显著。

大数据处理中的瓶颈及解决方案

在大数据处理过程中,我们发现存在多个瓶颈,如数据采集、数据预处理、数据共享及样本稀缺等。当样本量极少时,作为小概率事件的故障情况,数据模型依靠这些样本量进行训练学习尤为困难。因此,我们需要增加样本,并考虑如何提高样本质量,或人工生成样本,这涉及多种技术和算法。

(一)数据预处理及采样

我们首先讨论数据预处理和采集的问题,特别是非均衡数据、小样本或无样本数据的处理问题。例如,在医学领域应用数据时,我们采用了一些办法保证数据样本的均衡性,以实现通过有效样本采样进行有效预测。若要利用深度学习模型或其他模型预测系统何时出现异常,常规方法是设定固定阈值,或通过深度学习模型自动确定阈值大小,以此提高采集数据用于预测工作的效果。

(二)小样本问题

如果我们对故障出现的规律一无所知,且原先样本的故障分布与实际情况不一致,这种情况该如何处理?解决这些问题通常会涉及转移学习、对比学习等技术。我们分析在医学领域的研究数据时发现,术后出现严重的并发症的概率只有1%~3%(死亡的概率更低,仅有万分之几),在这种样本量极少的情况下,我们该如何处理?在我们提出的解决方案中,尽量把每个出现的稀有样本都进行增强,增强以后再动态调整阈值,以确保调整后的阈值能够提升整体预测的准确性。实验结果表明,这一方法能够在非常有限的样本基础上达到相对优秀的预测效果。

(三)可解释性提升:动态调整机制与专家评判

在AI系统实际部署中,一个重要需求是需要提高模型的可解释性。在预测性维护系统中,我们同样需要解决模型的可解释性问题。为此,我们构建了一个动态调整机制,帮助专家通过数据的统计特征进行直观评判。该机制能够灵活调整各因素的权重,精准反映不同因素的影响程度,为专家提供可靠的评判依据。

在机器学习或大数据模型的训练中,假设存在1000个影响因素或传感器,且它们各自具有不同的贡献值,那么如何评估该系统的优劣?以及总体与个体的影响在其中是如何体现的?我们通过动态调整系统单元的贡献值,依据调整后的贡献值对各因素进行动态排序,挖掘各因素与预测结果之间的潜在关联,从而进一步提升预测的准确性。

工业4.0与未来展望:机遇与挑战并存

在工业4.0及"中国制造2025"的进程中,对系统和单元的可靠性以及故障的预测性维护的要求越来越高。本报告介绍了我们在数据的采集预处理,数据样本的均衡性以及可解释性上做出的一些初步探索。未来,随着大语言模型和生成式人工智能的发展,我们将面临更多机遇与挑战。例如,模型复杂度的增加可能导致成本上升,收敛速度变慢甚至产生"幻觉信息"等问题。这些问题需要我们在技术发展中保持警惕并积极应对。

陈冠华

香港大学教授

美国物理学会会士，英国皇家化学会会士，中国香港X科技创业平台联合发起人、香港量子人工智能实验室主任。

长期致力于量子力学基本方程——薛定谔方程的精确数值求解，率先提出利用人工智能提升量子化学计算的精度与效率，大幅降低传统计算误差，引领了"AI+量子化学"的研究潮流，后拓展至分子热力学、势能面计算、电子结构分析等多个领域，推动了AI在计算化学中的广泛应用。近年来，其团队在DFT领域取得突破，开创性地利用深度学习重构普适性交换相关泛函，为精确模拟复杂分子体系提供了全新思路。

2020年，受香港特别行政区政府委托，领导创立香港量子人工智能实验室。该实验室由香港大学与美国加州理工学院联合发起，是专注于新能源材料和器件的人工智能研发中心，亦是香港特别行政区政府重点发展的世界级百亿创科平台InnoHK项目成员。此外，作为香港X科技创业平台的联合创始人，深度参与科技创新与产业孵化，推动前沿科技向产业化落地，累计投资50余家初创企业，其中31家成功完成下一轮融资，2家企业成长为估值超10亿美元的独角兽，另有9家企业估值超过1亿美元。

电池设计自动化平台

国轩高科第13届科技大会

自20世纪50年代晶体管发明以来,半导体行业经历了迅猛发展,并持续保持这一增长态势。在此过程中,摩尔定律作为一项广为人知的经验性规律,揭示了信息技术的进步速度,具体表现为集成电路上的晶体管数量每18至24个月翻一番,从而推动计算能力和存储容量的成倍提升。在半导体行业的飞速发展中,电子设计自动化(EDA)软件扮演了至关重要的角色。尽管其市场规模并不庞大,目前年产值约为100亿美元,但它对半导体产业的推动作用不可小觑。展望未来,新能源产业的发展同样需要类似EDA软件这样的先进工具。

借鉴EDA的成功经验,我们提出"电池设计自动化"(battery design automation,BDA)这一概念。相较于主要由硅及少量掺杂元素构成、结构相对简单的半导体材料,电池的组成和结构复杂得多。如何实现这一目标?埃隆·马斯克(Elon Musk)曾指出,面对未知挑战,应回归第一性原理以寻找答案。因此,厘清电池设计的第一性原理,成为实现BDA的关键前提。

我们所依据的第一性原理是量子力学,其最基本的方程是薛定谔方程。尽管形式极为简单,却蕴含着对所有材料和器件本质规律的描述。量子力学的巨擘保罗·狄拉克(Paul Dirac)将薛定谔方程与爱因斯坦的狭义相对论相结合,推导出反物质的存在,并在两年后得到实验验证。狄拉克于1929年预言,所有化学现象、材料科学以及信息理论均可归结于薛定谔方程,只要能够求解该方程,便能洞悉一切。然而,在实际体系中,求解薛定谔方程极具挑战性,其根本原因在于它描述的是量子力学多体问题。即使是经典的三体问题,系统的复杂性和非线性行为已使其解析求解极为困难,更不用说涉及数量高达10的数十次方级别粒子的多体系统。

20世纪60年代,DFT的出现简化了这一问题,其中科恩-沈(Kohn-Sham)方程

（图1）成为该理论的核心表达形式。沃尔特·科恩（Walter Kohn）虽是一位物理学家，但因提出此理论，于1998年荣获诺贝尔化学奖。DFT通过将复杂的多体问题映射为单体问题，使得计算过程更具可行性。在这一框架下，研究核心聚焦于电子运动，且涉及多项能量贡献，如动能和有效势能。其中，有效势能在所有体系中均适用，但其精确的数学表达形式仍然未知。为了解决这一问题，科学家们不断探索并发展各种近似方法，以构建合理的交换-相关泛函。然而，由于DFT本质上依赖近似，即使采用该方法，计算结果仍可能与实验或更高精度理论计算存在偏差。尽管在过去的60年里，科学界始终致力于探寻精确的泛函形式，但截至目前，仍未取得决定性突破。

$$\left[-\frac{1}{2}\nabla^2 + v_{\text{eff}}(r)\right]\phi_i(r) = \varepsilon_i\phi_i(r)$$

其中，v_{eff}为精确形式未知的泛函

图1 科恩-沈方程（1965）

1996年，剑桥大学的约翰·汉迪（John Handy）提出了一个创新性的想法：是否可以利用人工智能技术来攻克这一难题？由于传统方法多年未获成功，汉迪及其学生尝试引入人工智能进行初步探索，并发表了一篇论文。然而，尽管这一尝试取得了一定成效，但整体效果仍然有限，因此他们并未进一步深入研究，该论文在当时也未能引起广泛关注。2004年，我们团队独立思考了类似的问题，即是否可以通过机器学习技术来提高计算精度和效率？虽然我们的研究相较于剑桥团队有所进步，但是仍不够理想。回顾当时的情况，我们认识到所用的神经网络模型相对简单，尚未涉及深度学习模型，更不用说如今涌现的更为复杂的模型了。这是导致结果不尽如人意的一个重要原因，除此之外，在研究过程中还存在其他科学上的挑战。近年来，随着深度学习技术的广泛应用，特别是在AlphaGo和AlphaFold等项目取得重大突破后，该领域突然成为研究热点。如今，深度学习模型已成为攻克这一类问题的关键工具，并在多个前沿领域展现出巨大潜力。

2021年，谷歌的DeepMind团队在*Science*杂志上发表了一篇关于准局域电子密度的DM21神经网络的论文，该研究主要着眼于交换-关联（xc）函数的计算。尽管取得了一定进展，但问题并未完全解决，精度仍有待提高。目前，该领域的研究者们仍在尝试通过深度学习或大模型来找到解决方案。随着技术的不断进步，预计这一问题将会最终被解决。但是，当前尚无一种方法能够圆满应对这一挑战，主要问题在于精度不够。实际上，一种被称为Δ-学习方法（Δ-Learning）现已被广泛采用。

我们团队在2003年发表了一篇论文,提出并系统阐述了这种方法,指出该方法在实际应用中需要一定量的实验数据作为校准依据,不过所需实验数据的数量无须太多。例如,研究有机分子燃烧时放出的热量问题,纵轴是实验数据,横轴是通过DFT计算得到的数据。虽然定性趋势是正确的,但从量化指标来说比实际应用中所需的精度差一个数量级。然而,利用神经网络方法进行校正后,数据完全分布在图表的对角线上,误差从21 kcal/mol[①]骤降到3 kcal/mol,精度提高了一个数量级。对于一些作为测试样本的分子结构,比如$C_8H_{18}S_2$。实验计算出的结果是-38 kcal/mol,使用传统DFT计算结果符号都错了,但神经网络方法则可直接将其纠正到接近实验水平。这种方法之所以能够如此有效,是因为DFT计算的误差很大程度上都是系统误差,因此可以通过机器学习方法从统计学意义上进行校正。

2022年,我们团队再次发表一篇论文,指出所有此类误差不仅都可以从原理上进行校正,还能够利用此方法在每次计算时明确给出误差大小及其置信度。通过使用DFT方法计算得出的趋势是正确的,但误差较大。同时,实验能够获得的数据数量又较少,仅有几十个数据点。随后,我们采用Δ-学习方法将计算误差显著减少,精度至少提高了一倍。如果能够获取更多的数据,那么可以进一步提高计算的准确性和可靠性。

以上讨论了DFT在精度方面的问题。尽管DFT处理的已经是单体问题了,但在求解大型体系时,其速度仍显不足,毕竟其本质上仍在解量子力学方程。为了在实际应用中提高计算效率,必须解决DFT方程求解效率问题。幸运的是,这一问题已基本得到解决。目前,一些研究者可能仍在进行DFT计算,但预计在未来的几年内,此类计算将主要由数据驱动方法取代。人工智能与量子化学的结合大约始于2012年。以磷酸铁锂掺杂锰为例,我们可以通过计算确定其结构、能量及能量密度。如果不进行掺杂,计算还相对简单,因为此时一个基本结构单元包含的原子较少。一旦进行掺杂改性,超胞中的原子数量就会显著增加。对于这样的体系,以包含2400个原子的超胞为例,使用传统的DFT方法,对其能量的计算,即使在配置A100显卡的计算环境下也需要长达19天的时间才能完成。而使用我们发展的AI计算方法,在个人电脑上,这样的能量计算仅需10秒。

此外,我们还开发了基于深度学习的材料性质快速计算方法。我们知道,基于量子力学的动力学计算(ab-initio molecular dynamics,AIMD)通常较慢,但现在有一种称为分子力场的方法可以显著提高计算速度。然而,分子力场方法存在局限性,它无法

---

① 1 kcal/mol=4184 J/mol。

处理化学反应。为此，一种名为反应力场（reactive force-field，ReaxFF）的方法被开发出来，该方法虽已有数十年历史，但在电池行业中的应用并不广泛，原因在于需要调整参数，这一过程颇具挑战。在我们的实验室中，现已采用机器学习方法获得了适用于整个周期表中几乎所有非放射性元素的普适性反应力场参数。我们团队对此种方法进行了广泛测试，以离子电导率计算为例，我们发现，无论是在液态还是固态电解质体系中，计算结果与实验数据都高度一致。

上述只是BDA项目的初步阶段，我们称之为材料计算模块，结合了人工智能与量子化学。然而，仅仅通过材料性能的优化是不够的。为了全面理解电池的性能，需要深入了解其电化学层面的各项关键参数。因此，必须将研究范围扩展到器件层面，模拟整个电池系统。完全依赖量子力学的方法在此不再适用，而需要采用多尺度、多物理场的综合方法。其核心在于高效求解电化学模型的B-V方程和质量传递方程，同时还要考虑到电池内部的产热与热传导机制。特别是将热传导模型与老化模型相结合，这对于预测电池寿命至关重要。一旦这些模型得以整合，便能够通过充放电曲线来预测电芯的使用寿命。基于这一基础，就可以将电芯寿命数据与其他系统相连接，如BMS，从而在实际应用中运用这些工具。

在材料模拟阶段，我们提取关键参数，例如离子电导率和扩散系数，这些参数可以通过材料模块的快速计算获得。随后，将这些参数应用于器件和电化学模块，以计算电池内部的热分布及电化学特性。最终，基于这些数据，就可以计算出电芯充放电过程中电流-电压曲线的响应特性。然而，解决电化学方程的过程仍然耗时过长，因此需要进一步提高计算速度。借鉴计算化学领域的成功经验，我们现在不再直接求解耦合的电化学偏微分方程组，而是采用深度学习加速计算过程。通过此种方法，我们可以将计算速度提高两个数量级。这对于设计工作至关重要，因为人们通常不愿意等待过长时间，他们希望在几分钟甚至几秒钟内就能得到结果。

此外，在EDA中，器件仿真是一个重要环节，其中包括两部分内容：一是模拟生产过程，例如如何将单晶转化为互补金属氧化物半导体（CMOS）晶体管；二是模拟离子注入、氧化等整个工艺流程。通过计算机模拟，可以直接得到最终的晶体管结构和缺陷分布。同样，在电池行业中，从正极材料的浆料平衡、干燥、辊压到几何结构扫描，一旦我们完成这些步骤并确定了器件结构，就能够利用量子力学或电化学仿真来获得电芯电流-电压特性与结构的关系（图2）。众所周知，电芯的寿命对于电池性能至关重要。我们致力于结合物理模型与数据驱动的方法来优化这一过程，具体通过分析充放电曲线，在电化学模型中整合电池内部多种信息，如固体SEI膜厚度、正负极材料有效体积、电解液损失情况及锂枝晶生长状况等。

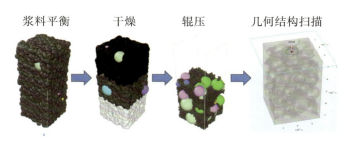

图2　电池制造工艺模拟仿真技术

从理论层面而言,只要具备充足的电池充放电曲线数据,就能够确定上述参数,而确定这些参数正是我们的研究重点。在研究的初期阶段,我们需要对这些电化学参数进行假设,并通过调整参数,让最终模型的预测结果与实际测量所得的电化学曲线相契合。一旦确定了准确的参数,就能深入了解电池内部的具体状况。随后,利用机器学习技术并结合大量数据,就可以预测电池的剩余寿命。在过去几年的研究中,我们实验室已对上千个圆柱电池进行了测试,并获取相关参数用于机器学习模型的训练。目前,面临的挑战是实验数据数量仍然不足。因此,我们希望能与国轩高科的同行们加强交流合作,共同解决这一难题,以期更准确地预测电池寿命。

殷承良

上海交通大学教授

上海交通大学博士生导师、机械与动力工程学院汽车工程研究院副院长、智能网联电动汽车创新中心主任及首席研究员，上海交通大学云南（大理）研究院新能源汽车研究中心主任，汽车动力与智能控制国家工程研究中心副主任，上海智能网联汽车技术中心有限公司董事长，上汽与东风两大集团高级技术顾问。

主要研究方向为智能网联汽车、混合动力电动汽车、纯电动汽车整车集成与开发，汽车电子控制技术；在多项省、部级以上科研项目中担任项目负责人和主要研究人员，在多项横向开发项目中担任项目负责人，其中包括国家"十五"863计划重大专项2项（分别担任第二、第一负责人），国家"九五"重点科技攻关项目1项（主要参加人，实际技术负责人），企业横向项目4项（任项目负责人）；在电机、高功率电池应用管理、AMT、ABS/ESP与制动能量回馈、车用总线、智能仪表、整车多种能源分配管理控制、操纵稳定性控制等方面取得大量成果；荣获上海市科技进步奖二等奖（2014）、张江国家自主创新示范区杰出创新创业人才称号（2021）。

智能网联新能源汽车与交通低碳运输

国轩高科第13届科技大会

国际、国内碳排放背景

当前,全球二氧化碳排放量整体呈现上升趋势,且增幅显著。从全球视角来看,我国碳排放量位居前列,这意味着我国不仅在汽车领域面临压力,在其他各个领域同样承受着重大的节能降碳任务。

为了实现节能降碳目标,我国出台了一系列政策,以促进相关领域的发展。这些政策涵盖了碳排放领域,如国务院印发的《2030年前碳达峰行动方案》。在能源领域,基于以煤为主的基本国情,我国大力推进煤炭清洁高效利用,推动减污降碳,实施煤电机组"三改联动",并在沙漠、戈壁、荒漠地区规划建设4.5亿千瓦的大型风电光伏基地。在建筑领域,国务院办公厅转发的《加快推动建筑领域节能降碳工作方案》提出,到2025年,城镇新建建筑全面执行绿色建筑标准,新建超低能耗、近零能耗建筑面积将显著增长。

关于我国智能网联汽车相关政策,《国家车联网产业标准体系建设指南(智能网联汽车)》(2023版)旨在构建智能网联汽车的标准体系,以适应智能网联汽车发展的新趋势和需求。而政府主导开展的智能网联汽车"车路云一体化"应用试点工作推动网联云控基础设施建设,探索自动驾驶技术多场景应用,加快智能网联汽车技术突破和产业化发展。

低碳交通发展方向

（一）从车的角度看减碳

从技术层面分析，自1886年内燃机汽车问世至今，汽车已拥有近140年的历史。内燃机汽车的诞生标志着马车时代的终结。汽车产业发展具有一个显著特征，即重大发展往往需历经二三十年的前期积累与准备。以美国底特律为先驱的汽车普及为例，尽管汽车于1886年面世，但真正意义上的首次技术革命发生于20世纪初。在那个时期，内燃机逐步取代电动汽车，成为了主流动力源。需要重点关注的是，当时电动汽车并非最佳选择。其所采用的铅酸电池与有刷电机虽然易于实现技术应用，但存在续航里程短、速度慢等一系列问题，严重制约了电动汽车的发展。反观搭载内燃机的汽车，凭借内燃机卓越的续航能力与速度优势，实现了保有量的爆炸式增长。

二战期间，福特公司凭借大规模生产线高效制造军用装备及卡车，为盟军作战提供了坚实有力的物资保障，推动汽车制造技术在20世纪40年代实现了重大突破与提升。步入20世纪90年代，随着环保理念兴起以及电池等相关技术的进步，电动汽车迎来了新的发展契机。以美国加州为代表的地区，因当地极为严格的排放要求，开始尝试推行新型能源系统，以替代传统燃油车，电动汽车成为重点推广对象。然而，由于当时技术水平有限、基础设施不完善等诸多因素，此次推广尝试未能达到预期效果，市面上售出的电动汽车因各类问题最终被全部召回。尽管遭遇挫折，但这一过程为后续电动汽车的研发改进、技术路线探索以及市场培育等方面积累了宝贵经验。

随着我国电动汽车产业的崛起，全球范围内对电动汽车的认可度逐渐提升，再次印证了汽车技术发展的周期性规律。步入21世纪，基于新一代信息与通信技术（ICT）的智能化、网联化系统逐渐成为汽车行业的新趋势。智能网联汽车的发展已历经十余载，我们有理由相信，在未来5至10年内，自动驾驶、无人驾驶等领域将展现出更加蓬勃的生命力。这一发展历程再次印证了汽车技术革新的规律：每一代人的发展进步，都需要历经二三十年的经验积累与技术储备，才有可能实现跨越式突破（图1）。

图1 汽车交通系统技术重大变革的历程

在电动汽车的蓬勃发展中,乘用车无疑占据了主导地位。从国内汽车产业碳排放的现状来看,纯电动乘用车的碳排放量是最低的。然而,在材料生产环节和车辆使用环节,其碳排放量占比相对较高。在节能降碳方面,过去有人提到"我国能源结构以煤为主",包括一些国家和企业至今仍然持此观点。但能源供给行业与汽车行业是两个截然不同的领域,正如俗语所说:"铁路警察各管一段。"从事汽车行业的人应专注于汽车事务,而能源行业的从业者则应致力于能源事务。经过二三十年的努力,煤电在能源结构中的占比已从超过85%降至65%,这体现了能源行业及相关行业在优化能源结构方面所做的巨大努力,单纯强调"仍以煤为主"忽视了这些积极变化。

智能化与网联化技术的进步为新能源汽车领域注入新的活力,尤其是在云端大数据、云计算及边缘计算等技术的加持下,智能交通系统得以优化升级。这些技术在减少碳排放和提升可持续发展能力方面起到关键作用。首先,城市交通整体优化,实现节能环保。城市大脑借助云端连接,全面监控与综合管理城市交通状况。通过统一调度和交通控制,从宏观层面优化出行网络,推动城市低碳环保进程。同时,城市大脑还能实时跟踪道路交通状况与车辆运行状态,利用云计算优化车辆行驶路线,提升道路交通效率,减少尾气排放,在中观层面达成节能减排目标。最后,车路云协同作业可以降低汽车事故概率,避免不必要污染。车路云协同作业能动态更新高精度地图,辅助智能汽车感知与决策,有效避免交通事故,从微观层面降低由意外事故引起的不必要污染。

一方面,在车身设计领域,轻量化是一个重要的趋势。每减轻100 kg的汽车质量,百千米油耗可下降约0.4 L,碳排放量相应减少约1 kg。特斯拉的一体化压铸技术便是轻量化车身设计的典型例子。如今,小米等企业也在积极探索车身设计的轻量化领域,尤其是类似一体化压铸技术等方向,旨在降低制造成本的同时实现节能降耗。另一方面,资源回收利用也是智能网联汽车技术关注的重点。电动汽车电池材料的回收具有巨大的减排潜力。同时,汽车材料的回收利用也具有较大的减排空间。在未来,电池回收将成为一个重要的发展方向。

(二)从能源的角度看减碳

我国能源现状表明,推动碳达峰与碳中和战略已成为当前能源领域的核心任务。我国拥有丰富的风能、太阳能等可再生资源,为新能源的发展提供了广阔的空间。实际上,我国的能源结构已从以煤炭作为主要一次能源,以及水力发电、核能发电等传统能源供应方式,逐步向风能、太阳能、氢能等新能源转型。在丰富多样的能源类型中,风力发电和光伏发电凭借其卓越的减碳能力,脱颖而出,成为减碳领域的佼佼者。尽管内地城市在新能源发展上面临一定挑战,但西北地区凭借其超过国土面积60%的广阔地域,具备大力发展风能、太阳能、氢能等新能源的优越条件,展现出巨大的发展潜力和空间。

动力电池也在新能源汽车领域展现出多样化的应用,其能量密度与其他方面均表现出色。以比亚迪的"刀片电池"为例,其容量达到60~90 kW·h,能量密度达到140~160 W·h/kg,循环寿命约为3000次,电压平台则为350~400 V。宇通商用车的动力电池同样具有显著优势,其容量范围为150~300 kW·h,能量密度为120~140 W·h/kg,循环寿命可达5000次左右,且电压平台超过600 V。

同时,燃料电池在商用车领域的应用正逐渐引起广泛关注。如图2所示,尽管受到成本与技术的制约,燃料电池尚未实现大规模商用,但在重型货车与中型货车等特定领域已有一定应用。特别是在内蒙古、新疆等地区,结合风光储能再利用的方式,燃料电池展现出极为巨大的发展潜力,预示着其在商用领域将迎来重大发展契机。此外,动力电池的集成化趋势日益明显。一体化电池生产线(CTx)技术模糊了整车与电池之间的界限,电池厂商正逐步涉足电芯底盘一体化的领域。随着电动汽车技术的不断进步,大规模集成的滑板式底盘逐渐成为主流。这种将电池总成与其他组件整合应用于新能源、节能降碳及智能网联的方式,对于推动行业发展具有重要意义。相较于传统的搭积木式方法,一体化集成在技术创新、节能降碳等方面均展现出更强的优势。因此,我们呼吁业界关注这一趋势,并期待电池厂商在此领域的进一步发展。

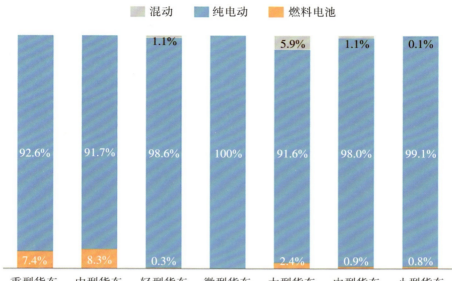

图2 2022年中国不同类型商用车新能源类型占比①

（三）从运输的角度看减碳

队列运输技术通过降低风阻，有效减少了卡车的运行排放。随着路段上卡车比例的增加，车辆总排放的降低幅度也不断加大，据预测，这一降幅的上限约为14%。因此，卡车队列运输在减少车辆运行排放方面展现出显著效果。在运输和商用领域，包括青海、宁夏、新疆、内蒙古在内的整个西北方向，都是发展的重中之重。未来，商用自动驾驶技术将成为引领这一领域的关键力量。无论从哪个角度看，卡车队列运输都是未来的重要发展方向。如果在这些领域取得显著进展，卡车队列运输将在节能、降碳、智能化等多个方面发挥不可或缺的作用。

从效率角度来看，卡车运输的效率远不及铁路运输。铁路运输的单位货物周转量能耗强度仅为公路的1/7，所以推动大宗物资运输由公路转向铁路（"公转铁"）是实现碳达峰和碳中和的有效途径之一。尽管铁路运输是主要的运输方式，可以视为交通网络的主干或动脉，但支线运输仍依赖于公路。因此，公铁联运将成为未来重要且亟待推进的发展方向。作为一种绿色交通运输方式，公铁联运能够促进低碳环境下的可持续发展。

目前，在口岸、中蒙跨境、新疆等多处地区，电动自动驾驶运输已经大规模展开，

---

① 来源：https://www.iyiou.com/research/202305191230#pdf-tips。

并呈现出爆炸性的增长态势。此外,双挂汽车列车通常由一个牵引车和两个或更多的挂车组成,可以同时运输更多的货物。与普通"牵挂"组合相比,双挂汽车列车的运输容积可提升50%,运输单位成本平均可减少34%,运输货物单位燃料消耗可减少10%,有助于大幅度提升道路运输效率。在双挂列车试点地区,政府高度重视增加大规模的载货量。新能源化、队列化以及智能化互通互联的发展使得这一领域充满潜力。在此背景下,新能源的应用显得尤为突出。

实践案例

以洋山港四期为例,依托洋山港区、东海大桥及临港新片区芦潮港集疏运中心,上海洋山港成功实施了"5G+L4"自动驾驶智能重卡集装箱转运业务,致力于打造全球领先的海—公—铁(海运—公路—铁路)智能化集疏运体系。杨氏码头作为全球首个大规模实现彻底无人化的集装箱码头,其自动化程度举世瞩目。在作业流程上,从船上装卸作业,到运输场地内基于透视系统的精准监控,再到依靠码头操作系统(terminal operating system,TOS)进行高效调度,除高塔上少量值守人员以外,场地内绝大部分作业环节都实现了无人操作。这一创新不仅实现了长达80 km的无人驾驶队列化运输,还成功转运了60万标准集装箱,为全球树立了典范。在此过程中,队列技术和其他技术的迅速发展对智能化、互通互联、新能源化以及交通减碳等方面产生了极佳的示范效应,这是我们深感自豪的成就之一。

同时,鄂尔多斯双挂试点项目也值得关注。7月18日,首批18辆双挂汽车列车途经G210线抵达鄂尔多斯达拉特旗,开展以双挂汽车列车为载体的多式联运集装箱试点运行。该试点项目从车辆配置、运输路线规划到运营管理模式等方面,为国家推广双挂汽车列车提供了鄂尔多斯方案。值得注意的是,两个20英尺[①]的集装箱总重可达70 t,远超国家公路运输的标准限制。但在西北地区进行的大规模试点通过优化运输组织、采用先进的车辆技术以及合理规划路线等方式,在确保安全合规的前提下,实现了运输效率的大幅提升,而效率的提升本身也是节能降碳和新技术应用的体现。目前,边境口岸正全面推进这些试点项目。

此外,宝日希勒露天智慧矿山也是一个典型案例。该露天煤矿已成功实施无人驾驶矿卡项目,成为世界首个在极寒环境下实现大型矿用自卸卡车无人驾驶编组运行的项目。

---

① 1英尺=0.3048米。

如今，不同车型的电动化渗透率持续提升。据全国乘用车市场信息联席会数据显示，新能源乘用车的零售占比已正式突破50%。我国目前正大规模推进设备的更新换代，包括汽车的推陈出新和线路改造。如今，年轻人的消费观念并不过分看重品牌，他们更看重的是智能化和互通互联的发展。从问卷调查和多方面统计的数据来看，主流车企的重要发展方向必然是智能网联新能源。

智能化和互通互联技术的发展显得尤为关键，其不仅能够降低燃料成本，还能在大规模替代过程中成为市场的主导方向，而且是实现现代国家经济发展低碳目标的紧要一环。

总而言之，智能网联新能源汽车代表着汽车产业的未来方向。它不仅引领着技术创新的潮流，更是推动交通行业向低碳环保方向转型的主要力量。随着技术不断进步和政策持续支持，我们有理由相信智能网联汽车将在全球范围内得到更广泛的应用，为建设一个更加清洁、高效、可持续的交通系统做出更大贡献。

邓永红
南方科技大学教授

深圳新宙邦科技股份有限公司首席科学家,南方科技大学创新创业学院副院长,广东特支计划科技创新领军人才,深圳市孔雀计划B类人才,深圳市电源技术学会监事,中国固态离子学会理事,中国化工学会储能工程专委会委员,《储能科学与技术》和《电池工业》编委等。

长期从事高能量密度电池及其关键材料的研发,研究重点是二次电池电解液、固态电解质、聚合物黏结剂和固态电池。主持国家自然科学基金、省重点领域研发计划和省自然科学基金重点项目等,在 Nature Communications、Advanced Materials、Energy & Environmental Science 等期刊上发表论文200余篇,发明专利100余项。

锂金属电池的复兴与锂负极的保护研究

国轩高科第13届科技大会

 锂金属电池的复兴

锂金属电池的兴起源于其高比容量和低还原电位。早在20世纪50年代,威廉·西德尼·哈里斯(William Sidney Harris)发表了一篇具有里程碑意义的博士论文,发现锂金属在非水电解液中因形成SEI膜而可以成为负极材料。1970年,锂金属作为负极材料的一次电池实现了商业化。1985年,加拿大莫里(Moli)公司将锂金属二次电池商业化。不幸的是,1989年莫里公司就由于锂金属负极锂枝晶引发的手机火灾事件宣布破产,主流的锂金属电池研究陷入了停滞状态。

从锂金属二次电池转向锂离子二次电池后,电池的安全性能得到极大的提升。2019年诺贝尔化学奖三位得主在锂金属电池到锂离子电池这一发展历程中做出了卓越的贡献。20世纪70年代,斯坦利·惠廷厄姆利用宿主-客体(host-guest)概念开发出最早的锂二次电池,使"锂"这个元素从活泼金属态转为稳定离子态,让安全成为可能。虽然当时的负极采用了锂金属,但正极采用了层状硫化物材料——二硫化钛作为宿主(hosts),锂离子作为客体(guests)可以较为随意地嵌入或脱出,而基本不影响宿主的物质结构。1980年,约翰·古迪纳夫(John B. Goodenough)发现过渡金属氧化物$LiCoO_2$可以在较高的电位下可逆地嵌入和脱出锂离子,与锂金属负极配对可以大幅度提高锂金属二次电池的能量密度。剩下的问题就是筛选合适的负极层状材料作为锂离子客体的宿主。1985年,吉野彰(Akira Yoshino)采用石油焦作为负极并结合$LiCoO_2$正极开发出世界上第一款锂离子二次电池。他使用碳作为负极材料而不是锂金属,从而解决了由锂枝晶生长导致的短路和起火问题。1988年,索尼公司申请了第一份锂离子电池专利,并将新产品命名为"Li-ion battery"(锂离子电池)。1991年,索尼公司成功将锂离子二次电池商业化,真正实现了锂离子客体在正负极宿主内嵌入与脱出的嵌入式锂离子二次电池结构。锂离子碳基负极材料一直应用至今,经历石油焦到硬碳,再发展到石墨。

值得一提的是,现在锂离子二次电池的主流负极材料是石墨负极。为何当初没有发现呢? 20世纪50年代,哈里斯博士论文也提到满足锂离子电池条件的电解液溶剂有醚类与酯类碳酸酯,其中酯类碳酸酯包括碳酸乙烯酯(EC)和碳酸丙烯酯(PC)。EC与PC结构相似,只有一个甲基的差异,但PC常温下是液态,EC常温下是固态。也许哈里斯及其后面相当长时间的研究者以为EC与PC电化学行为相似,故选择了常温下为液态的PC做电解液溶剂。结果发现,在PC基电解液中,石墨被剥离而不能作为负极。业界常常说:"一个小小的甲基使得锂离子电池的面世推迟了几十年。"因为在EC基电解液中,石墨负极界面能形成稳定的SEI膜,所以是最成功的负极材料。但当时的研究者们因为使用PC基电解液,而严重误判了。

锂离子电池发展至今,能量密度已趋近理论极限。为追求高能量密度电池,研究者们又开始从锂离子电池转向锂金属电池。锂金属电池的复兴,有望使锂离子电池的理论能量密度提高近50%。锂金属负极面临的最大挑战是锂枝晶形成、体积膨胀以及界面不稳定所带来的问题。锂金属电池的复兴有可能在下一代固态锂金属电池中实现,因为固态锂金属电池可以同时兼具高能量密度和高安全性。

锂金属负极界面SEI膜结构

锂金属电池的SEI膜极其重要且复杂,这主要归因于锂金属极低的还原电位和高度的反应活性。我们运用冷冻电镜技术深入剖析了锂金属负极界面的SEI膜,发现放电时电池中锂金属完全剥离后,SEI膜呈现出众多褶皱,形成空心膜。第二次充电后,我们发现锂金属倾向于在SEI膜壳底部的集流体上沉积,这些沉积的锂金属会沿着干瘪的SEI膜皮囊逐渐扩散,最终使SEI膜恢复。基于这些观察,对电解液中锂金属表面SEI膜的研究可为新电解质的开发提供宝贵经验。

我们对电解液添加剂优化SEI膜(图1)的形成机理进行了深入研究。在不加添加剂的基础电解液中,锂金属的SEI膜厚而疏松,且所含的碳酸锂主要分布在表面层。然而,当加入电解液添加剂时,SEI膜薄而致密,碳酸锂像孤岛一样分散在内外层。为何是这样的呢?众所周知,在锂金属电池的SEI膜中,碳酸锂的出现是常见现象,这主要归因于电解液与锂金属电极之间的复杂化学反应。在添加剂加入之前,SEI膜中的碳酸锂易与金属锂反应形成LiC_6和氧化锂,所以内层的碳酸锂被反应消耗,只剩下分布在表面层的碳酸锂。同时,生成物LiC_6是一种良电子导体,这意味着它在电池内部能够有效地传导电子,从而加速电解液副反应的进行,导致SEI膜越来越厚且孔隙率越来越高。

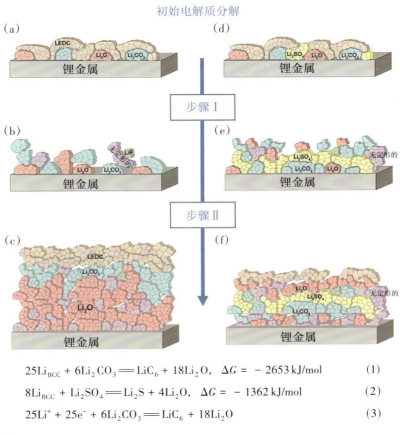

图1 电解液添加剂优化SEI膜结构的机理

为了抑制这种持续的电解液副反应并优化SEI膜,研究人员考虑使用特定的电解液添加剂。例如,当引入DTD(一种含硫电解液添加剂)时,形成的SEI膜中会含电子绝缘体硫酸锂。即使硫酸锂与金属锂发生副反应生成硫化锂,硫化锂也是电子绝缘体。电子绝缘体硫酸锂或硫化锂会隔绝碳酸锂,阻止碳酸锂与金属锂的反应。因此,内层的碳酸锂没有被反应消耗,碳酸锂像孤岛一样分散在SEI膜的内外层。硫酸锂只允许离子通过,从而抑制了电解液的不断分解,促进了稳定SEI膜的形成,导致SEI膜薄且致密。这种优化策略有助于提高锂金属电池的电化学性能和安全性能。

锂金属负极的保护策略

锂金属负极保护策略的核心在于SEI膜的优化。

第一个策略是电解液优化。我们通过引入新型锂盐（环状含氟锂盐LiHFDF）、新型氟代醚溶剂以及新型阳离子表面活性剂等，能够有效抑制锂枝晶的生长，从而增强锂金属负极的稳定性和安全性。这些电解液优化策略的应用，为锂金属电池性能的提升开辟了新的道路。

第二个策略是采用固态电解质界面优化（图2）。通过直接应用固态电解质作为人工SEI膜，如富锂反钙钛矿（LiRAP）固态电解质，将其置于负极表面，可以形成LiRAP-SEI复合界面膜，从而改变负极表面性质，使其更适合锂离子的均匀沉积，实现自平滑机制。这种自平滑机制能够减少局部过电位和电流密度的集中，从而有效抑制锂枝晶的生长。

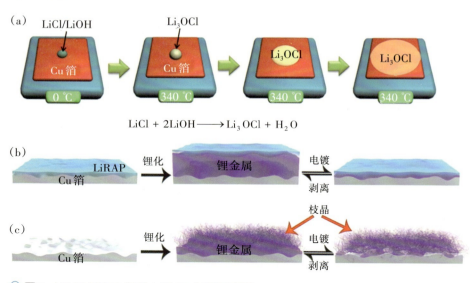

图2　LiRAP固态电解质人工SEI制备示意图

第三个策略涉及三维集流体结构的优化。在锂离子电池中，除了锂枝晶问题之外，膨胀现象也是一个较为严峻的挑战。SEI膜发生膨胀时，会导致其不断破坏并重新生长。为了应对这一问题，可以构建铜锌三维集流体结构。通过调整铜锌合金中锌的含量，采用特定的工艺将部分锌移除，仅保留少量锌，随后利用这种特定组成的铜锌合金，将锂诱导进其中，从而形成三维集流体结构。这种结构能够使电池的局部电流密度大幅度降低，同时多孔铜锌合金能够诱导均匀无枝晶的锂沉积，从而有效抑制膨胀现象。因此,构建、优化含有适量锌的锂诱导三维集流体结构这一策略,能够显著提升锂离子电池的电化学性能与安全性能。

第四个策略涉及自组织核壳结构的液态金属-锂复合负极(图3)。在此策略中,采用了一种新型材料——液态金属。其独特之处在于由镓、铟和锡三种元素构成,且这些元素的含量并不均等:镓占70%,铟和锡则分别以20%和10%的比例作为分散相存在。在电化学反应过程中,当锂开始沉积时,它与镓的结合能力显著低于与铟和锡的结合能力。因此,锂首先倾向于与铟和锡反应,形成合金化的锂化铟和锂化锡,随后在这些合金内部沉积,形成了一种独特的内部生长模式。通过原位显微镜观察,可以清晰地看到锂在液态金属内部逐渐沉积的过程。随着沉积层的增厚,研究人员能够观察到最内层为铟和锡,中间层为纯锂,而最外层是镓的分层结构。这种独特的内部生长模式意味着锂实际上被包裹在液态金属内部。这种自组织核壳结构会不会影响电池的功率密度呢?不会。尽管锂外部存在较厚的保护层,乍看之下会影响电池功率密度,但液态金属出色的导电性实际上有助于提升功率密度。该材料的离子电导率和电子电导率均较高,这使得锂离子能够在电池内部快速传输,提高了电池的反应速率和效率。另外,镓铟锡合金在空气中会自然形成一层1~2 nm的超薄氧化镓保护层,这层氧化镓稳定存在并发挥作用。当锂插入后,进一步生成只允许离子通过而不允许电子通过的镓酸锂层,表面依旧维持着一层极薄的SEI膜,从而有效避免了短路风险。

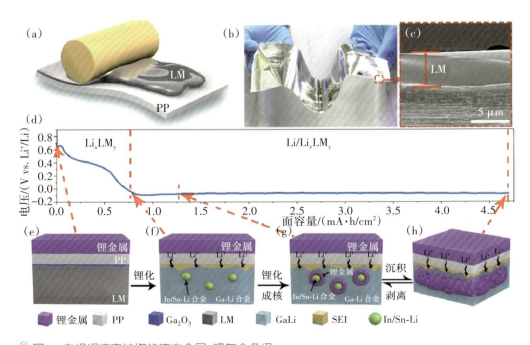

图3 自组织核壳结构的液态金属-锂复合负极

第五个策略是制备表观零体积膨胀的三维中空锂复合负极材料(图4)。此负极材料采用三层结构设计,具体包括含有 $LiNO_3$ 化学成分的电子绝缘(EI)上层,中间层是具有高孔隙率的镀铜碳纤维膜(CuCM),下层是具备亲锂特性的锂镁箔。该设计旨在将锂金属引导至预先设定的空间内生长,其空间构想类似于液态金属的存在形式。该设计还在外部涂覆了一层人工构建的SEI膜。此设计旨在借鉴策略二和策略四:一方面,模拟固态电解质界面优化策略构建人工SEI膜;另一方面,模拟自组织核壳结构液态金属-锂复合负极的策略,以诱导锂金属在预留空间内有序生长。观察发现,这种锂复合负极结构在实际应用过程中,虽然表现出表观上的零体积膨胀,但实际上锂金属是在预留空间内部发生膨胀。这一特性使得该结构具备可操作性,因为可以通过卷对卷工艺来制备这种膜材料,从而易于实现大规模生产。此策略显著提升了电池的循环性能,具有重要的实用价值。

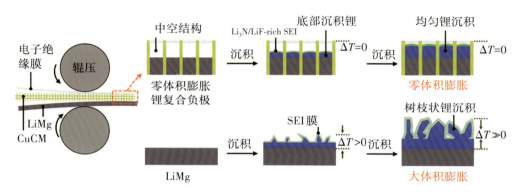

图4 制备表观零体积膨胀的三维中空锂复合负极

固态锂金属电池的研发

现有锂离子电池的安全问题在于现有锂离子电解液具有可燃性,为解决这一问题,研究人员正致力于发展固态电解质及固态电池技术。而高能量密度的固态锂金属电池发展涵盖了从新型电解质的开发、高容量锂金属负极的枝晶抑制,到高安全性、高比能固态电池的设计与制备等多个方面。

固态锂金属电池主要的研究思路在于深入剖析液态电解质在电极表面所形成的SEI膜的结构与组成,以期探索出固态电解质的设计策略及固态锂金属电池的制备技术。这便是固态电池原位固态化设计思路的源泉。然而,目前人工合成的固态电解质,在结构与性能上仍难以匹敌锂金属电池自然形成的SEI膜。这种自然形成的SEI膜结构精细且功能优越,但因其纳米级的厚度而难以复制。即便人工能够制造出如此薄的SEI膜,其强度往往也难以达标。因此,如何提升人工SEI膜的强度与性能,将是科研人员未来研究的重要方向。

目前,针对SEI膜优化的固态锂金属电池设计方案所面临的问题及其解决思路概述如下:

一是正极与电解质相容性差。通过实施正极材料的表面包覆技术,制备具有更高稳定性的材料,以增强正极与电解质之间的化学兼容性和结构稳定性。

二是固态电解质隔膜难满足固态电池要求。鉴于单一材料难以同时实现高离子电导率、高机械强度的需求,采用聚合物与无机固态电解质的复合涂覆技术,构建具有不对称结构的复合固态电解质隔膜,旨在实现上述多重性能的协同提升。

三是界面不稳定。为改善界面稳定性,开发高效的界面缓冲层材料及高强度黏结剂,以促进更稳定的界面形成,减少界面阻抗,提高电池的整体性能。

四是负极体积膨胀和锂枝晶生长。设计具有表观零应变特性的锂金属复合负极,结合人工SEI膜的精细调控,旨在有效管理锂沉积过程中的体积膨胀及抑制锂枝晶生长,使SEI膜均匀生长,从而维持电池结构的完整性和长期循环稳定性。

固态锂金属电池的核心在于固态电解质的开发。研发固态电解质是一项高度系统化的工程,它要求跨学科的知识整合、精细的材料设计与合成策略,以及对电池内部复杂物理化学过程的深刻理解,只有这样才能确保固态锂金属电池能够在安全性、能量密度、循环寿命等方面实现显著突破。在推进无机固态电解质商业化的同时,我们开发了一系列聚合物基固态电解质,其设计面向两大应用:一是在锂金属负极表面涂覆一层聚合物电解质,旨在防止硫化物固态电解质直接与锂金属负极发生反应,从而保护负极并延长电池寿命;二是制备了一种既具有高强度又保持高离子电导率,还能抑制锂枝晶生长的复合聚合物固态电解质薄膜。然而,纯聚合物电解质在高温环境下存在一个显著问题,即当正负极接触时,容易引发短路现象。为解决这一问题,研究团队在正负极之间引入了一层硬段聚合物作为机械支撑层,其作用类似于传统隔膜,有效隔离正负极,防止直接接触导致的短路风险。同时,该硬段聚合物中还嵌入了专门设计的锂离子传输通道,确保锂离子能够顺畅通过而不受影响。此外,这种硬段聚合物材料还可以与硫化物或氧化物进行复合,形成一种复合型固态电解质隔膜。这样的复合材料不仅继承了聚合物的柔韧性和加工便利性,还融合了无机材料的热稳定性和化学稳定性,从而在提高电池安全性的同时,也优化了电解质的整体性能。

固态锂金属电池的失效分析是我们的研究重点。研究团队采用先进的冷冻电镜技术，深入探究了电池界面上的正极电解质界面和负极电解质界面。结合中子衍射、三维断层扫描成像技术、循环伏安法、恒流充放电测试等手段，从多个维度系统分析了材料的化学成分、微观结构、界面特性与其电化学性能之间的构效关系。这些综合分析方法为揭示固态锂金属电池失效的根本原因提供了科学依据。基于上述电池失效分析的成果，研究团队进一步探索了界面优化的新策略，旨在通过改善电解质与电极界面的相互作用，提升电池的整体性能和循环寿命。这一过程不仅加深了对固态电解质材料行为的理解，也为设计新一代高性能固态电解质开辟了新的研究方向和思路。

总结

综上所述，锂离子电池在能量密度提升方面面临瓶颈，锂金属电池的研究与应用正迎来复兴。固态锂金属电池因其潜在的高安全性和高能量密度特性而备受瞩目。然而，锂负极的枝晶生长、体积膨胀以及界面不稳定等问题成为制约其商业化进程的关键障碍。这些问题构成了一个复杂的系统工程挑战。

针对这些挑战，研究团队探索了多种锂负极保护策略，包括但不限于电解液的优化，以促进形成致密且稳定的SEI膜，以实现对枝晶生长的控制，从而限制枝晶的无序生长；通过固态电解质界面修饰，改善电极界面稳定性；设计优化三维集流体结构的锂负极，以提高其循环稳定性；制备自组织核壳结构的液态金属-锂复合负极，以增强负极的机械强度并提升其抑制枝晶生长的能力；开发表观零体积膨胀的三维中空锂复合负极结构，旨在从根本上解决锂金属负极的体积膨胀问题。

对于基于原位固态化的锂金属电池而言，关键在于功能添加剂的选择与应用，以促进原位生成性能优化的SEI膜，改善界面相容性。此外，研发高强度聚合物与无机固态电解质的复合材料，用以构建既具备高电导率又能抑制锂枝晶生长的复合聚合物薄膜，是提升固态电解质性能的重要方向。同时，寻找与电极材料相容性良好的聚合物黏结剂和分散剂等，对于维持电池结构的完整性至关重要。

综合运用冷冻电镜等先进表征技术进行深入的电池失效分析，能够为理解固态锂金属电池内部机制提供宝贵信息，进而指导高性能固态锂金属电池的设计与制备，推动其在高比能存储领域的实际应用。这一系列研究共同指向了一个目标：努力克服现有技术难题，实现固态锂金属电池的安全、高效运行。

储能技术：锻造新质生产力

162 / 通过原位方法对电能存储系统进行机理研究
        赫克托·D. 阿布鲁纳　美国国家科学院院士

170 / 电化学储能行业火灾形势与安全防控技术进展和需求
        孙金华　欧盟科学院院士

178 / 纳米碳材料及其在储能领域中的应用
        唐　捷　日本工程院院士

184 / 中国储能技术与产业最新进展与展望
        俞振华　中关村储能产业技术联盟常务副理事长

赫克托·D. 阿布鲁纳
美国国家科学院院士

美国艺术与科学院院士，美国科学促进会会士（2007年），康奈尔艺术与科学学院埃米尔·查莫特（Émile Chamot）化学系教授，碱性能源解决方案中心（CABES）、康奈尔大学能源材料中心（emc2）主任，电化学会会员，国际电化学会会士。

研究重点是电池、燃料电池和电解池能源材料的原位开发和表征。曾获多项奖项，包括总统青年研究员奖、斯隆奖、古根海姆奖、美国化学会电化学奖（2008）和分析化学奖（2021）、英国皇家学会法拉第奖章（2011）、国际电化学会布莱恩康威（Brian Conway）奖（2013）、国际电化学会金奖（2017）等。

通过原位方法对电能存储系统进行机理研究

国轩高科第13届科技大会

在电池领域,团队正积极开展一系列令人振奋的探索工作,尤其是原位方法的应用。在推进这项工作的过程中,我们开发出了在运行条件下研究这些系统的方法,该方法为我们提供了深入洞察机理的视角,且几乎无须依赖任何假设,因此具有重大价值。

首先,和大家一同探讨一下电能存储以及开展原位研究的动机。为什么要研究电能存储呢?若想将可再生能源融入日常生活,就必须以某种方式储存这些能源,因为从能源获取到最终使用之间通常存在时间差。太阳能、风能和潮汐能的最佳收集方式是借助电力或电能存储系统。电力是一种优质能源,熵值极低且具有高度的互换性,这意味着它可以在电网中灵活调配,即在一处发电,然后存储在另一处,供不同地点的人使用。但这要求储能载体具备高能量密度、高功率密度、快速充放电能力、长使用寿命、可靠性、安全性以及低成本等特性。

下面重点探讨一下由MOF衍生的单原子催化剂以及作为锂硫电池催化剂的高熵硫化物,同时研讨锂硫共焦拉曼成像技术,以及使用扫描电化学显微镜(SECM)表征SEI膜的形成过程。

锂硫电池因具有高容量和高能量密度而极具吸引力,尤其是与钴酸锂等传统锂离子电池相比。此外,硫在自然界中储量丰富且获取成本低,石油脱硫过程中通常会产生大量的硫。从动力学角度来看,锂硫电池由金属锂负极和硫正极构成。放电时,S_8会转化为各种多硫化物,最终转化为硫化锂;充电时,则能再生成单质硫。若查看充放电曲线,会发现存在两个平台。在第一个平台,环状S_8分子断裂后会产生低价态多硫化物,最终生成硫化锂。在前两个电子的作用下打开环状S_8分子,然后在很长的平台中,多硫化物在一系列相当复杂的反应中进行转化。

锂硫电池的问题之一是穿梭效应。这意味着在正极生成的一些物质可以直接到达负极,并在负极放电。如此会导致活性材料损失、锂腐蚀、库仑效率降低以及容量衰减等一系列问题。虽然充放电曲线看似很简单,但其实涉及大量相互转化反应,包括固态和液态多硫化物、高价多硫化物、低价多硫化物以及最终产物硫化锂的相互转化。一方面,硫的天然丰度很高,成本较低,且对环境友好。另一方面,硫本质上是一种绝缘体,极难导电。因此,需要将一定量的碳与硫进行复合形成复合材料,使复合材料具有足够的导电性,同时硫在充放电过程中体积也会发生显著变化。

在研究中,循环伏安法和旋转圆盘电极伏安法是测量氧化还原反应动力学的有效工具。以特定的多硫化物为例,此分析方法同样适用于一般的多硫化物。循环伏安法,即实验测量的响应,是反应动力学与传质运动的复杂结合,虽然使用更为简便,但响应机制却更为复杂。相比之下,在旋转圆盘电极伏安法中,质量传递与反应动力学被有效区分,简化了对伏安曲线的解读过程。在此情境下,旋转速率成为关键变量,而在循环伏安法中,电位扫描速率则显得尤为重要。

同时,我们探讨了不同催化材料对锂硫电池性能的影响,特别是源自MOF的材料。不仅研究了纳米颗粒形式的催化剂,还研究了钴团簇。此外,我们还研究了将钴单原子催化剂嵌入氮掺杂碳(NC)中的情况,以及采用无钴的NC材料的情况。由MOF衍生的单原子催化剂结构,中心为一个被四个氮原子包围的钴原子,形态近似于卟啉或酞菁分子。在2 mV/s的扫描速率下,获得相应的伏安特性曲线。图1黑色曲线代表碳集流体(空白对照),蓝色曲线指代NC,绿色曲线表示钴纳米颗粒(Co-NPs/NC),红色曲线是NC中钴单原子催化剂的混合物(Co-SAs/NC)。从曲线对比中我们得出,NC中含钴单原子催化剂的峰电位差最小,表明其反应动力学优于其他催化剂。显然,单原

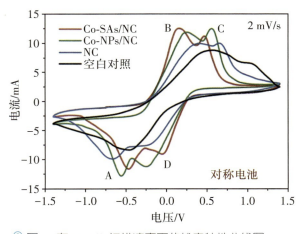

图1 在2 mV/s扫描速率下的伏安特性曲线图

子催化剂在某些方面展现出独特的优势。而后进一步深入研究,以揭示该现象的本质特征,同时评估锂硫电池的整体性能指标。据单原子催化剂、纳米钴颗粒和NC的放电曲线可知,单原子催化剂的性能是迄今为止最好的。它的可逆容量最大,极化最小,意味着充电曲线和放电曲线之间的差异最小,也就意味着其动力学性能最佳。在各种情况下,与钴纳米颗粒或简单的NC相比,NC上的单原子催化剂性能最好。同时,对比容量保持情况,在200次循环中,单原子催化剂在容量保持方面性能最佳,且具有高达99.6%的库仑效率。因此,每个周期损失的容量远小于1%,这无疑是一个极为出色的性能指标。

高熵材料作为晶体,其特征在于含有五种或更多元素,这些元素以相近的比例随机分布在晶体结构之中。鉴于高熵材料融合了众多不同的元素,它们展现出独特的协同作用,进而催生出卓越的催化、电化学及机械性能。若在碳集流器中嵌入高熵硫化物,通过循环伏安法测量的电流将显著增强,能够得到更为优越的动力学特性。同样,旋转圆盘电极伏安法的应用也验证了这一点。通过对动力学进行深入比较可知,碳氧化的异相电荷转移速率常数为$4.3×10^{-4}$ cm/s,而高熵硫化物的数据则高出近一个数量级,还原过程的异相电荷转移速率常数也比碳氧化整整高出一个数量级。显然,高熵硫化物极大地提升了锂硫电池的电荷转移速率。此外,还可巧妙运用"鸡尾酒效应"——通过采用多元合金,如高熵硫化物,能够激发超越简单线性叠加的协同交互作用。将碳与高熵硫化物进行对比,结果一致表明,高熵硫化物的电流显著更高。将单一元素硫化物的性能与高熵硫化物进行对照,无一例外,单一元素硫化物的性能均不及高熵硫化物。这表明,发挥作用的不仅仅是单个成分,而是所有材料在"鸡尾酒效应"下产生的综合效果。

接下来,我们运用共焦拉曼技术来细致观察各类硫随时间演化的过程。数年前,团队在 *Nature Communications* 上发表过一篇文章,探讨了在无催化剂条件下此类现象的表现。假设特定物质的面积与其浓度成正比,在缺乏催化剂的情况下,观察到的是一级动力学过程,即单质硫转化为多硫化物的过程。若绘制一级动力学图,则线条上分布有约90个数据点,速率常数为$1.02×10^{-4}$ s^{-1}(图2)。当在NC上负载单原子钴作为催化剂进行相同的实验时,与前一种情况形成鲜明对比,会发现这显然不再遵循一级动力学过程(图3)。相反,数据与零级动力学的吻合度极高,这意味着单原子催化剂的存在显著加速了反应,将硫的一级动力学转变为零级动力学,从而展现出极为有益的效果。基于这一已有的认知,我们能够量化钴单原子催化剂加速单质硫向各种多硫化物转化的程度。

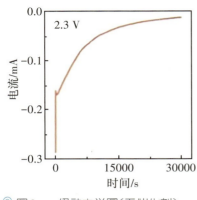
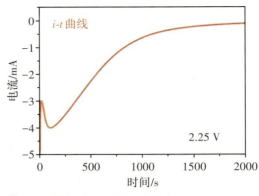

图2　一级动力学图（无催化剂）　　图3　零级动力学图（有催化剂）

此外，我们还进行了恒流充放电研究，审视不同放电深度下硫元素向各种多硫化物的转化情况，并进行精确量化。由于我们使用共焦拉曼图谱进行光谱分析，因此可以查看 XY 平面或 XZ 平面。在这两种情况下，观察到了相似的现象，即在 XY 和 XZ 平面上，高价态和低价态的多硫化物同时发生转化，而非在没有催化剂的情况下的依次转化。实质上，多硫化物向硫化锂（即反应的终极产物）转化的速度更快。同时，在充放电过程中进行原位近边结构X射线吸收光谱分析。通过观察硫的边缘，能够借助其光谱特性来鉴别不同形态的硫。我们发现，若审视不同放电速率下的归一化强度，则该强度呈现出单调变化的趋势，这意味着在放电进程中，归一化强度会发生规律性变化。将有催化剂与无催化剂的情况进行比较后发现，反应过程存在两个具有不同特征的区域，即Ⅱ-a和Ⅱ-b，这表明反应是逐步进行的，而非先前所认为的并发机制。总而言之，在缺乏催化剂的情况下，单质硫会逐步转变为多硫化物，最终形成硫化锂。然而，在催化剂的作用下，硫元素会转化为多硫化物的混合物并最终生成硫化锂。因此，这种并发机制极大地加快了反应速度。

最后，我们探讨一下在锂沉积过程中固体电解质界面的形成。在此研究中，我们采用了SECM，构建了一个四电极系统，实际上使用了两个恒电位器，因为存在一个不对称的系统，所以能够同步监测两个电极上的电流和电位。通过观察SECM的响应电流，能够对该界面进行成像。从锂沉积的图像（图4）中，我们可以清晰地看到成核现象。随着时间的推移，颜色越红，意味着沉积的锂越多。因此，可以利用SECM来研究锂形核或镀锂的动力学过程。

从TFSI与双氟磺酰亚胺（FSI）的对比曲线图可知，在LiTFSI中，极化程度更高，但这种状态不会持续过长时间。大约经过15小时后，LiTFSI的极化发生巨大变化，电流效率的下降幅度也更为显著。然而，在LiFSI中，可见到更为均匀的镀锂和锂剥离过程,极化程度极低,且电流效率极高(图5)。随后,观察LiTFSI中锂生成的图像,发现形成明显的树枝状突起(图6)。而在LiFSI中,沉积过程更为均匀,这与之前SECM的数据相吻合。我们通过SECM的结果来审视这一过程的演变机理。在图7的伏安特性曲线中,深蓝色曲线代表首圈循环,其他曲线代表后续循环。从SECM的结果可看出,在开路电位下,颜色越红,系统的导电性越强。因此,开始扫描电位时,起始阶段

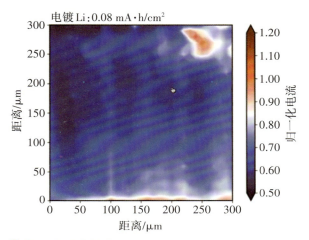

图4 锂沉积图像

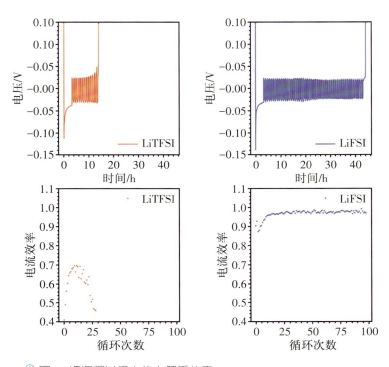

图5 锂沉积过程中的电解质效应

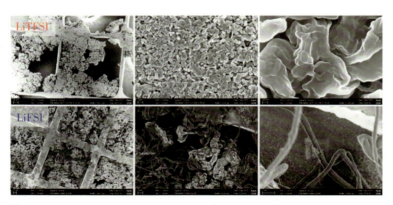

图6 LiTFSI与LiFSI电解中的镀锂形态

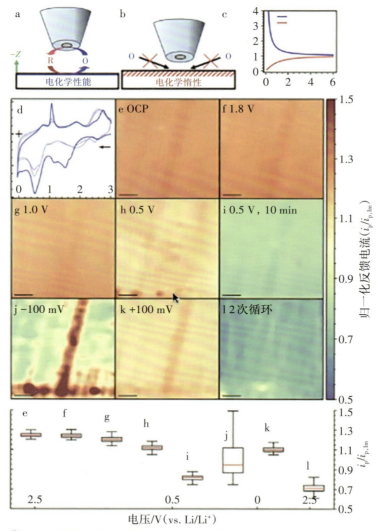

图7 锂沉积操作过程中的SECM成像

为橙色,随后依次变为淡黄色、黄绿色等,最终呈现出深绿色(图7)。这意味着随着负极化程度的加深,特别是在两个周期之后,会形成一个绝缘的固体电解质界面。值得注意的是,铜箔在加工或处理过程中会产生条纹。TFSI与FSI均形成了SEI膜,可通过深度剖析技术观察膜成分(氟化锂、氧化锂等)的动态变化,即对不同时间点进行剖析,以揭示演变过程。随着剖析深度的增加,氟化锂和氧化锂的含量会逐渐升高。

单原子催化剂作为锂硫电池的正极催化剂,首先表现出卓越的催化活性。它们不仅加速了多硫化物的氧化还原反应动力学过程,还能优化锂沉积的成核与生长阶段。尽管在此未详细展示,但我们对成核动力学进行了深入研究。我们还发现在单原子催化剂的作用下锂硫电池具备约200 mA·h/g的出色比容量以及极佳的循环稳定性和倍率性能。共焦拉曼成像技术揭示了在单原子催化剂的作用下,反应从一级动力学过程转变为零级动力学过程。在单原子催化剂作用下,存在一种并发转化反应机制,与无催化剂时的顺序反应机理相悖,并且钴中心与溶液中的多硫化物之间存在显著相互作用。其次,高熵硫化物是一类极具吸引力的电催化剂,也可能适用于其他体系。最后,针对锂金属沉积与SEI膜的原位表征,SECM被证实为一项强有力的分析手段。

展望未来,为满足日益增长的电能存储需求,开发新型材料与创新结构势在必行。美国能源部的一句名言深刻指出:再多的工程技术,也无法让蜡烛变成灯泡。这启示我们需以全新的视角审视材料与结构的设计与应用。结构和组分效应与电催化性能之间的密切关联不言而喻,而材料维度的影响即材料活性是否与尺寸有关,亦成为研究的重要方向。作为一个研究领域,我们正逐渐认识到深入理解固体电解质界面的重要性。所有过程均与电子和离子传输动力学密切耦合相关。显然,新颖的原位表征技术提供了前所未有的洞察力,此为传统方法难以企及的。为实现突破性进展,不仅需要化学家的专业知识,还需要材料科学家、理论科学家等多领域专家的协同合作。这种跨学科的团队整合将是推动该领域发展的关键所在。

孙金华
欧盟科学院院士

国际燃烧学会会士,国家973计划首席科学家,中国科学技术大学讲席教授、学术分委员会主任,中国科学院特聘研究员核心骨干,火灾科学国家重点实验室能源火灾安全研究所所长。先后兼任国际火灾安全科学学会(IAFSS)理事、亚澳火灾科学技术学会(AOAFST)副主席、国家科技奖励评审委员会委员、国家安全生产专家委员会专家、首届国家安全生产应急专家组专家、中国化工学会化工安全专委会副主任等职,并先后担任 Progress in Energy and Combustion Science、Fire Safety Journal 等国际期刊,以及《中国科学技术大学学报》《燃烧科学与技术》等国内学术期刊的副主编或编委。

主持国家973计划项目、国家自然科学基金重点项目、国家重点研发计划项目、欧盟国际科技合作项目等重要项目20余项,在国际期刊发表SCI论文420余篇,被 Science、Nature Energy 等刊物他引20000余次,在国际火灾科学大会等作特邀报告50余次,出版专著、教材10余部,获亚澳火灾科学技术学会终身成就奖,国家科技进步奖一等奖和二等奖,以及安徽省青年科技奖、科技进步奖一等奖、自然科学奖二等奖,中国公路学会科学技术奖一等奖,中国消防协会科技创新奖一等奖等省部或国家级行业学会科技奖10余次,并获中国科学院朱李月华优秀教师奖、安徽省先进工作者、安徽省师德先进个人等省部级教学奖和荣誉表彰10余次。

电化学储能行业火灾形势与安全防控技术进展和需求

国轩高科第13届科技大会

电化学储能行业的发展现状与趋势

2020年9月22日,习近平主席在第七十五届联合国大会一般性辩论会上郑重宣示:中国将提高国家自主贡献力度,采取更加有力的政策和措施,二氧化碳排放力争于2030年前达到峰值,努力争取2060年前实现碳中和。未来,我国能源供应将以可再生能源为主体,如太阳能、风能等。电力生产将采取大规模集中式与分布式相结合的方式,同时储能技术和动力系统会在该过程中发挥关键作用。随着以太阳能和风能为代表的新型发电方式快速崛起,其固有的随机性和波动性问题日益凸显。解决这些问题的关键在于大力发展储能产业。储能技术是实现新能源革命的重要环节之一,它在促进多种能源形式互补利用、提高终端电气化水平以及构建智能电网等方面具有重要意义。

目前,我国储能领域主要以抽水蓄能为主,辅之以电化学储能和机械储能等方式;预计未来,根据不同应用场景的需求,电化学储能、氢能储存及抽水蓄能等多种手段将协同发展。在此背景下,近年来我国新型储能行业取得显著进展。自2018年我国电化学储能累计装机容量首次突破千兆瓦以来,2019年至2023年间我国电化学储能累计装机容量几乎呈现指数级增长态势。2022年和2023年连续两年新增装机容量超此前历年总和。值得注意的是,在新型储能领域中,锂离子电池占据绝对主导地位(占比为97.3%)。展望未来发展趋势,尤其是在国家提出"双碳"战略目标的大环境下,我们可以预见到电化学储能产业会迎来更加迅猛的发展势头。据保守估计,至

2027年底,全国范围内电化学储能装置的总装机容量将达到97 GW;而乐观预测则认为该数值可能达到138.4 GW(图1)。进一步展望至2030年,相关产业链将形成高达30000亿元的市场规模。

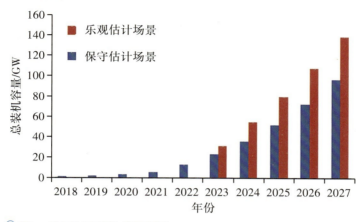

图1 我国新型储能发展预测

现今,新型储能技术的市场份额急剧增加,其中锂离子电池独占鳌头。截至2023年底,我国已投入运营的储能项目累计装机容量达到86.5 GW。在此期间,抽水蓄能所占比例由2020年的89.3%降至2023年的59.4%。与此同时,新型储能技术的总装机容量占比则从2020年的9.2%增长至2023年的39.3%。值得强调的是,在各类新型储能方式中,锂离子电池占据了主导地位,其市场份额从2022年的94%上升至2023年的97.3%。

然而,在新型储能领域内形成单一依赖的局面并非理想状态,因为将所有资源集中于一种技术上存在潜在风险。近年来,我国虽然在锂资源探寻方面取得一系列重大突破,探明锂矿储量从全球占比6%升至16.5%,排名从世界第六跃至第二,但我国锂资源的年消耗量却占到全世界总量的60%~70%,并且其中超过80%需要通过进口获得,这使得我国面临被"卡脖子"的风险。故从长远角度来看,有必要合理规划并有序利用现有锂资源,同时积极开发其他类型的新型电池技术,如钠离子电池、液流电池等,以实现储能解决方案多样化发展的目标。

钠离子电池因其独特的技术特点和产业优势而受到关注,包括高(低)温性能优异、储量丰富、成本低、理论安全性高、与锂电储能设备兼容性好等。未来钠离子电池的发展,需要解决的关键问题主要包括三个方面:首先,提升电芯的能量密度和循环性能;其次,增强电池材料和全电池的安全性;最后,降低电池的用电成本。当前阶段,由于钠离子电池尚未实现大规模量产,钠离子电池的成本仍高于磷酸铁锂电池。特别是随着近期碳酸锂价格大幅下降(从每吨约60万元降至每吨不足10万元),进一步压缩了磷酸铁锂的成本空间,导致行业内对钠离子电池研发的热情有所减弱。尽管如此,考虑到长远战略需求,我们仍然应该持续加强对钠离子电池的研究与安全性改进工作。

储能电池安全性及储能电站火灾防控

电池的基本构造包括正极材料、负极材料、电解液以及隔膜等组件。从本质上讲,这是一个包含氧化剂(如正极材料中的金属氧化物)和还原剂(如由有机材料组成的电解液与隔膜,负极材料中的碳甚至锂金属)的体系,因此构成一个潜在的能量不稳定系统。人们对于储能电池的安全性问题,存在一些误解需要澄清。以磷酸铁锂电池为例,在加热、过充或针刺实验导致热失控时,该类型电池通常不会起火燃烧,而仅表现为冒烟现象。基于此观察结果,有人可能会错误地认为这类电池是完全安全的。这种看法必须纠正。实际上,在进行单体电池测试时,由于未能满足着火所需的条件(包括必要条件和充分条件),因此可能只观察到烟雾产生而未见明火出现。具体来说,要引发火灾还需考虑空间内可燃物浓度是否足够高,混合物温度是否达到临界点等因素。相较于三元锂电池容易形成热点并成为点火源的情况,磷酸铁锂电池较少发生火星飞溅事件。但即便如此,对于储能电站等由大量磷酸铁锂电池组成的系统,其着火概率将明显增加。

就整体安全性而言,正常使用状态下的储能磷酸铁锂电池具有相当高的安全保障水平,其单个电池单元失效概率极低($10^{-8} \sim 10^{-7}$),且热失控风险可控。但当多个此类电池组合成一个完整的储能系统后,情况则有所不同。此时,整个系统具备了引发火灾所需的三大要素:燃料(主要来自电解液、隔膜等及其分解的可燃气)、助燃剂(来自正极金属氧化物分解产生的氧气)以及点火能量(化学反应热和外部热源)。只有当这些因素同时存在并且达到一定阈值时,才会真正触发灾难性后果。值得一提的是,在某些实验设置下(如较大开放空间或有良好通风条件),即使发生了局部过热,也不一定能够引起全面燃烧;但对于实际部署于封闭环境中的大型储能装置来说,一旦满足上述全部要求,就极有可能酿成严重事故。此外,无论是哪种类型的电池,在其热失控过程中都会释放出大量易燃气体,比如氢气、一氧化碳和甲烷等。特别是对于大容量磷酸铁锂电池而言,其产生的氢气比例更高,有时可占到总排放量的50%以上。除这些通过化学分解生成的产物以外,可燃物质中大约60%是由电解液本身贡献的(如碳酸乙烯酯与碳酸二甲酯的混合溶液),在北京大红门储能电站事故中就曾检测到此类成分。

总而言之,虽然单块磷酸铁锂蓄电池表现出较好的稳定性,但在构建大规模储能设施时,仍需谨慎处理相关安全隐患。在讨论储能电池单体时,我们注意到其荷电状态的不同会导致热释放速率峰值数量的差异。具体而言,随着荷电状态的提升,火灾过程中的总释热量增加、热释放速率峰值增高以及燃烧持续时间缩短。根据对不同荷电状态下产热特性的量化分析,我们可以观察到总释热随荷电状态呈现出线性下降的趋势(图2)。尽管单个储能电池的安全性已得到充分验证,但对于由数万甚至数十万个电池组成的大型储能电站来说,由于累积效应的存在,整体上发生事故的概率不容忽视。

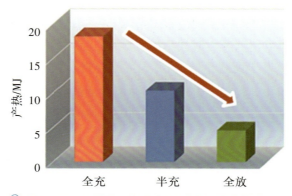

图2 50 A·h不同SOC磷酸铁锂电池的总释热

此外,当多个储能电池构成一个完整的系统后,系统除存在因自身热失控而引发火灾的风险以外,还可能因电气故障等因素进一步加剧安全隐患。鉴于此类设施规模庞大且一旦出现问题后果严重,近年来,包括韩国、美国、日本在内的多个国家均报告了多起与储能电站相关的火灾案例。通过对电化学储能电站发生的火灾事故进行深入研究发现,就所涉及的电池类型而言,在2020年前,绝大多数起火事件都与三元锂电池有关(占比高达80%),而近年来磷酸铁锂电池逐渐成为主流选择;从时间分布角度来看,大多数事故发生在调试阶段或充电过程中及其后的静置期内,这时电池电压较高且反应活性强,容易在串联或并联电池组间形成回路,进而诱发火灾;至于灾害形式方面,锂离子电池在失控状态下会产生大量如氢气、一氧化碳和甲烷这样的高度易燃易爆气体,这不仅增加了被直接引燃的风险,同时也存在触发二次化学爆炸的可能性。综上所述,如何有效提升安全性已经成为制约整个电化学储能行业发展的关键挑战之一。

电化学储能行业的安全技术进展

针对储能行业的安全与发展保障问题,我们提出了一个综合性的技术路线框架,即电化学储能安全的三道防线:本体安全、过程安全与消防安全。

首先,在本体安全层面,目标是将电池引发火灾的概率降至最低,以此作为第一道防线来减少事故发生的可能性。为了实现这一目标,行业内包括我们团队,从电池材料的安全性(如电极材料、电解液和隔膜的选择)到整个电池系统及其制造工艺的设计优化等方面入手,显著提升了储能电池的本质安全性。通过这些努力,目前市场上单体储能电池的失效概率已达极低水平($10^{-8} \sim 10^{-7}$)。

其次,在过程安全管理方面,采取多项措施确保储能电站日常运营安全。这包括对电池健康状态进行准确评估、早期识别潜在的故障隐患以及及时发出预警信号等手段,旨在将一切可能导致严重后果的问题扼杀于萌芽状态。在具体技术应用上,则涉及基于最大可用容量值来评价电池组整体健康状况的方法,利用交叉电压测试结合等效电路模型,进行串联或并联连接的故障诊断,以及采用超声无损检测技术和光纤原位监测等方式提前发现异常情况。此外,基于电化学阻抗谱(EIS)分析法,预测热失控现象的发生(图3)。所有这些方法和技术均已在实验室条件下验证其有效性,下一步是如何有效地将其转化为实际工程解决方案。

最后,在消防安全领域,一旦发生火灾事故,快速准确地响应至关重要。为此,我们团队开发了一套多参数融合式的热失控预警及火灾报警系统。该系统一方面通过过充、环境加热等技术方法使电池热失控,观察其失控全过程中各类物理参量的变化规律,进而综合考量哪些物理参量能够用于火灾预警和报警,并确定其合理的阈值;另一方面结合一维电化学模型与三维热力学模型,实现最佳的预警和报警效果。另外,还特别研究了全氟己酮这种新型灭火剂的应用技术,创新发展了储能舱室全氟己酮灭火剂的喷放方法,实现了电池系统的快速灭火、有效降温,达到了防止复燃的目的。值得注意的是,虽然上述各种灭火技术对于初期小规模火灾非常有效,但随着火势扩大,常规手段往往难以奏效,因此,最近我们团队还根据国家重点项目的要求探索出了一种创新性的液氮灭火抑爆方案。该方案不仅能在短时间内控制住单个电池单元乃至整个模块级别的大火蔓延趋势,同时还具备良好的惰化效果从而避免更大规模的爆炸风险。

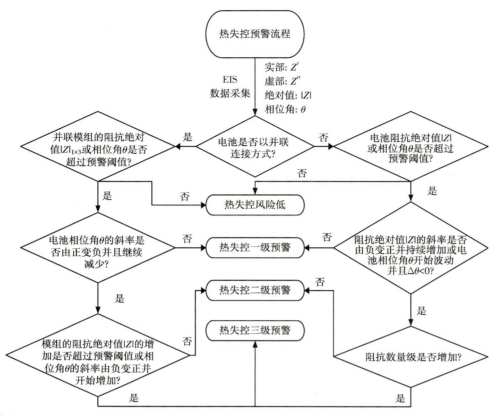

图3 电化学阻抗谱热失控及早期预警

电化学储能安全防控技术需求

第一,高安全性储能电池的研发是首要任务,需进一步从电池材料体系、全电池系统的安全设计以及生产工艺等多个方面提高电池的安全性,使电池的失效概率达到$10^{-10} \sim 10^{-9}$。例如通过正极材料的高性能掺杂与包覆协同技术,可实现锂离子电池电性能和安全性同步提升。第二,研发并推广高安全、大容量的储能电池,如560 A·h、628 A·h等规格的产品,以显著减少储能系统中电芯和零部件的数量,从而降低电池失效累积概率和系统整体失效风险,提高储能集装箱的电量密度,提升生产效率,并降低用户的使用成本。在此过程中,需特别关注电芯运行中的散热问题及电池短路后的热失控等安全隐患。第三,探索本质安全的新型储能电池技术,如钠离子电池,其理论上具有高安全性。尽管钠离子电池的安全性优于三元电池,但相较于磷酸铁锂电池仍存在一定风险。因此,如何将钠离子电池理论上的安全性与成本优势转化为实际应用,以及进一步提高其能量密度和循环寿命,成为亟待解决的问题。此外,液硫电池以其高安全性、长寿命、快速充放电切换等优点受到关注,但其在能量密度和能量转化效率的提升方面,以及离子交换膜的高要求和昂贵成本问题,也是如今面临的挑战。第四,推动储能电池早期故障诊断技术的产业化与工程应用,如超声无损监测、光纤原位监测、电池组串并联虚接及内部微短路故障诊断等技术,需要从实验室成果转化为实际产品,进而实现工程化应用。实现这一转化需要大量的研发与实践工作。第五,研发热管理、故障探测预警与灭火协同的一体化技术。目前,热管理、火灾探测报警和灭火技术虽已具备,但各自独立,数据与硬件未能有效共享。通过一体化整合,可提高热管理效率,实现智能精准预测,提高系统整体效率并降低成本。第六,发展基于互联网和云数据的储能系统智能安全管理平台。该平台应具备收集基础数据、运用预测模型分析、展示现场检测到的实时参数等功能,通过大数据与模型分析,智能判断电池状态、健康程度及故障预警,实现极早期的故障处置与重点关注提示。第七,针对站房式储能电站的安全防控技术系统进行研发。鉴于集装箱分布式电化学储能电站在土地资源紧张的沿海地区(如长三角、珠三角及京津唐地区)的建设限制,站房式储能电站的建设被提上日程。然而,站房式储能电站(图4)规模大、能量密度高、火灾风险高,因此需发展新型安全防控技术,包括建筑要求、防爆泄爆设计、火灾防控技术系统、防火分区及人员安全撤离策略等。

图4 站房式储能电站

唐 捷
日本工程院院士

北京工业大学教授,担任日本国立材料研究所(NIMS)主任研究员、主席研究员、上席研究员、特命研究员等多个职位。

研究领域涵盖新型纳米材料、储能材料、新型纳米器件等的基础理论研究、特性分析、构造表征,以及纳米器件的制备技术、应用基础研究和产业推广工作。近年来,率领研发团队致力于先进碳基低维纳米材料理论及其应用研发,已在石墨烯材料的基础理论研究、特性优化以及实际应用等领域取得一系列世界领先成果。率先开创了稀土类材料在冷场发射电子源领域的研发和应用,并取得超高分辨、高相干性及高稳定持续工作的世界纪录。主持国际合作项目、日本政府前沿基础研究课题及产业界重大项目10余项。在国际权威专业杂志上发表论文200余篇,授权中国、美国、日本专利70余项,并多次在国际学会上发表邀请专题报告。

纳米碳材料及其在储能领域中的应用

国轩高科第13届科技大会

 日本碳中和政策及相关研究机构的介绍

全球面临能源问题已长达数十年,各国纷纷致力于绿色清洁能源技术的研发,并提出了实现碳中和与碳达峰的长远目标。在此背景下,科学技术研究亦朝着这一宏伟愿景不断迈进。我国在这一领域提出了多项重要的前沿战略决策,而作为科技领先的国家之一,日本在碳中和方面也制定了详尽的研究及产业规划,并已制定国家级脱碳计划,即"碳中和策略"。未来规划涵盖从企业到各级政府乃至每个公民,旨在实现二氧化碳排放与吸收的平衡。

此外,日本政府联合经济产业省、日本学术振兴会以及文部科学省等关键科技创新部门共同推进构建碳中和社会。值得注意的是,早在1980年10月,日本就根据《石油替代能源开发及引进促进法》,设立了"新能源开发组织"。随着社会技术进步,新能源产业愈发受到重视。至1988年10月,该机构更名为"新能源产业技术开发机构",最初仅为一个行政管理实体。到了2003年,鉴于新能源产业的重要性日益凸显,它被提升为国家顶级科研机构之一,该机构被命名为"新能源产业技术综合开发机构"(NEDO),负责协调各大高校、知名跨国公司、大型企业及研究机构之间的合作,以加速日本新能源技术的发展。

在NEDO制定的碳中和路线图中,启动了多个新项目以支持先进技术的研发与应用转化。例如,在全固态电池材料的基础技术研发方面,日本自10年前便开始了相关探索工作,主要由国立研究机构和丰田公司牵头开展基础科学研究;2023年起则进一步深入到实际应用层面的研发阶段,参与主体不仅限于丰田,还包括本田、松下等多家新能源汽车制造商以及众多大学院校。通过建立共享平台,促进产学研紧密结合,营造一个开放协作的市场环境。同时引入大规模人工智能技术辅助解决固态电池商业化生产过程中遇到的具体挑战。此外,NEDO在碳中和方面的研究立项还包括新能源种子事业发掘及商业化技术研发业务、促进可再生能源领域研究和开发的中小企业(包括初创公司)商业化、绿色创新基金项目等。

在众多的科研机构中,日本国立材料研究所(NIMS)作为日本顶尖的基础科研单位,拥有世界领先的前沿研究水平,NIMS研究领域涵盖以高温合金为代表的构造材料、再生及新能源材料、AI、大数据以及有机、生物等多方面的材料科学,主要致力于电子、光学、催化和生物材料的合成、表征与应用。特别是纳米级半导体的原子运动控制、基于单壁碳纳米管的世界最小温度计、超纯六方氮化硼薄膜等前沿科技为人瞩目。

NIMS与全球众多研究机构建立长期合作关系,并与企业界协同开展基础科学研究,形成推动科学发展与社会服务的良性循环模式。NIMS不仅构建了广泛的社会合作平台,还设立了联合研究室,与国际研究机构共同执行研究计划和建立研究中心,并实施了一项全球性的人才培养计划。除此以外,在新能源存储材料的研究和技术的开发方面,NIMS拥有一流科研水平的团队,尤其针对能源应用,成立了各种研究团队。

在产业化推进方面,NIMS也与多家公司建立了长期合作关系,为基础研究的快速工业转化奠定了坚实基础。例如,NIMS已与软银集团共同开发出具有世界领先水平能量密度的锂空气电池。这种电池采用金属锂作为负极材料,正极则使用空气中的氧气,以多孔碳作为保护层和电解液存储层,设计实现了高达500 W·h/kg的能量密度。锂空气电池因其极高的能量密度而备受关注,其能量密度接近汽油的能量水平。研究人员还首次发现,在充电过程中锂空气电池的电压升高与过氧化锂结晶度之间存在强烈的正比关系,过氧化锂是放电循环中产生的一种化合物。尽管锂空气电池技术仍处于起步阶段,但其发展潜力巨大。另一项引人注目的工作是创新性的固态轻质保护层的开发,这种保护层能有效降低器件厚度并提高锂负极的利用率,显著延长了电池的循环寿命。通过对高能量密度锂空气电池退化机制的深入研究,结合先进技术的分析发现,随着充放电循环次数的增加,锂负极会出现严重退化,导致电池循环寿命缩短。将轻质保护层应用于锂电极,可以大幅延长锂空气电池的循环寿命,同时保持其高能量密度特性。在此过程中,纳米碳材料对电极性能的提升做出了重要贡献。

碳纳米管在储能领域中的应用

纳米碳材料在储能领域的应用主要集中在碳纳米管和石墨烯两个方面。锂离子电池通过锂离子在正极与负极之间的迁移实现充放电过程(图1)。当锂离子从正极移至负极时,电池处于充电状态;反之,则进入放电状态。电极主要由三种材料构成:活性物质、导电添加剂和黏结剂。其中,电子传导性(即电池内阻)受电极中活性物质周围导电剂的状态影响较大。活性物质负责吸收和释放锂离子,而导电剂则促进电子流动,通常使用炭黑作为导电剂。黏结剂主要用于固定活性物质与导电添加剂,通常采用PVDF树脂。近年来,人们逐渐认识到碳纳米管(CNT)作为导电剂的重要性。尽管过去因成本较高未被广泛用作导电剂,但将其应用于电池电极材料时显示出优越性能。实际上,相较于传统炭黑(CB),CNT具有更高的电导率,并且其细长结构有利于优化电极内部电子传输路径。对比发现,CNT不仅导电性能远超CB,而且所需添加量更少。然而,CNT存在分散性差的问题(图2)。

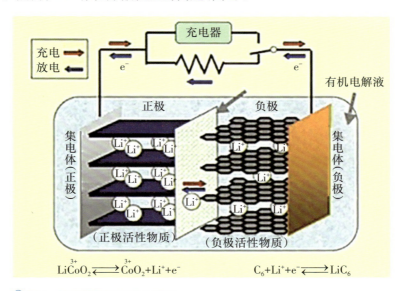

$LiCoO_2 \rightleftharpoons CoO_2 + Li^+ + e^-$ $C_6 + Li^+ + e^- \rightleftharpoons LiC_6$

图1 锂离子电池的工作原理

用量较少意味着相对增加活性物质的比例,可能提升整体电池容量。使用CNT作为锂离子电池导电剂的优势包括:高容量——通过增加活性物质填充量来提高锂离子电池的能量密度;高功率——得益于高电导率,锂离子电池能够快速充放电,显著改善倍率特性;长寿命——有助于更均匀地分布活性材料,延长锂离子电池的使用寿命。例如,日本东洋色材有限公司开发的一种名为LIOACCUM的碳纳米管分散剂,已被宁德时代选为其电池产品的组成部分之一。此外,丰田公司生产的含有碳纳米管添加剂的电池已用于丰田的动力混合车型。值得注意的是,将碳纳米管与石墨烯混合制成的复合材料可以带来更佳效果,尽管这方面的研究尚不充分。在电极中引入少量碳纳米管和石墨烯,可以利用它们独特的三维导电网络增强循环性能,同时提高导电性并缩短导电路径。石墨烯不仅能够增加电导率,还能充当缓冲体积变化的"海绵",对提升电池容量也有积极作用。日本瑞翁(ZEON)公司利用化学气相沉积法制备单层碳纳米管,使其用于燃料电池中获得良好的氧化还原反应效果;在锂空气电池中作为多孔材料以提高整体储能能力;以及使其与锂硫复合形成高效能锂硫电池电极材料。

开关/尺寸	CB	CNT
	约500 nm 连接颗粒状的结构	约10 nm 细纤维状
导电性	低	高
所需添加量	多	少
分解难易度	易	难

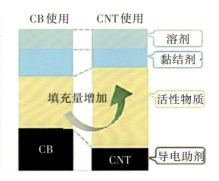

图2 导电剂的特点对比

石墨烯在储能领域中的应用

我们所在的NIMS研究团队聚焦先进低维纳米材料,在石墨烯研究领域已有20多年的深厚积累。鉴于石墨烯作为单层碳原子结构极易发生粘连,进而影响其性能,我们团队创新性地将碳纳米管引入石墨烯体系,构建了石墨烯—碳纳米管—石墨烯三维复合结构。此举不仅整合了石墨烯与碳纳米管各自的性能优势,还为超级电容器电极材料的开发开辟了新路径。该结构显著促进了电解液的渗透性,并充分利用石墨烯的高离子吸附能力,实现了容量的大幅提升。在石墨烯材料的研发上,我们团队探索了包括化学合成在内的多种制备技术,成功制得了氧化石墨烯与石墨烯-碳纳米管复合材料。这些先进材料在功能碳材料市场上展现出广阔的应用前景,涵盖热管理、传感元件、涂层技术以及催化领域。特别值得注意的是,作为催化剂载体时,它们能极大提升催化反应的效率。

目前,我们团队正致力于研发基于石墨烯与碳纳米管复合材料的高性能储能器件及新型电池电极材料,旨在实现快速充电与高能量密度的结合。针对快速充电需求,我们团队专注于石墨烯超级电容器的研究,已开发出可实现秒级充电且能量密度媲美传统快速充电电池的电子器件。在石墨烯的制备方法上,强调根据具体应用场景和成本效益选择最适宜的技术路径,避免盲目追求"万能"解决方案。为此,我们团队深入研究了电化学剥离法、化学还原法及热还原法等多种制备工艺,并通过对石墨烯进行打孔处理,成功制备出比表面积超越理论值的高性能石墨烯材料。此外,我们团队还自主研发了一系列石墨烯复合材料,通过调控碳氧比例,实现材料性能的定制化设计。这些三维结构的石墨烯材料,因其优异的导电性和结构稳定性,被广泛应用于电极材料和导电添加剂领域。在构建此类复合材料时,确保碳纳米管的良好分散性是关键,我们力求达到近乎完美的单根或少数几根碳纳米管分散状态,其直径控制在 10 nm 以下,以此促进碳纳米管效能的最大化发挥,推动石墨烯复合材料在能源存储与转换领域的革新应用。

另一个关键点在于确保石墨烯的良好分散性,避免其聚集成多层结构。只有利用充分均匀分散的石墨烯与碳纳米管混合溶液,才能制备出性能优异的石墨烯-碳纳米管复合材料。若未能实现这一目标,则这两种纳米材料的独特性能将难以得到充分发挥。基于此复合材料,我们团队开发了超级电容器和锂离子电容器,并开展了相关实证研究。一个具体应用实例是我们团队与日本公司合作的项目,该项目涉及灾害预防与智能路灯系统。智能路灯利用太阳能电池板在白天发电,超级电容器储存电能。在夜间遇到紧急情况时,超级电容器能够在微秒的极短时间内迅速启动摄像头并将信号传输至控制中心,从而实现快速响应与报警功能。考虑到日本是一个地震频发国家,在地震发生后电力系统通常需要一分钟才能恢复,这期间可能会丢失大量重要信息。因此,具备快速启动和充电能力的技术显得尤为重要。我们的技术不仅提高了充电效率和安全性,延长了使用寿命,还通过微波水热法成功合成了高质量的氧化物-石墨烯复合材料。以石墨烯为基底,在其上生长出氧化物量子点,这些材料在催化领域展现出巨大潜力。

随着社会对环境保护意识的增强以及对可持续发展能源需求的日益增长,新能源作为清洁且可再生的能源形式受到了广泛关注。实现碳中和已成为全球共识,未来碳排放水平或将直接影响到各国的发展轨迹。由此可见,新能源产业在未来社会中将迎来更加广阔的发展前景。

俞振华
中关村储能产业技术联盟常务副理事长

中国能源研究会储能专委会副主任委员兼秘书长,国际电气与电子工程师协会电力与能源协会(IEEE PES)储能技术委员会(中国)副主席。1997年毕业于清华大学电子工程专业,2005年取得美国佩珀代因大学工商管理专业硕士学位。2007年创建北京普能公司,专注于全钒液流储能技术的开发,2010年入选全球清洁技术百强企业。2012年发起并创办中关村储能产业技术联盟(CNESA),同期创建北京睿能世纪科技有限公司,任董事长,专注推动储能产品在电力应用领域的发展,建设了中国首个储能参与电力调频的商业化电站项目。2010年被评为北京市特聘专家,2011年被评为国家特聘专家,2018年获国家能源局软科学研究优秀成果奖三等奖,2022年获中国能源研究会能源创新奖二等奖。

中国储能技术与产业最新进展与展望

国轩高科第13届科技大会

 全球储能产业最新进展

截至2023年底,全球电力储能项目的累计规模已达289.2 GW,年增长率为21.9%。其中,新增投运的电力储能容量达到52 GW,同比增长69.5%。值得注意的是,抽水蓄能装机占比首次降至70%以下,与2022年同期相比下降12.3%。在新型储能领域,截至2023年末,全球市场累计装机容量达到91.3 GW,年增长率高达99.6%;新增投运规模45.6 GW,与2022年同期累计规模几乎持平(图1)。从地区分布来看,中国、美国和欧洲继续占据主导地位,三者合计占据全球市场份额的88%(图2)。

图1 全球新型储能市场累计装机规模(截至2023年底)[①]

---

① 数据来源:CNESA全球储能数据库。CNESA全球储能数据库中,新型储能包括抽蓄以外的电储能技术。

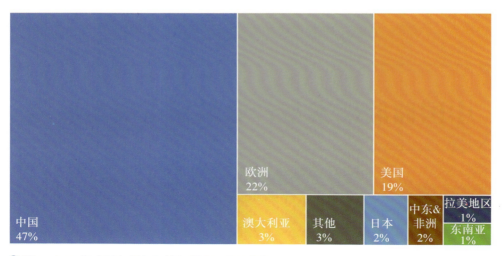

图2　2023年全球新增新型储能项目地区分布①

具体到应用场景,电源侧、电网侧和用户侧分别占28%、48%和24%(图3)。特别是在我国,电网侧的应用最为广泛;中国、美国和欧洲则代表了三种不同的发展路径。就美国而言,其新增规模突破8 GW,源网侧占比超91%。在《基础设施投资和就业法案》《通胀削减法案》等法案的巨额补贴推动下,美国正加速构建本地锂电产业链。美国在这一过程中仍然面临着人力资源、技术水平以及环境保护等方面的挑战。欧洲新增规模突破10 GW,其中德国、意大利和英国新增装机合计占比达76%,户储占比67%。德国继续引领欧洲及全球户储市场发展;意大利继超级补贴(superbonus)激励政策推行后,跃升至欧洲第二大户储市场;同时,英国新增大储装机规模创历年新高,达到1.5 GW。

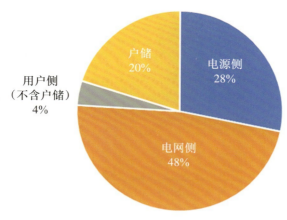

图3　2023年全球新增新型储能项目应用分布②

① 数据来源:CNESA全球储能数据库。
② 数据来源:CNESA全球储能数据库。

2023年国际市场政策大体上可归纳为四类核心方向：对技术研发的扶持、对示范项目的引领、对采购目标导向的支持，以及对电力市场机制的完善。各国针对这四大领域不断推出新的政策措施。2023年，有几个具有代表性的新政策引起了大家的关注。在美国特别是纽约州，长时储能技术受到特别重视。鉴于美国能源部设定的至2030年将相关成本削减90%的目标，长时储能被视为新型电力系统未来发展的关键支柱之一。随着风能和太阳能逐渐转变为主要的能源供应形式，对于能够有效支持这些可再生能源并确保电网稳定性的长时储能解决方案的需求日益增长。因此，美国政府及相关部门正加大对此类技术创新与发展的支持力度。此外，一些新的电力市场规则也被引入，比如得克萨斯州在经历雪灾后增加了应急备用辅助服务交易品种，以增强电力系统的应对能力。

在欧洲，希腊政府拨款4亿欧元用于支持光伏和电池储能计划，即新能源与储能相结合的一体化项目，这一举措显示出越来越多的国家开始注重这一类趋势。美国加州和德州作为新能源发展的两个典型地区，其储能收益情况值得深入分析。数据显示，加州的新型储能平均时长达到3.4小时，且自2021年以来年平均收益从14万美元/MW增长至2022年的17万美元/MW（考虑RA合同，不考虑ITC）。而德州的收益增长更为显著，新型储能平均时长仅为1.3小时，但年平均收益却从2022年的14.7万美元/MW激增至2023年的19.6万美元/MW，反映了技术进步带来的储能价值提升。相比之下，国内的现状显示，在同等条件下，每兆瓦的收益不到美国的1/4，这还是考虑到新能源容量租赁的情况。若无此类租赁安排，则差距更大。这表明，通过多元化收益来源（包括电能销售、提供辅助服务及其他安全容量保障等）来促进储能电站的收益增长，是未来电力市场的一个重要发展方向。

我国储能产业的最新进展

截至2023年底，我国电力储能项目累计投运规模达到86.5 GW，同比增长45%。其中，抽水蓄能累计装机容量为51.3 GW，较上年同比增长11%，但其在总储能中的占比首次降至60%以下；与此同时，新型储能的比例则上升18.2%。同年，我国新型储能累计投运装机容量达到34.5 GW，年增长率高达166%，占据全球市场份额的38%（图4）。值得注意的是，2023年我国新增新型储能装机容量达21.5 GW，是2022年同期水平的3倍，占全球市场47%。从地域分布来看，全国共有19个省份的新型储能投运装机超过百兆瓦级别，另有14个省份突破了吉瓦大关。西北地区凭借其较高的新能源比例成为引领全国发展的先锋力量,其中新疆在新增并网储能设施方面位居全国首位。

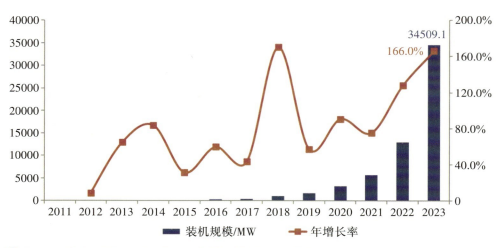

图4　我国已投运新型储能累计装机情况(截至2023年底)①

推动这一切变化的核心因素是风力发电与太阳能光伏技术的进步,以及相关成本的有效降低。此外,新能源配储、独立储能项目快速推进,源网侧应用场景下的储能系统安装规模持续扩大,其安装规模占总量的97%,同比提升5%。进入2023年后,我国新型储能市场继续保持强劲增长态势,项目数量较2022年增长46%,新增规模较2022年增长65%。其中,百兆瓦级项目数量显著增加,共有超过100个项目投入运营,同比增长370%。据统计,2023年我国共启动2569个新型储能建设项目,总规模达到169.3 GW(未包含已备案但尚未开工的项目)。其中,新增投运新型储能项目561个,合计21.5 GW;同时还有2008个项目处于规划或建设阶段,总容量达147.8 GW。这表明,未来几年内该行业仍将保持快速发展的趋势。除传统的锂离子电池以外,其他类型的非锂基储能技术也开始崭露头角,如首个采用飞轮作为主要储能介质的火电调频项目,结合超级电容器与锂离子电池混合使用的调频电站,以及目前为止最大的用户端铅碳电池系统均已成功投入使用,还有一项300 MW级别的压缩空气储能设施也完成了首次反向送电测试。多种长时储能技术路线被纳入省级示范项目计划之中,涵盖液流电池、氢能等多个前沿领域。

从本质上讲,锂离子电池目前占据主导地位,其市场占有率几乎达到98%,已成为行业主导产品。2022年下半年,由于欧洲家庭储能需求增加等多种因素的共同作用,出货量有所上升。根据工业和信息化部发布的官方数据,2023年我国企业在全球

---

① 数据来源:CNESA全球储能数据库。

市场中储能型锂离子电池产电量超过185 GW·h。受供需关系影响,该行业平均产能利用率约为50%,下半年开始出现出货放缓现象。CNESA通过多渠道定期收集、整理全球储能市场的相关信息,并结合多种维度的数据进行校核。基于此,CNESA对我国的储能技术供应商、功率转换系统(PCS)提供商以及储能系统集成商的2023年度储能产品,在国内和全球范围内的出货情况进行了详尽的统计分析。随后,CNESA每年都会发布一系列榜单,比如"2023年全球市场储能电池出货量排行榜"(图5),其中我国无疑处于第一梯队。

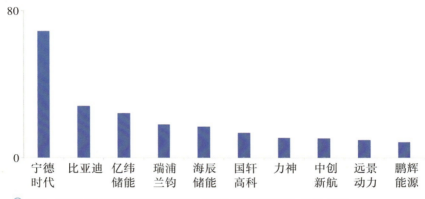

图5 2023年全球市场储能电池出货量排行榜(单位:GW·h)①

关于我国新型储能供应链的价格联动情况,2023年电池级Li_2CO_3的价格持续下跌,年底时的平均价格已降至每吨不到10万元人民币,相较于之前最高点60万元/吨,下降了超过80%。与此同时,原材料成本降低加上其他因素的影响,2023年末储能电芯的价格减半。尽管如此,市场需求的增长趋势却非常明显。就2023年我国新型储能项目的招标情况来看,无论是电池系统、储能系统还是工程总承包(EPC)方面的招标量,均远超去年同期水平,分别增长了168%、306%和81%,集中采购或框架协议采购成为一种趋势,涉及规模接近70 GW·h,采购主体集中度高,前十大采购单位合计占据90%的市场份额,以"五大六小、两网、两建"为主(图6)。在竞标过程中,海博思创、中车株洲所、比亚迪、宁德时代、电工时代、阳光电源和远景能源等多家企业在半数以上的项目中胜出。关于2023年我国新型储能项目的中标情况,全年累计中标规模为22.7 GW/65.7 GW·h,同比增长257%/383%。参与竞标的企业超过200家,涵盖长期专注于该领域的集成商、依托国有企业背景积极拓展集成业务的关键设备制造商(如电池制造商、BMS、EMS、PCS等),新能源、电力电子、电气设备制造商,以及以自主品牌进入市场的代工企业等多种类型。此外,2023年内储能系统的中标价格呈

---

① 数据来源:CNESA全球储能数据库。

现稳步下降趋势,至12月份时降至0.79元/(W·h),较年初水平几乎减半,甚至出现低于0.6元/(W·h)的报价。到2024年2月短暂回升之后,3月份又创下新的低点:0.46元/(W·h)。

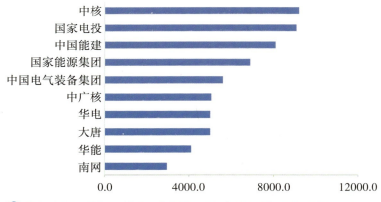

图6 2023年集采(框采)规模前十采购单位分布(单位:MW·h)[①]

关于CNESA储能指数的运行状况,2023年该指数持续下行,市场对行业供需情况给予高度关注。进入2024年后,储能指数底部逐渐明确。1月份经历快速下跌后,在春节前开始触底反弹,整个2月份涨幅达到10.23%,相比之下,同期创业板指数上涨14.85%。第一季度结束时,储能指数显示出回暖迹象。就我国储能资本市场而言,自2023年起发生了多起亿元级别的融资事件,累计融资总额达到534亿元人民币(仅统计公开披露具体金额的事件,未包含上游材料端的融资)。这些资金流向了钠离子电池、液流电池、PCS、便携式(户用)储能系统、储能安全、电池回收、智能制造、虚拟电厂以及AI数字化应用等多个领域。总体来看,上半年投资活动较为活跃,但下半年随着企业上市步伐放缓及融资热情降温,市场出现一定程度的冷却现象,但在近期又有回暖趋势显现。

截至2023年底,全国范围内已发布约1700多项与储能相关的政策文件。其中,当年新出台的政策有655项。在这之中,被认定为非常重要的政策达328项,广东省、浙江省和山东省是相关政策最为密集的地区。特别值得一提的是,广东省构建了一个"1+N+N"的政策框架体系,旨在全方位促进产业高质量发展;浙江省凭借其峰谷电价差异及补贴方面的优势,在工商业储能领域处于领先地位;山东省不断探索和完善市场机制,推动独立储能项目市场化应用。据统计,2023年我国约46%的储能项目属于电网侧配置,此构成我国区别于欧美国家的一大特色。可以说,我国的电网侧独立储能形成了具有自身特点的发展模式。当然,并非只有我国存在此类设施,欧洲和美

---

① 数据来源:CNESA全球储能数据库。

国同样拥有自己的电网侧独立储能系统。在我国,这类项目主要通过参与现货市场交易、提供辅助服务、容量租赁以及接受容量补偿等多种方式获取收益。但总体而言,目前国内储能收益水平较低,市场化收益占比较小。各个省份根据自身条件制定不同的支持措施和发展路径,最终形成各具特色的区域性储能产业发展格局。

储能产业的发展趋势

储能产业的发展历程可划分为五个阶段:技术验证期(2000—2010年)、示范应用期(2011—2015年)、商业化初期(2016—2020年)、规模化发展阶段(2021—2025年)以及全面商业化阶段(2025—2030年)。其中,"十三五"规划期间对应于商业化初期;"十四五"规划则标志着进入规模化发展阶段;而"十五五"规划期间将实现全面商业化。从产业链成熟度的角度来看,储能行业尤其是锂离子电池领域呈现出动力电池与储能系统融合发展的趋势。动力电池部分已经形成充分竞争的局面,这种激烈的市场竞争态势也延伸至储能领域,涵盖从原材料供应到电芯制造乃至整个储能系统集成等各个环节,当前产业链中较为薄弱的环节是最下游的应用端。值得注意的是,国际上存在一些值得借鉴的成功案例和优势做法。因此,在未来的发展过程中,若能针对下游应用中的瓶颈问题取得突破性进展,则不仅能够促进下游市场的拓展,同时也能为上游产业带来新的增长动力,这既是挑战也是机遇所在。

随着储能技术的进步及其应用范围的扩大,相关政策支持亦步入一个新的发展阶段。我国储能政策将在发展规划、市场机制以及新质生产力等方面持续发力,旨在推动新型储能产业发展,实现产业的高质量发展。具体措施包括以下几个方面:首先,科学规划并统筹发展。这涵盖可再生能源与新型储能之间的协同发展,新型储能与其他灵活调节资源(如抽水蓄能)之间的协同发展,以及新型电力系统中电力结构与负荷需求之间的协同发展。其次,不断完善市场机制。这包括完善新型储能参与各类电力市场的机制,建立新型储能的价格机制,以合理反映储能电量的价值、容量的价值以及辅助服务的价值。最后,推动发展新质生产力。未来的发展方向是破除内卷化竞争,通过创新发展形成新质生产力。这包括以新型电力系统建设的需求为导向,推动储能技术创新,并前瞻布局战略性新兴技术;同时,以满足国内外市场应用需求为导向,提高生产效能和品质,打造核心竞争力。

关于我国储能市场规模的发展呈现以下特点:第一,保持技术研发最活跃国家的地位。我国目前在技术创新和研究领域表现突出,SCI论文发表数量超过第二至第八名国家的总和。从专利角度来看,我国地位正持续提升,包括美国在内的其他国家基本保持稳定。现今,我国部分领域已处于领跑或并跑状态。在未来,我国将继续保持优势,逐渐缩短与领先者的差距。第二,与上一年相比,新增市场规模增速超过40%。第三,行业竞争持续激烈。第四,国内企业加速出海布局。第五,储能市场化交易进程加快,有望为储能提供更好的市场环境。对于未来的预测,我们上调了2030年的市场预期。过去对2030年我国新型储能累计装机规模的乐观预测约为200 GW,而今年(2024年)我们上调了这一数字,这也是基于与众多电力专家和电网公司的沟通结果。在保守场景下(定义为政策执行、成本下降、技术改进等因素未达预期的情形),2030年新型储能总装机规模将达到221.18 GW,复合年均增长率(CAGR)为30.4%。在理想场景下(定义为各省储能规划目标顺利实现的情形),2030年新型储能总装机将达到313.86 GW,CAGR为37.1%。未来,新型储能将成为电力系统的重要支撑装置,大家将致力于解决其相关问题,而非使其边缘化。

在过去一年里,我国储能行业经历了高速发展,正从商业化初期向规模化发展阶段加速转变。市场呈现出前所未有的繁荣景象,但竞争加剧的趋势也愈发明显。展望新的一年,我国储能行业将在攻坚克难中继续高速前行,并在向规模化迈进的过程中实现质的飞跃,有望迎来历史性的突破,但在整体上仍须向高质量发展方向转变。每年,CNESA都会基于对储能发展的观察以及我个人的体会,为行业送上寄语。今年,我们选择了两句诗:三山半落青天外,二水中分白鹭洲。这既是对过去一年成就的认可,也是对未来发展的期许。《储能产业研究白皮书2024》已发布,诚挚邀请大家提出宝贵意见。此外,我们还建立了一个在线数据平台,该平台仍在不断完善中,欢迎大家使用并提供反馈,以便我们能够持续改进。当前,全球储能产业正处于快速发展阶段,技术创新、政策支持以及市场需求是推动这一行业发展的核心动力。展望未来,储能技术必将在全球能源结构转型过程中扮演更加重要的角色。

产业创新：创新驱动和要素整合

194 / 贸易壁垒下中国新能源产业的出海战略
　　徐　宁　香港中文大学教授

202 / 全球化发展的机遇、风险与挑战
　　董　扬　中国汽车工业协会原常务副会长兼秘书长

208 / 新能源汽车、电池与可再生能源协同发展的路径
　　马仿列　中国电动汽车百人会副秘书长

216 / 中国低碳能源发展与未来前景
　　曾少军　全国工商联新能源商会党委常务副书记、专职
　　　　　　副会长兼秘书长

224 / 摘取"皇冠上的明珠"，人形机器人产业开启"1~10"时刻
　　钟　琪　中国科学技术大学特任副研究员

232 / 国轩高科数智化转型工程实践
　　徐嘉文　国轩高科工程研究总院副院长

242 / 固态电池蓄势待发
　　朱冠楠　国轩高科业务板块高级总监

徐 宁
香港中文大学教授

美国爱荷华大学商业管理博士，曾任香港中文大学商学院副院长（研究）以及决策科学与企业经济学系主任。在受聘于香港中文大学商学院之前，曾任教于美国乔治·梅森大学，担任该校商学院教授及信息与运营领域主任；此外，还曾任教于香港科技大学和澳大利亚新南威尔士大学。

长期致力于运营管理、物流与供应链管理等领域的研究。近年来，专注于国际税务与全球供应链策略的整合管理以及供应链金融等方向的研究，并与美国和大中华地区工商业界长期保持密切合作，从事咨询和培训工作，同时为国内外多所著名商学院开办的高级经理班授课。

贸易壁垒下中国新能源产业的出海战略

国轩高科第13届科技大会

近年来,新能源产业持续以科技创新为核心驱动力,在发展道路上面临着两大至关重要的议题:全球可持续发展与全球化战略布局。这两者既是时代赋予我们的宝贵机遇,亦是我们必须直面的挑战。本文将聚焦新能源汽车产业,以其作为剖析当前机遇与挑战的实例。通过深入分析该行业的现状,我们将共同探讨中国企业在扬帆出海过程中可能遭遇的风浪,以及如何精准施策,以创新战略应对这些复杂多变的国际环境挑战。

首先,中国新能源(汽车)产业在出海方面拥有着无可争议且广阔的市场机遇。这一机遇的根源在于全球范围内对可持续发展和环境保护的日益重视。《巴黎气候协定》的签署与实施,促使世界各国纷纷制定更为严格的汽车燃油经济性目标,这一政策导向直接推动了新能源汽车市场,尤其是电动汽车市场的显著增长。值得注意的是,全球燃油车的销量已在2017年达到峰值,并正在经历长期的结构性下降。根据国际能源署的预测,到2030年,电动汽车将占据汽车销量的36%。而到2040年,这一比例更是有望达到75%。这一趋势清晰地表明,混合型和纯电动汽车正在逐步取代燃油车,成为汽车市场的主流。在新兴经济体中,电动汽车的普及速度尤为惊人。以2023年为例,中国电动汽车的出口量飙升了70%,达到了341亿美元。在这一庞大的出口市场中,欧洲占据了近40%的份额,彰显出中国新能源汽车在欧洲市场的强劲竞争力。相比之下,美国市场虽然潜力巨大,但目前中国电动汽车在美国市场的出口量仅占中国电动汽车出口总量的1%,这预示着未来仍有巨大的增长空间等待开发。

其次,逆全球化趋势下的贸易壁垒构成了中国新能源(汽车)产业出海面临的一大挑战。从世界银行的全球化贸易数据中不难发现,自2008年起,全球化进程呈现出放缓态势。这一趋势的背后,是以中美贸易战为典型代表的关税壁垒的抬头,以及包括人为进口限制和产品标准限制在内的非关税壁垒的增多。

针对中国新能源汽车产业,欧盟设置了多重贸易壁垒。在关税方面,欧盟对电动汽车征收10%的进口关税。考虑到中国电动汽车相较于欧洲制造的汽车具有显著的价格优势,欧盟于2023年9月启动了针对中国政府是否向电动汽车制造商提供不公平补贴的调查。值得警惕的是,欧盟针对中国的非关税壁垒。一方面,欧盟限制了对中国进口电动汽车的购车补贴,这一政策已在意大利、法国等国家得以实施。另一方面,欧盟通过设定一系列标准,如电池回收、碳标签、碳关税等,进一步增加了中国电动汽车进入欧洲市场的难度。具体而言,欧盟的电池与废电池法实施了两项关键要求。一是信息披露制度,自2024年7月1日起,从中国进口的电池需提供包含全生命周期碳排放数据的电池碳足迹标签;自2026年1月1日起,电动汽车所用电池和工业电池必须持有包含产品容量、性能、用途、化学成分、可回收物等信息的合规护照。二是针对电池回收提出了回收管理相关政策,要求电池和废电池的生产商承担电池全生命周期责任,并规定了强制性可再生材料的最低回收材料含量。与中国政策不同的是,欧盟的这项政策明确规定了"谁卖出电池,谁有责任回收",这无疑增加了中国电动汽车企业在欧洲市场的运营成本和合规难度。

当前,欧盟的碳关税制度尚未将电池和电动汽车行业纳入征税范围,其影响主要局限于水泥、电力及部分高污染供应链上游行业。但这一现状仅是暂时的。根据欧盟的规划,其碳边境调节机制(CBAM)最终将全面覆盖欧盟碳市场内交易的所有产品,这自然也包括从中国进口至欧洲的商品。这意味着,随着时间的推移,中国的新能源汽车及电池产品若继续出口至欧洲,将不可避免地面临碳关税的约束。因此,中国新能源汽车产业需未雨绸缪,提前布局,通过技术创新、绿色生产等手段降低碳排放,以应对未来可能面临的碳关税挑战。同时,加强与欧盟及相关国际组织的沟通与协作,共同推动全球绿色低碳转型,也是应对这一挑战的重要途径。

美国针对中国新能源汽车产业设置的贸易壁垒同样不容忽视。在关税壁垒方面,2024年5月14日,拜登宣布对中国实施新一轮关税措施,该措施涵盖电动汽车、电池、重要医疗设备、钢铝、半导体和太阳能等多个领域。其中,电动汽车的关税从25%大幅上调至100%,电动汽车电池的关税也从7.5%提高至25%,而电池零部件及其他关键矿物的关税率统一从0~7.5%上调至25%。

面对欧盟和美国这两个截然不同的市场,我们可以发现,欧盟更注重市场规则的遵循与维护,美国则更倾向于采取策略性的手段。尽管两者在手法上存在差异,但其根本目的都在于保护本国新能源汽车及相关产业的发展。对于中国新能源汽车企业而言,深入理解和适应不同市场的特点与规则显得尤为重要。这要求企业在制定国际化战略时,不仅要关注技术创新和产品质量的提升,还要深入研究目标市场的政策环境、法律法规以及消费者需求,以便更好地应对各种挑战,实现稳健发展。

此外,2022年8月,美国正式颁布了《通胀消减法案》,该法案旨在为电动汽车消费者提供高达7500美元的税收抵免优惠。其中,一项尤为引人注目的条款规定,自2024年起,所有新生产的车辆若其电池中使用了由"受关注的外国实体"提取、加工或回收的关键矿物,则将无法享受此税收抵免政策。随后,2023年1月,美国财政部对法案中的"受关注外国实体"进行了明确界定,即指那些由所涵盖国家的外国政府拥有、控制或受其管辖、指示的实体。这一界定无疑将中国纳入了其中。此举不仅给中国企业带来了挑战,也引发了美国本土企业的广泛焦虑。例如,美国企业在其生产制造过程中大量使用了来自中国的石墨,而根据该法案的规定,这将使得这些企业无法享受到7500美元的税收抵免优惠。更为复杂的是,由于全球供应链的复杂性以及美国对特定原材料的依赖,除了石墨之外,还有其他一些矿物在美国的供应链中同样难以追溯来源。因此,美国的大部分企业实际上难以完全遵守《通胀削减法案》的相关规定。鉴于上述困境,美国财政部于2024年5月作出了妥协,宣布延长使用中国石墨作为电动汽车税收抵免的期限。具体而言,在2027年以前,电池中使用的少量石墨和其他矿物将不受该法案的限制。这一决定在一定程度上缓解了美国企业的压力,但从长远来看,如何平衡国内外政策与市场规则,以及确保新能源汽车产业的可持续发展,仍是美国政府和企业需要共同面对的重要课题。

为有效应对国际贸易中日益严峻的关税壁垒和非关税壁垒,企业需深刻理解和积极适应全球供应链重构的趋势。全球供应链重构主要由三大核心驱动因素推动:

首先,从供应链效率和市场需求的角度来看,随着市场竞争的加剧和消费者需求的快速变化,企业越来越注重构建敏捷且富有弹性的供应链体系。这一趋势促使许多公司在主要消费市场附近实施近岸采购策略,以迅速响应市场波动,降低运输成本,并提升整体供应链的灵活性。

其次,供应链的安全性和韧性成为企业关注的重点。地缘政治风险、数字安全威胁、战争以及自然灾害等不确定性因素,要求企业必须加强供应链的抗风险能力,确保供应链的连续性和稳定性。

最后,贸易壁垒的加剧也是推动全球供应链重构的重要因素。特别是针对电动汽车等新兴产业,企业需要在临近消费市场的区域建立完善的产业体系,包括生产、销售、维修网络以及充换电、电池回收等配套设施,形成所谓的"闭环供应链"。这种供应链模式不仅有助于提升企业的市场竞争力,还能有效应对国际贸易中的各种挑战。

在闭环供应链中,汽车出口到国外并在当地建立品牌和服务体系是至关重要的一环。这要求企业不仅要关注产品的生产和销售,还要积极参与国外的市场活动,完善当地的服务网络,包括电池回收等环保措施。只有这样,企业才能在国际市场中立足并实现可持续发展。因此,从科学的角度来看,中国企业在制定出口战略时,应摒弃单纯依赖中国作为供应基地的绝对价格优势的传统思维,转为主动了解国际市场,积极应对贸易摩擦、供应链效率与安全等挑战。以特斯拉为例,该公司在上海培养了一大批与之配套的中国供应链企业,并计划在墨西哥建立新工厂,同时邀请所有配套企业一同前往建厂。这一举措不仅展示了特斯拉对全球供应链重构的深刻理解,也为中国企业提供了有益的启示和借鉴。

中国企业在国际市场上打造品牌效应的过程中,在出海战略布局方面,必须采取更具前瞻性和综合性的策略。一方面,企业需摒弃以往过度依赖中国作为主要供应基地的价格优势战略思维,转为深入研究和理解国际市场对贸易摩擦风险下供应链效率、安全等方面的战略考量。这意味着,企业不仅要关注成本控制,还要更加注重提升供应链的灵活性和韧性,以应对国际贸易环境的不确定性。另一方面,由直接出口转变为海外投资建厂等本土化模式,将是中国车企获得长远利益的必要战略布局。通过在海外建立生产基地,企业可以更加贴近目标市场,降低运输成本,提高市场响应速度,并有效规避贸易壁垒。同时,本土化模式还有助于企业更好地融入当地经济和社会环境,提升品牌影响力和市场竞争力。

此外,重构全球供应链架构,建立以自由贸易区为基础的区域性供应链基地,也是中国企业应对国际贸易挑战、实现可持续发展的关键举措。通过参与自由贸易区的建设,企业可以享受到更加优惠的贸易条件和更加便利的通关流程,从而降低贸易成本,提升贸易效率。同时,自由贸易区还可以为企业提供更加稳定和可预测的贸易环境,有助于企业制定更加长远的战略规划。

近期,我参与的研究团队开展了一项深入探究中美贸易战背景下全球供应链绕道重构现象的研究,该研究主要聚焦于众多西方跨国公司。数年前,为有效应对中美贸易战的挑战,不少跨国企业提出了一项名为"China+one"(即"中国+1"或"中国+N")的战略构想。该构想指出,在中美贸易战的影响下,诸多跨国公司虽无法直接从中国进行采购,但可选择通过绕道其他国家,实现间接地从中国获取所需物资。这就是本研究团队所定义的"间接依赖"概念。

以美国进口商为例,若其从越南和墨西哥进口大量产品,看似导致美国从中国直接进口的商品数量有所减少。然而,实际的情况是,这些从越南进口的产品的每个出口商背后,都存在着多个来自中国的上游供应商。这种通过第三方国家实现的对中国产品的依赖,即为"间接依赖"。

将美国进口商对中国的间接依赖按照不同行业进行细致划分后,所得数据显示,在服装与纺织行业以及计算机与电子产品制造业中,美国对中国的间接依赖程度尤为突出(图1)。这两个行业不仅高度依赖通过第三方国家转口的中国产品,而且依赖程度远超其他行业。此外,值得注意的是,在运输设备制造业,美国通过墨西哥对中国的间接依赖也呈现出明显的增长趋势。这一发现进一步揭示了中美贸易战背景下,全球供应链复杂重构的具体表现,以及不同行业在应对贸易壁垒时所采取的多样化策略。

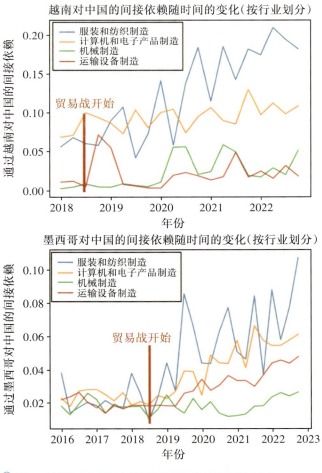

图1 美国进口商对中国的间接依赖(按行业划分)

除了全球供应链的绕道重构现象,如何充分利用自由贸易协议同样是一个值得深入探讨的重要议题。自由贸易协议,作为两个或两个以上国家及不同关税地区间为消除贸易壁垒、规范贸易合作关系而缔结的国际条约,其核心在于通过相互降低或取消关税及非关税壁垒,促进成员国间的贸易自由化。然而,自由贸易协议在不同贸易区域内往往伴随着特定的限制条约,其中原产地规定和当地成分要求尤为关键。这些规定要求产品的生产制造必须在自由贸易区域内进行,且产品需满足享受优惠税率条件的最低当地成分比例。例如,在欧盟,若电动汽车欲在免税条件下从匈牙利运往德国,其生产方需在匈牙利设立工厂,并确保在欧洲境内采购和生产的总价值达到55%,方能享受免关税待遇。同样,中国向欧洲出口的电动汽车也需满足55%的最低当地成分要求,而东盟的门槛则为40%。

鉴于此,构建税收优化的区域性供应链结构(图2),成为企业应对贸易壁垒的有效策略。以电动汽车出口欧洲为例,匈牙利因其相对较低的投资建厂成本,成为理想的生产、组装基地,能够有力支持欧盟的汽车产业发展。就当前各国政策而言,若中国汽车出口至东盟自由贸易区,泰国和印尼因其在汽车生产和出口方面的优势,成为首选基地,有助于规避东盟所规定的关税壁垒。对于南美洲市场,巴西和墨西哥则是较为理想的汽车供应基地。北美市场目前仍面临较高的贸易风险和不确定性。美国政府对中国汽车直接进口征收高达100%的关税,尽管理论上可以通过在墨西哥投资建厂以较低关税进入美国市场,但非关税壁垒的存在及其高度不确定性仍是企业需要重点关注并努力克服的挑战。因此,企业在制定出口战略时,需综合考虑自由贸易协议的利弊、各区域的政策限制及市场潜力,以制定出既符合自身发展又适应国际贸易环境的战略决策。

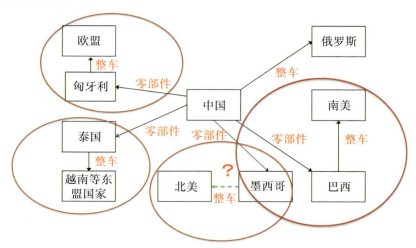

图2 税收优化的区域性供应链网络结构

综上所述,面对当前的全球贸易环境,中国新能源产业要在激烈的国际竞争中稳健发展并塑造强大的品牌形象,务必重视出海战略布局的前瞻性和全面性。这要求中国新能源企业不仅要转变传统的以价格为优势、以供应基地为核心的战略思维,更要积极寻求本土化的发展路径,通过在国外投资建厂等方式深化市场渗透程度。同时,重构全球供应链架构,充分利用自由贸易协议,绕过贸易壁垒,建立更为灵活和高效的供应链体系,这也是提升国际竞争力和确保可持续发展的关键。具体而言,企业应积极探索在目标市场附近建立生产基地的可能性,例如利用墨西哥等地的成本优势进入北美市场,或者在欧洲选择像匈牙利这样的国家设立生产基地,以满足当地市场需求并规避关税壁垒。此外,通过与当地企业合作,形成稳定的供应链网络,不仅能提升供应链的韧性和效率,还能更好地融入当地市场,提升品牌知名度和影响力。

总之,中国新能源产业要在全球市场上赢得更广阔的发展空间,就必须在出海战略布局上展现出更高的智慧和决心,通过一系列创新举措,不断提升自身的国际竞争力和可持续发展能力。

董 扬
中国汽车工业协会原常务副会长兼秘书长

中国汽车动力电池产业创新联盟理事长，中国汽车芯片产业创新战略联盟联席理事长，中国电动汽车百人会副理事长，德载厚资本董事长兼投委会主席。曾在中国汽车工业总公司、机械工业部、国家机械局工作，历任副处长、处长、副司长；主持制定全国汽车行业"八五""九五"科技规划，并代表中国参加WTO谈判。曾任北京汽车集团有限公司总经理，领导筹建北京现代、北京奔驰等合资企业，并推动了北汽福田的发展。在担任中国汽车工业协会常务副会长兼秘书长期间，该协会被民政部评为"5A"级协会，并曾出任世界汽车组织（OICA）第一副主席。

全球化发展的机遇、风险与挑战

国轩高科第13届科技大会

 全球化是大机遇

全球化是一个重大的机遇,它所带来的影响深远且不容忽视。

当前,全球化趋势已经不可逆转。全球化促进了全球生产力的释放,普遍提高了人民生活水平,促进了社会进步。实际上,真正大规模的全球化始于第二次世界大战结束之后,距今已有七八十年的时间。尽管近十年来出现了明显的逆全球化趋势,但这并不代表真正的全球化进程正在逆转。长时间的全球化使得各个经济体能够发挥其优势,通过在成本较低的地区制造产品,并在市场需求旺盛的地方销售,从而促进全球生产力的释放。这一过程也普遍提高了全世界人民的生活水平,并推动了社会的进步。因此,要完全回归到以本国产品为主的生产模式已不大可能。

然而,近十几年来,全球化面临新的风险。其一,供应链风险,包括重大自然灾害。例如,马来西亚的火灾造成全球芯片制造停滞等情况。其二,地缘政治风险,中国崛起推动世界经济秩序重构,国际对抗性有所增加。这背后有着较为深刻的经济原因,并且存在引发一定范围冲突的可能性。全球化经过优化调整之后,将继续发展。一方面,优化方向,缩短供应链,促进区域化。另一方面,全球经济发展提供多样化的机遇与可能性。例如博世(中国)投资有限公司执行总裁徐大全曾表示公司希望实现当地化,因为缩短供应链可以降低风险。鉴于中国市场的庞大规模,若国内采购能够满足生产需求,则生产将更为稳定。反之,若依赖从欧洲进口的产品,则自然灾害和政治关系的变化均可能对生产造成影响。

尽管全球化仍将持续发展,但其形态将会有所调整。例如,美国超市中有许多商

品都是中国制造,但自美国政府普遍加征25%的关税以来,这一形势已经发生了显著变化。据报道,特朗普的加税措施导致美国每个家庭每年的支出增加1300美元。然而,美国民众似乎接受了这一额外的经济负担,而来自越南、南美、印度等地的产品已经开始填补中国产品的空缺。全球化的总体趋势不会改变,但我们不应理所当然地认为,由于中国产品物美价廉,其他国家就一定会持续依赖中国。当前形势的发展仍值得我们深入思考。

其次,中国在全球化中优势明显。过去,中国强调自身拥有劳动力及成本优势。然而现今,中国不仅保持着这些优势,还在创新领域取得了突破性进展。中国已有众多产品在全球市场展现出强劲的竞争力,以前这些产品可能集中于低端制造,如服装、鞋帽以及一般机电产品。但现在,除了新兴的科技产业,更多领域的产品也显示出中国的强大竞争力,且这一趋势还将持续扩大。在此总结出以下三点原因:

第一,人力资源优势。其有两层含义,一方面是中国劳动力成本相对较低,另一方面是中国工程师数量庞大且成本效益高,形成了全球领先的工程师队伍。

第二,成本与效率优势。上汽通用五菱董事长沈阳曾表示,其印尼项目之所以选择不使用通用品牌,不走北美决策路线,是出于对成本和效率的考量。中国市场反应迅速,这几乎在所有产品领域都体现出我国在成本控制和效率提升方面的强大优势。而高效率的背后,是中国人民勤奋工作的态度,愿意加班加点以确保低成本、高效率的生产。

第三,创新环境优势。尽管中国的汽车行业曾面临诸多批评,包括对技术引进依赖、缺乏创新等问题,甚至有人批评中国的教育制度,认为高考制度限制了天才的成长,影响了中国人的创新能力。但我们坚信自身具备创新的潜力。传统教育旨在培养合格的劳动者,而真正的天才具有独特的天赋秉性,不同的教育体制虽难以从根本上决定天才的成长轨迹,却能在一定程度上为创新提供土壤。加之市场规模庞大、产品种类丰富,中国的创新环境可谓得天独厚。这一切背后,是中国人民从1840年鸦片战争以来所经历的苦难和对美好生活的追求所凝聚的力量。无论是政府领导人、科学家,还是普通百姓,大家都怀揣着改变现状的决心和努力,这种全民的愿望和行动构成了中国的竞争力。当然,社会发展总有起伏,不可能永远处于同一状态,未来可能会有一段时间出现更多人选择安逸、效率降低的现象。而现在,正值中国从贫穷落后走向富强的关键时期,我们应该充分利用当前优势,推动国家持续发展。

最后,全球化是中国大中型制造企业的必选项。过去,在汽车产业的众多产品领域,中国是一个庞大的市场,过去企业只要在中国市场取得成功,就基本能满足自身发展需求。然而,随着时代的变迁,这种观念已经不再适用。20年前,一汽集团相关人员就出口问题曾表示,与其投入同样的努力和资金去开拓国际市场,不如将精力集中在国内市场上。但如今情况大不相同,如果我们拥有优势却不走向世界,那么将会错失一个巨大的机会。尽管中国市场庞大,约占全球市场的1/4~1/2,但世界上还有更大的市场等待我们去开拓。

汽车产业是一个全球化开拓并不充分的产业,市场比想象的还要大。在中国和印度开始制造汽车之前,汽车主要是为发达国家的10亿人服务的。而现在,随着中国和印度的25亿人开始普及使用汽车,这个数字已经扩展到了35亿,而世界上还有另外35亿人尚未普及使用汽车。因此,我们必须走出去,开拓更广阔的市场。当然,政府也对此给予了支持。习近平主席提出"人类命运共同体"的理念,为了实现这一目标,我们也必须走出去,积极参与国际竞争与合作。只有这样,才能更好地融入全球经济体系,实现共同发展和繁荣。

全球化的风险与挑战

贸易平衡问题不可回避。世界贸易组织(WTO)确立了两项基本原则:一是成员国普遍降低关税,以促进国际贸易;二是在推动国际贸易发展的过程中,保持各成员国间的利益均衡。WTO的运作机制颇具特色,在加入谈判时,现有成员国有权向新加入的国家提出特定要求。这些要求一经新成员国接受,便对所有成员国产生效力。例如,中国在与某一成员国就降低关税达成一致后,需对全世界做出相同承诺。表面上看似是追求平衡,实际上也体现了对成员国的照顾,其目的在于降低关税,促进全球贸易。WTO的反倾销和反补贴措施规则包含三个核心要素:已造成损害、即将造成损害以及可能造成损害。为此,有些国家采取临时措施,如实施临时关税,而关税的调整遵循"多退少不补"的原则,这使得各经济体之间的矛盾难以调和,而且政治制度在其中作用有限。各经济体之间的经济不平衡,目前还没有好方法协调。

以美日、美德汽车市场为例,尽管日本与美国关系紧密,但当日本汽车对美国市场构成威胁时,冲突便会产生。丰田的案例便可见一斑,丰田章男不得不在美国国会道歉并支付巨额赔偿。大众公司也曾受到美国的制约。这些例子表明,即使政府支持力度大,企业也不能单纯依赖市场规律无限制地扩张至全球市场。增长速度过快会导致经济利益冲突加剧,这种微妙的平衡虽未明文规定,却是业界共有的默契。因此,我们必须高度重视贸易平衡问题,主要策略之一便是控制出口产品的增长速度,以避免激化国际贸易矛盾。同时,实现由产品输出向资本和技术输出的转变。

此外,在探讨企业"走出去"战略时,我们不可避免地要面对诸多风险。这些风险种类繁多,包括政治风险、文化风险、法律风险等,且具有相当的复杂性和不确定性。特别是在国际贸易领域,当各方利益发生重大冲突时,一些参与者可能会采取极端手段来维护自身利益,这些手段往往缺乏理性和公正性,就像幼儿打架一样,毫无逻辑和道理可言。

为全球化做好准备

在进行长期规划时,我们必须考虑到与国际市场的互动和合作。例如,俄罗斯汽车协会会长曾表示,他们对中国汽车产品持保留态度,并不是认为欧洲产品更高级。他指出中国汽车产业在技术引进方面的做法有所不同,即更倾向于用市场换技术,并通过比较中国企业与丰田、福特、现代等企业在俄罗斯的运营方式,阐述了其中的差异。事实上,这类似于早年大型跨国公司进入中国市场时的情形。这些公司通常会询问政府是否允许全资经营,若不允许,则会寻求合资伙伴。与此相反,俄罗斯政府往往希望中国的大型国企作为单一的合作伙伴,但有时我们却因对方技术落后或保守而犹豫不决,这种决策方式是不可取的。

此外,成功的关键也在于在当地建立良好的政府关系、金融关系以及媒体关系;同时在当地招募最优秀的人才,以适应整个社会和政府的需求,这才是真正意义上的"走出去"。例如,在某年的法兰克福车展上,一批中国记者受国内品牌邀请参加活动,虽然企业已发出邀请,但却安排记者乘坐经济舱。这引发了记者们的不满,因为相比之下,其他受国际企业邀请前来的记者乘坐的是公务舱。由此可见,建立和维护与各方的关系绝非易事。而与目标市场建立良好的关系不仅有助于提升企业形象,还能促进产品的市场接受度。因此,我们不仅要让目标客户享受中国物美价廉的产品,还要能带来就业机会的增加、税收的增长以及社会的进步。综上所述,为全球化做好准备,需学习德国和日本的经验,具体为:选对产品,适应市场需求;满足政府要求,始终做好政府公共关系维护;用好当地员工,促进就业,尊重当地文化传统习惯;搞好媒体关系,维护企业形象;让目标国用户享受中国价廉物美质优产品的同时,还有就业和税收的增加及社会的进步。

此外,企业要成长为国际型企业。一方面,企业领导要有国际思维,要研究世界经济。在这方面,我国企业家与国外企业家之间存在显著差异。众多外国大型企业不仅关注本国以及目标市场国家的经济状况,还研究全球经济趋势。深入研究为他们的战略决策提供了坚实的基础。相较之下,我国企业家往往认为政府已经为企业发展规划做好了全面的考虑,因此有时可能忽视了独立研究的重要性。然而,如果我们希望在全球市场上取得成功,就必须效仿丰田、奔驰、通用汽车等公司的做法,从全球经济到本国经济,再到目标国的经济,进行透彻研究后再去制定战略。当然,咨询商务部等政府部门的意见是必要的,但同时我们也需识别并分析可能未被政府部门注意到的市场细节和趋势,独立自主地进行市场分析和决策。作为企业的掌舵人,我们肩负着保护工人劳动成果和企业资金的重任,在国际市场上前行时必须谨慎而深思。

另一方面,企业需建立国际性长期战略,包括人才培养、资源分配等。回顾日本汽车在美国市场的竞争历程,所有志在国际市场的企业人士都应接受国际贸易纠纷处理的相关培训。总而言之,"走出去"不仅是一个宏大的主题、重要的机遇,更是一项必不可少的战略选择。希望我们能够继续更好地拓展国际市场,也特别期待国轩高科等企业在国际业务上能够取得更加顺利的进展。

马仿列
中国电动汽车百人会副秘书长

  高级工程师,电动汽车领域资深专家,北京理工大学兼职教授、博士生导师。拥有40年汽车行业从业经验的专家,历任多家大型国企高管。任职期间,组织实施并参与的项目获得第二十三届国家级企业管理创新成果奖一等奖、中国汽车工业科技进步奖一等奖和二等奖等多项奖励。

新能源汽车、电池与可再生能源协同发展的路径

国轩高科第13届科技大会

引言

当下,新能源汽车、电池产业及可再生能源领域均在蓬勃发展,各自构成了规模宏大的行业体系。与此同时,三者之间深度交融、依存密切、互为支撑,共同推动着彼此发展。技术创新是推动这三个领域持续前行的关键路径,绿色低碳则是它们追求的核心价值目标。实现上述领域的协同发展,不仅能够为各产业内部的技术迭代、模式革新及创新发展注入强大活力,更将为我国推进绿色低碳转型、实现经济高质量发展做出不可或缺的贡献。

新能源汽车、电池与可再生能源协同发展趋势

当前,新能源汽车产业已迈入全面市场化的崭新阶段。权威数据显示,至2022年,我国汽车千人保有量已接近215辆的基准线。2023年,我国新能源汽车销量实现历史性飞跃,总量高达949.5万辆,整体市场渗透率攀升至31.6%的高位(图1)。2024年3月,新能源汽车市场持续升温,单月销量即达88.3万辆,同比激增35.3%,市场渗透率进一步提升至32.8%。展望未来,业界普遍预测至2030年,新能源汽车的市场渗透率有望突破60%大关,保有量规模更将迈上1亿辆的崭新台阶,预示着该领域拥有极为广阔的发展前景。新能源汽车产业的蓬勃发展,为汽车行业开辟了低碳转型的新路径,标志着我国新能源汽车已正式步入市场化、规模化发展的新纪元。

图1　2020—2023年我国新能源汽车销量、渗透率及环比增长率①

与此同时,动力电池领域亦呈现出迅猛发展的态势,技术革新正处于一个高度活跃的阶段。近年来,得益于新能源汽车市场的强劲增长,我国动力电池产业保持了持续的高速增长态势。在此过程中,一系列创新性的材料和结构应运而生,如磷酸锰铁锂、富锂锰基、硅碳负极、锂金属等新型材料,以及固态电池、钠离子电池、锂硫电池等新型电池技术的出现,均标志着材料创新与结构创新已成为动力电池发展的显著特征之一。

为了继续坚持高能量密度与高性价比并重的技术发展路线,降低动力电池成本已成为产业端与应用端的共同期望。当前,除少数领先的新能源汽车企业以外,全球多数车企在新能源汽车销售方面仍面临较大的经营压力,而新能源汽车的价格水平则是消费者购车决策中的重要考量因素。动力电池占整车成本的比重仍然高达40%,因此动力电池系统成本的持续下降成为各大车企的共同关注点。随着动力电池技术的不断迭代升级、生产工艺的持续优化、规模效应的日益增强以及原材料价格的

---

① 来源:中国汽车工业协会、车百智库汽车产业研究院。

稳定,预计到2030年,锂离子电池的成本将进一步降低,降幅有望达到25%。

在动力电池持续进步的同时,其正以前所未有的速度向绿色低碳化转型迈进。在新能源汽车的制造流程中,动力电池生产环节的碳排放占据了整体排放的比例在40%~60%。尽管新能源汽车在使用阶段的绝对碳排放量较低,但在电池的生产制造过程中,其碳排放量在整个生命周期碳排放中仍占据较高份额。从原材料的开采与提炼,到电池的组装与测试,动力电池的生产链条中的各个环节均会产生大量的碳排放。因此,推动动力电池产业向绿色化、低碳化方向发展,无疑是未来发展的必然趋势和关键所在。

目前,动力电池产业链低碳化发展的主要路径涵盖了多个方面:首先,建立全面的碳足迹核算标准体系,该体系可以科学、准确地衡量和追踪碳排放情况;其次,加大减碳创新技术的研发力度,通过技术革新降低生产过程中的碳排放;再次,构建完善的材料循环体系,实现废旧电池的回收与再利用,减少资源浪费和环境污染;另外,积极应用绿色能源,如太阳能、风能等,替代传统的高碳排放能源;最后,推广绿色物流,减少运输过程中的碳排放,形成从生产到运输的全链条低碳化。这些举措的实施,将有助于动力电池产业在保障性能与产量的同时,有效降低碳排放,为实现全球碳中和目标贡献重要力量。

新能源汽车与动力电池领域蓬勃发展之际,能源变革步伐显著加快,新型电力系统建设全面启动并步入加速推进的关键阶段。在此进程中,构建以可再生能源为主体的新型电力系统成为能源转型的核心任务,电力体制改革持续深化,主体多元、竞争有序的电力交易市场体系初步成型。最新数据显示,我国非化石能源的装机规模正持续增长且势头强劲。如图2的数据所示,至2023年,我国可再生能源装机总量已高达14.5亿千瓦,这一数字标志着其在全国发电总装机容量中的占比已历史性地超越了火电装机容量,占据了超过50%的份额。然而,随着可再生能源规模的不断扩大,电力系统的转型也面临着诸多挑战,尤其是在可靠性供应、新能源消纳、灵活性响应以及体制机制等方面。这些挑战不仅考验着电力系统的韧性与适应性,同时也为储能电池技术的发展提供了前所未有的机遇。

综上所述,新能源、汽车、电池产业与可再生能源的协同发展,是在"双碳"目标驱动下的必然趋势。首先,就新能源汽车与动力电池产业的发展而言,电力的清洁化程度对其减碳效果具有决定性作用,绿色能源构成了其减碳的重要基石。同时,强化新能源汽车(涵盖动力电池制造端与使用端)与可再生能源之间的协同,是确保"双碳"目标实现的关键路径。

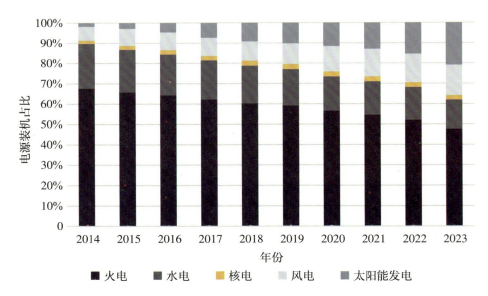

图2　2014—2023年我国各类电源装机占比[①]

其次,在能源侧的新型电力系统中,电力配置方式正从部分感知、单向控制、以计划为主导的传统模式,向高度感知、双向互动、智能高效的新型模式转变。这一转变不仅标志着电力系统正迈向更加智能化、灵活化的新阶段,也为新能源汽车接入电网并与之形成良好的互动机制奠定了坚实基础。通过构建合理的市场和价格机制,企业可以有效引导各类灵活性资源实现高效、精准的互动。这些资源包括但不限于新能源汽车、储能系统、需求响应等,它们将在电力系统的平衡与调节中发挥越来越重要的作用。同时,加速推进全国统一电力市场的建设,将有利于形成更加完善的新能源汽车参与市场交易的价格体制。

最后,从新能源汽车与电网的协同互动关系来看,这一领域展现出既具挑战又充满机遇的双重特性。一方面,随着新能源汽车保有量的持续攀升,预计到2024年,其保有量规模将接近3000万辆,这一庞大的数量将使新能源汽车成为电网中不可忽视的重要负荷。若新能源汽车在推广后无序充电,可能会给地方配电网带来一系列问题。另一方面,通过新能源汽车与电网之间的多种协同互动方式,企业可以创造出巨大的协同效应。这些协同效应不仅体现在减碳效益和电力的合理利用上,更为新型电力系统提供了大规模、高效的灵活性调节资源。此外,这种协同互动还能为用户创造额外的收益。通过参与电网的调节服务,新能源汽车用户可以获得一定的经济补偿,这既提高了用户的用电效率,又增加了用户的收益来源。

① 来源:国家能源局、车百智库汽车产业研究院。

新能源汽车、电池与可再生能源协同发展面临的挑战

新能源汽车、电池与可再生能源协同发展的趋势日益明显,但随之而来的挑战同样不容忽视。在协同低碳转型进程中,规划理念统筹性缺失问题突出。各行业虽已制定各具特色的碳减排政策,涉及多个协同互动领域,但目前协同政策多为方向性鼓励支持内容,缺乏具体操作细则与实施方案。从电网侧来看,国家和地方层面需要更加充分地重视和评估新能源汽车作为电网重要负荷对电网运行效率和安全的影响。同时,我们还需要研究新能源汽车与电网的双向互动机制,探索新能源汽车在电网调节中的作用和潜力。

从汽车侧来看,随着能源体系的变化,新能源汽车的产品定义、设计开发和制造也需要进行相应的调整。这要求汽车企业在研发和生产过程中,加强与能源企业和电网企业的合作,共同推动新能源汽车与能源体系的深度融合。从电池侧来看,技术进步是匹配协同发展要求的关键。我们需要通过技术创新,提高电池的能量密度、安全性和循环寿命,降低电池的成本和碳排放。同时,我们还需要研究电池与电网、可再生能源的协同互动机制,探索电池在能源系统中的多种应用场景和商业模式。

在推动新能源汽车、电池与可再生能源协同发展的过程中,电池技术、负荷聚合平台调度等关键技术的突破尚属必要。在下一阶段,提升电池的循环寿命与安全性,将是实现各系统间协同互动的关键所在。此外,电网的调度能力以及负荷聚合平台的技术亦需进一步提升。聚合商在负荷调控、交易决策、软件平台构建以及人工成本管控等方面的能力,对于未来车网互动模式的大规模、市场化应用至关重要。

基础设施的升级与标准化工作对于推动新能源汽车、电池与可再生能源的协同发展至关重要。在配电网层面,现有的终端采集、计量与监控手段相对有限,难以实时感知与承载充电负荷的动态变化。这不仅限制了电网对充电需求的灵活响应能力,也影响了充电设施的利用效率。在充放电设备层面,一个完备的充电基础设施体系是互动体系得以有效运行的基础。尽管近年来充电设施的建设取得了显著进展,但区域间和应用场景间的不匹配问题依然突出。此外,不同应用场景下的充电需求也存在差异,如高速公路服务区、城市公共停车场、居民小区等,对充电设施的类型、功率、布局等均有不同要求。与此同时,支持双向智能充放电的充电桩目前仍面临成本较高的问题,这在一定程度上限制了其普及速度。

最后,利于商业化推广的市场与价格机制尚待进一步健全和完善。市场与价格

机制在激发商业主体及用户积极性方面具有不可替代的作用,但目前仍存在价格机制不健全、商业模式不完善等核心问题。

在有序充电方面,尽管我国的峰谷电价机制已逐步走向成熟,但是峰谷电价机制的覆盖面仍较窄,价差仍显不足。此外,受充电服务费加价等多重因素影响,公共充电桩的峰谷电价信号传导并不顺畅,导致用户难以根据电价差异做出最优充电决策。在辅助服务市场方面,一方面,新能源汽车用户目前尚缺乏独立的电力市场身份,而分散且数量庞大的私人充电用户在参与各类辅助服务场景的商业模式开发方面亦显能力不足。同时,各地辅助服务政策往往对电力容量、响应时间等设有较高的准入门槛,这无疑增加了新能源汽车用户参与市场的难度。另一方面,聚合平台的商业模式亦存在不完善、市场化程度不足等问题,限制了其在辅助服务市场中的作用发挥。在双向互动层面,放电价格机制仍在探索,稳定、透明的价格体系尚未形成。同时,适用于聚合平台、新能源车主、车企、充电运营商、电网等多主体的商业模式也不成熟,一定程度上阻碍了双向互动技术的商业化进程。

新能源汽车、电池与可再生能源协同发展的方向及路径

为有效应对新能源汽车、电池与可再生能源协同发展中所遇到的一系列挑战,从国家到企业层面均在积极探索并实施相应的解决方案。在国家顶层设计层面,一系列具有前瞻性和指导性的政策相继出台,为"车能"融合发展奠定了坚实的基础。2024年,国家发展改革委等部门联合发布了《关于加强新能源汽车与电网融合互动的实施意见》。这一意见的出台,为新能源汽车与电网的深度融合提供了更为明确和具体的战略指引。该意见不仅强调了新能源汽车在电网调节、能源存储等方面的作用,还提出了加强基础设施建设、优化市场与价格机制、推动技术创新与标准化等关键任务。这些措施的实施,将有助于解决当前新能源汽车充电设施不足、价格机制不健全、商业模式不完善等问题,进一步推动了新能源汽车、电池与可再生能源的协同发展。

各企业在汽车、电池、能源融合发展领域也进行了广泛的探索和实践,积极响应国家号召,致力于提高新能源汽车的普及率,保障电网系统的安全稳定运行,协同推进低碳发展目标的实现。我国以扩大新能源汽车推广规模和保障电网系统安全为核心,结合不同应用场景,开展了多样化的试点示范活动。这些活动覆盖了从城市到乡村、从公共领域到私人领域的广泛范围,旨在通过实践探索新能源汽车、电池与可再生能源协同发展的新模式和新路径。国内各个地市根据不同示范场景的特点和需求,开展了车网互动的试点项目。从整体上看,这些试点示范活动呈现出试验场景广

泛多元、试点验证内容丰富等特点。无论是从新能源汽车的充电设施建设、运营管理,还是从电网的调度控制、市场交易等方面,都进行了深入的探索和实践。

因此,针对新能源汽车、电池与可再生能源协同发展的现状与挑战,国家层面给出了全面而具体的建议。首要任务是从全局角度出发,对电网、汽车、电池、交通以及基础设施等各领域、各层次、各要素进行统筹协调与规划。国家强调要强化系统思维,做好顶层谋划。这意味着需要打破传统领域壁垒,从整体上审视新能源汽车、电池、电网与交通系统之间的关系,确保各要素之间的无缝衔接与高效协同。为此,必须从国家层面出发,对电网升级、汽车产业发展、电池技术创新、交通基础设施建设等进行全面规划与协调,确保各项措施在目标、路径和时序上的高度一致。为实现这一目标,国家建议建立跨领域、跨部门的工作协同机制,搭建合作平台与推进工作组,为各领域企业、科研机构、高校等提供交流合作的机会。此外,国家还明确了面向"双碳"目标的新能源汽车与新型电力系统协同发展的总体目标与路线图。这一目标与路线图将综合考虑技术进步、市场需求、环境保护等多方面因素,为新能源汽车、电池与可再生能源的协同发展提供清晰的指引。

从模式层面来看,加强汽车、电池、能源之间的协同合作,并不断创新商业模式,确实是未来一段时间新能源产业发展的主旋律。新能源汽车、储能技术与可再生能源之间存在着紧密的协同共生关系,它们相互促进、共同发展。可再生能源的发展离不开新能源汽车和储能技术的支持。而新能源汽车和储能技术的发展又进一步促进了可再生能源的推广和应用。随着新能源汽车数量的不断增加和储能技术的不断进步,对可再生能源的需求也将持续增长,这将推动可再生能源产业的快速发展和规模扩大。在这一背景下,如何通过模式创新让能量流、数据信息流、业务流顺畅流通、深度协同,成为下一阶段发展的重点问题。

从企业层面来看,面对汽车、电池和能源融合发展的新趋势,企业应积极主动适应并引领这一变革。首先,企业需要加强技术研发和创新能力。其次,企业应积极参与产业链的构建和整合。新能源汽车、动力电池与能源体系之间的融合需要产业链上下游企业的紧密合作。此外,企业还应注重市场需求的引导和满足。随着消费者对新能源汽车的认可度不断提高,以及能源转型的深入推进,市场需求将更加多元化和个性化。企业应密切关注市场动态和消费者需求变化,及时调整产品策略和市场布局,以满足市场的多样化需求。最后,企业在推动新能源汽车、动力电池产业与能源体系协同的过程中,还应注重履行社会责任,推动可持续发展。通过积极参与国家和地方的低碳转型计划,推动绿色能源的应用和节能减排措施的实施,为国家和世界的低碳转型做出更多贡献。

曾少军
全国工商联新能源商会党委常务副书记、
专职副会长兼秘书长

"中国碳中和50人论坛"创始成员,清华大学明德启航导师,中国科学院大学特聘教授,贵州大学、桂林电子科技大学客座教授,国家层面第三方监督评估机制特聘专家,世界银行中国能源项目专家组组长。曾任国务院台湾事务办公室干部,商务部中国国际电子商务中心办公室总经理,华睿新能源研究院执行院长,国家发改委中国国际经济交流中心研究员,联合国气候变化大会中国工商界首席谈判代表等职。

长期从事资源与环境领域的研究,特别是生态文明、循环经济、低碳经济、绿色发展、新能源和应对气候变化的公共政策和国家战略研究,主持和参与国家部委级重大科研课题60余项,获国家发改委、国家能源局优秀学术成果一、二、三等奖10余项,出版《碳减排:中国经验》《国家智库:中国能源与环境策略》《中国能源生产与消费革命研究》等专著,合著图书30余部,发表CSSCI、SSCI、SCI等国内外核心期刊论文100余篇,担任 Energy Policy、Climate Policy 等多个国际高水平学术期刊审稿人。

中国低碳能源发展与未来前景

国轩高科第13届科技大会

本文围绕中国低碳能源的发展与未来前景,从以下五个方面进行探讨:分析当前新能源产业持续内卷的原因及影响;梳理新能源产业市场中的规律性趋势和现象;展望新能源产业未来的发展前景和潜力领域;分析新能源产业在实现发展目标过程中可能遇到的挑战和问题;提出针对上述问题的解决方案和建议。

中国低碳能源发展的总体态势

近两年,中国低碳能源行业在国内外呈现出一系列标志性的重要变化。我曾带领商会的29家会员企业参加了联合国气候大会,并访问中国驻中东某大使馆。大使馆参赞表示,由中国民营企业家主导的新能源建设,已成为一张令国人引以为豪的国家"名片"。这一成就的取得,是在过去5年中国新能源装机容量、投资额和发电量持续保持世界第一的基础上实现的,充分彰显了中国能源转型的全球领导力。

2006年1月1日《中华人民共和国可再生能源法》实施时,中国光伏发电价格高达3元/(kW·h),如今某些地区不到0.3元/(kW·h),甚至低至0.1元/(kW·h)。另外,据国家能源局最新数据,2023年中国新能源装机容量占全国总装机容量的51.9%,这一数据标志着新能源装机容量超越传统能源,成为主体能源(图1)。同期,太阳能电池、锂离子电池、电动载人汽车等外贸"新三样"产品出口额达1.06万亿元。当然,这三样产品虽然在全球具有竞争力,但是对中国外贸的总体影响尚小,我们对此应有清醒且全面的认识。

图1 可再生能源电力装机容量(亿千瓦)变化及占比情况①

2023年夏天,全国发电面临挑战:煤电成本高,亏本运营导致使用减少;6月30日前,西部降水量减少,水电发电量随之下降。在这段炎热时期,以风能和光伏为代表的新能源成为主要电力来源稳定供应,支持夏季高峰空调用电需求,在迎峰度夏期间逆势稳住"保供大盘",这也是一件令新能源从业者感到自豪的事情。

在新型电力系统建设背景下,新能源与传统能源的协同发展已形成市场化补偿机制。具体而言,煤电企业通过灵活性改造(如调峰、调频等服务)为新能源消纳提供支撑,其固定成本通过容量电价机制获得补偿,相当于新能源对传统能源实现了逆向补偿。值得关注的是,未来新能源电价全面市场化后,将进一步加速技术迭代与成本下降,叠加储能技术进步,预计"十四五"期间新能源全生命周期成本将全面低于煤电,为构建新型电力系统奠定坚实基础。

当前,中国低碳能源技术和产品正在加速迭代更新。以光伏技术为例,随着储能电池与发电单元的深度融合及耦合技术逐步突破,单一材料光伏电池将加速向叠层复合技术转型。预计未来单独晶硅类型、单独薄膜或单独钙钛矿类型的光伏电池将逐渐转向利用多节、叠层的技术。研究人员将利用晶硅低成本底层技术、薄膜弱光效应和钙钛矿的高转换率材料,推动光伏发电技术向高效化、低成本化方向持续演进。

---

① 数据来源:国家能源局。

中国低碳能源产业的表现特征

综合分析新能源产业领域出现的诸多现象,其中蕴含着怎样的规律性特征?

第一,基于20多年在新能源行业积累的经验,研究人员发现以储能为核心的多能互补体系正在加速构建。例如,通过储能将风能和太阳能这两种可能在不同时间段产生的能源进行耦合,便能实现能源互补。在此过程中,储能就像"盆"一样,能够储存这两种能源,以备不时之需。

第二,随着储能技术向长时化、低成本化方向不断突破,其应用场景已从传统电力调峰拓展至综合能源服务领域,更多应用场景不断涌现。在光伏供暖、海上风电制氢、生物质能工业供热等场景中,储能系统的渗透率不断提升。值得关注的是,虽然中国20个光热发电项目因造价成本过高而陷入停滞,但该技术特有的熔盐储热系统能够储存16小时的能量,可有效解决白天太阳能与夜晚风能的耦合问题,在跨时段多能互补中展现出特殊价值。从全生命周期的角度来看,该项技术成本可能低于电化学储能。尽管该技术应用场景较为有限,需要像西部地区这样的大型场地,但16小时的储热能力已经引起研究人员的高度关注,有望降低成本并推动储能技术的发展(图2)。

图2 多元化应用场景不断涌现

第三,新能源新型业态正在快速发展壮大,例如共享能源、车电互联、数字能源、智慧能源等。未来,面对人工智能技术带来的产业变革,新能源领域从业者需要组建

AI新能源专委会或联盟,来一起应对。

第四,新能源产业链一体化趋势显著。当前新能源产业竞争极为激烈,产业经济发展的历史经验表明,充分竞争的行业最终往往只会留存几个大品牌,相关从业者需要适应这一趋势。

第五,国际合作持续深化,中国新能源产业的发展得益于国际技术转移。中国新能源企业境外电力项目的签约数量不断增加,国际投资合作引领行业发展,创新合作推动技术进步,产能合作实现提质升级,标准合作促进互认对接。这些方面充分表明,中国新能源产业正逐步从国内市场走向国际市场。

中国低碳能源的发展趋势

本节主要介绍新能源产业在价格持续走低趋势下的未来发展前景。

第一,随着"双碳"目标纳入政府绩效考核体系,新能源应用将加速拓展,新能源产业规模也将不断扩大。中国已明确构建"1+N"政策体系保障低碳能源实现长期、大规模发展。可以预见,低碳能源将逐步成为常规能源。当居民能源消费结构中新能源占比突破30%,且公众普遍熟知并能负担得起至少三种新能源时,可视为新能源实现社会普及。

第二,碳关税机制作为全球碳治理的重要工具,对低碳能源发展有着关键影响。未来,碳关税机制将倒逼制造业建立产品全生命周期碳足迹追溯体系。与此同时,在企业合规建设方面,中国新能源企业已展现出前瞻性布局。大部分头部企业均已建立ESG治理架构,推行绿色供应链管理,完善碳管理体系。这些举措不仅进一步提升了中国新能源企业的国际竞争力,更为行业高质量发展奠定了制度基础。

第三,新能源需要与传统能源相互融合、协同发展。以分布式光伏项目为例,其选址常涉及农用地、水域及未利用地等特殊用地类型。例如,在戈壁滩上安装光伏板,若长出草就需要支付除草费用,还需承担牧地、草地相关的土地税。相比之下,传统能源项目通常使用工业用地,无需承担上述因土地性质差异带来的成本,因此传统能源与新能源可以实现互补式发展。

中国发展低碳能源面临的困难与挑战

当前,中国低碳能源发展仍然面临一些挑战。首先,大规模新能源发电面临并网和消纳问题。中国新能源经历了三次大规模的战略调整。第一阶段建设了大型风光能源基地,如西部"风电三峡"、甘肃河西走廊等。第二阶段随着大规模分布式光伏发展,部分地区的弃风、弃光、弃水率接近30%,这些地区新能源装机容量增长迅速,远超社会用电量的增速,特别是超高压电网的输送能力不足,导致消纳压力增大。第三阶段大规模战略调整,推动"三北"基地式建设与中部地区分布式协同发展。然而,大规模新能源开发在本地无法消纳且无法输送到外地,造成新能源消纳矛盾的进一步恶化。

其次,新能源领域目前仍存在很多关键材料和核心技术受到国际制约的情况。例如,光热发电功转换系统及关键部件生产技术在中国规模化发展缓慢,系统成本较高;氢能对关键材料及设备零部件要求苛刻、工艺复杂、成本高昂。中国绿氢发展还处于起步阶段,各类技术仍有较大提升空间;国内锂矿等资源储量全球占比较低,储能发电成本过高等。这些问题都会制约中国新能源的发展。

此外,新能源发电的市场化交易机制尚不健全,具体表现为:电力现货市场实施的分时电价机制导致电价波动显著,与长期协议交易模式大相径庭,对传统商业模式构成挑战;各省份电力市场开放程度及准入标准各异,跨省、跨区交易体系及其辅助机制急需优化,同时输电价格传导机制需完善;当前市场交易规则主要基于常规电源特性制定,未能充分适应新能源发电的特性,进而削弱了新能源在现货市场中的竞争力。

最后,近年来中国新能源产业的高速发展,已引发全球的广泛关注。海外本土低碳能源制造业的蓬勃发展,叠加国际贸易壁垒与碳关税等因素,对中国新能源企业在海外市场的拓展构成了显著挑战。新能源行业的从业者应秉持理性视角审视全球化趋势,国内企业应致力于塑造正面形象,以亲和的姿态展现,此乃构建真正软实力之核心。

促进中国低碳能源可持续发展的对策和建议

首先,基于当前挑战与新能源发展目标,宏观政策层面的周密规划显得尤为关键。应特别指出,规划制定需摒弃对过往数据的简单依赖,当前一至两年的技术或市场变迁,其影响力度或已远超往昔一二十载。新能源发展规划的核心在于构建政府主导、市场运作、社会参与的多元治理体系,其中政策制定者、技术专家与产业界的协同是关键,尤其是应建立民营企业参与规划制定的常态化机制。

其次,为推动国内外双循环发展,需破除内部地域壁垒,促进省际、区域间的市场融合。面对国内市场障碍,企业应秉持对外开放与对内开放并举的原则,构建国内、国际双循环体系,避免封闭发展。内循环应聚焦于攻克关键核心技术,强化产业链、供应链优势,优化发展模式,促进新能源高效利用。外循环则需不断完善国际合作机制与平台,深化技术与产能的国际合作,推动新能源产业国际化进程及国际产能合作。

再者,国企与民企应携手共进,实现双赢发展。以风能领域为例,我们已见证民营企业先行探索、国有企业随后大规模跟进的模式,光伏领域亦正步入此轨道。在经济学中,"超额利润"意指伴随高风险所追求的利润最大化。国有企业因纪检监督的严格性、决策流程的复杂性等因素,可能会在创新前沿领域难以率先突破,但其在重大战略部署、规模发展上仍具优势。行业成长既需技术进步,也依赖规模经济效应。因此,鼓励民营企业先行创新,随后与国有企业携手合作,共同扩大生产规模,此模式可视为民营与国有增量式混合所有制改革的一种实践。

最后,为深化能源转型,需构建以储能为核心的多能互补新型能源体系(图3)。

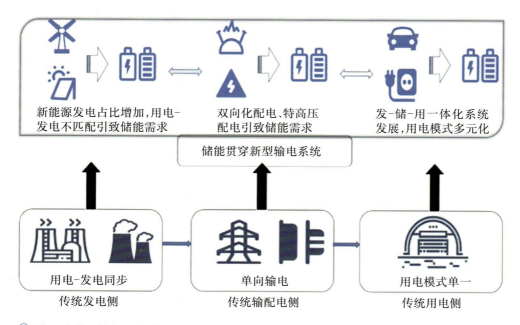

图3　多能互补新型能源体系

该体系旨在构建以新能源为主体的新型电力系统,并以此作为实现碳达峰、碳中和目标的关键路径。储能作为关键的灵活性调节资源,在此体系中占据核心地位。同时,响应国家政策导向,加速推进"新能源+储能"模式,鼓励新能源项目合理配置储能系统,以加快新型电力系统的建设步伐。力争于2025年前,实现新型储能装机容量突破3000万千瓦大关。

在当前龙头企业主导的寡头竞争环境中,探索新竞争机遇尤为关键。新入局者应避免盲目跨界挑战,而应聚焦于产业链条中的细分领域,精准捕捉市场机会。实例显示,即便是光伏背板、密封胶或螺丝等单一产品,也能支撑新能源领域的小型创新企业成功上市。这显示市场中仍不乏新机遇与创新业态模式。尤为重要的是,加强关键技术研发,以创新驱动发展,是培育新增长动能的核心所在。在追求发展的同时,务必重视行业标准的建立与完善,并强化企业间多能互补的协作机制。

展望未来,中国低碳能源领域将致力于构建一个更加清洁、安全、高效的能源体系。技术创新的不懈驱动、政策支持的坚实保障以及国际合作的深化拓展,将共同助力能源安全与可持续发展宏伟蓝图的早日实现。

钟 琪
中国科学技术大学特任副研究员

中国科学技术大学管理科学与工程博士、科技战略前沿研究中心副主任，深圳计算科学研究院战略专家，首批"科大硅谷-中国科学技术大学科技商学院-羚羊工业互联网"联合创业导师。

主要从事新能源动力电池材料人工智能与大数据创新以及科技战略与创新管理等领域研究，负责"重大科技基础设施的创新生态集群研究""长三角科技战略研究""安徽省产业创新建设与管理的思考"等国家级、省部级课题10余项，在科技政策、科技创新领域发表了多篇科技评论和观点建议。

负责创新材料与数据智能联合实验室建设，先后参与国家未来网络试验设施合肥分中心、合肥物质科学技术中心、先进技术研究院、语音及语言国家工程实验室等创新平台建设，对前沿技术与产业现状及前景有较深入研究，长期联系科创企业，服务一批科创成果落地转化。

摘取"皇冠上的明珠",人形机器人产业开启"1~10"时刻

2024科创文化建设圆桌汇

机器人被誉为"制造业的皇冠",其研发、制造、应用是衡量一个国家科技创新和高端制造业水平的重要标志。而人形机器人集新一代信息技术、人工智能、新材料、高端装备等于一体,这类机器人具有类似于人的躯干、头部、四肢和关节,外观和动作与人类类似,基于通用具身智能来实现的感知、认知、决策、执行等能力[1],有望成为继计算机、智能手机、新能源汽车后的颠覆性产品,因而被誉为制造业"皇冠"顶端一颗"最璀璨的明珠"。

2025年前后,多家人形机器人厂商计划量产,人形机器人可谓进入量产元年。特斯拉宣布2025年将试生产人形机器人5000台,2026年预计生产5万台人形机器人。美国机器人创业公司Figure AI表示未来4年将量产10万台人形机器人。OpenAI投资的挪威机器人公司1X Technologies宣布了2025年量产数千台NEO双足机器人,2026年进行规模化量产,2028年达到数百万台的量产目标。优必选、智元机器人、宇树科技、傅里叶智能等国内机器人企业也陆续开启了人形机器人的商用量产。这标志着人形机器人跨过了"0~1"的量产临界点,开始进入"1~10"的规模化量产时刻。

量产是产业从概念到应用现实的重大跨越,其背后不仅是成本下降的结果,也是行业生态成型的标志。美国管理学家吉姆·柯林斯(Jim Collins)将连续积累和加速增长的循环效应比作一个飞轮旋转的过程,指出飞轮达到临界点后,其势能会转化为推动力,无须再费更多力气人为推动,飞轮依旧会快速持续转动。对于人形机器人产业而言,量产阶段的真实场景数据也将加速技术迭代,对进一步发掘人形机器人通用应用场景具有重要意义。

---

[1] 资料来源:上海市人工智能行业协会团体标准T/SAIAS 017-2024。

从想象到超越想象，人形机器人ChatGPT时刻将至

（一）萌芽于人类对未来的浪漫想象

人形机器人的构想最初萌芽于人类对未来的浪漫想象之中。3000多年前，我国古籍《列子·汤问》就记载有"偃师造人"的故事——工匠偃师制造了能够模拟人类动作行为、能歌善舞的偶人。文艺复兴时期，意大利画家、科学家达·芬奇在1495年创作了一个穿着中世纪骑士盔甲的"机器武士"（图1）——通过精密的齿轮传动系统，不仅能移动手臂和腿，抬起面罩，还可以通过改变钟表形状的"控制器"中的齿轮设置，让机器人做出不同动作，可以说这是一种非常早期的编程形式了。时代的技术条件限制阻挡不了人类对人形机器人的想象，这些早期的思考探索为现代机器人学奠定了重要基础。

（二）人工智能落地物理世界的理想载体

随着第三次工业革命的浪潮到来，机械电子、计算机科学和材料工程的跨学科协同突破，近现代人形机器人的发展大致经历了三个重要阶段，分别是20世纪60年代末至90年代末的初步探索期、21世纪初至2021年的技术积累期，以及2022年以后的具身智能爆发期。[①]

初步探索期，研究多集中于机械运动、传感器与控制技术等基础领域，人形机器人开始具备基础运动能力，能够进行简单的动作和姿态模拟。1967年早稻田大学加藤一郎教授团队突破了双足行走技术，研发出了世界第一款人形机器人WABOT-1（图2），

图1　达·芬奇设计的穿着中世纪骑士盔甲的"机器武士"

图2　人形机器人WABOT-1

---

① 国家地方共建人形机器人创新中心.中国人形机器人创新发展报告[M].北京：电子工业出版社，2025.

尽管其行走一步需要45秒，步伐也只有10厘米，行动能力相当于一岁半的婴儿，但从人形概念、基础理论到稳定步行，人形机器人从无到有，初具雏形。这也标志着人形机器人技术跨出了一大步。

技术积累期，人形机器人实现了从缓慢静态行走到连续动态行走，再到高动态运动。2000年本田发布了可用双脚流畅直立行走的ASIMO机器人，能够完成行走、跑步、踢球等动作。ASIMO的行走控制算法是工程师通过分解人类步态相位，预设关节角度、力矩和时序参数进行的人工编程，仅研发上下楼梯动作就耗费了近7年的研发周期。最终ASIMO的研发成本超过2亿美元，一台机器人的造价更是高达300万~400万美元，高昂的投入迫使本田在2018年停止研发ASIMO。当时在技术上处于领先地位的波士顿动力公司于2013年推出了Atlas机器人，将人形机器人运动控制技术推向新高度。Atlas配备了力传感器和惯性测量单元，能够实时感知自身姿态和与地面的接触力，通过算法快速调整关节角度和运动轨迹，实现了后空翻、跑酷、拟人舞蹈、单手撑过横木等复杂动作。Atlas经历了多次迭代，移动速度已经能达到每秒2.5米，大约是正常成年人步行速度的两倍，也能够战略性地规划复杂的全身运动。但是其采用的液压系统高度依赖精密零件、制造过程复杂、响应速度较慢，要将其商品化还要克服维护、每台定制成本高达200万美元等诸多挑战。

不难看出，这一时期随着运动控制算法、运动学和动力学建模仿真、传感器硬件等方面的不断进步，人形机器人在运动控制领域的进展显著，但难以扩展到消费级市场。究其原因，一是很多零部件价格昂贵，比如液压驱动的机器人还需高昂的维护费用，以及数据标注和模型训练等导致成本居高不下；二是核心算法尚未突破，机器人在各种任务中未能表现出真正的自主性和智能，例如机器人能演奏钢琴曲，但连一杯水都端不稳，以至于ASIMO退役时，很多人惋惜道："它更像一件展品，而非工具。"

2022年ChatGPT发布，生成式AI与大模型技术的出现，大幅提升了机器人的环境感知、人机交互、上层规划的能力，使得人形机器人在感知、决策、运控方面的智能化、自主化进一步提高，成为了人工智能向物理世界延展的理想载体，开始进入具身智能爆发期。正如ChatGPT是自然语言处理（NLP）的一个分水岭，转换器（Transformer）架构在理解和生成文本数据方面展现出了惊人的有效性，人形机器人也迎来了ChatGPT时刻。"本体"和"智能体"耦合成能够在复杂环境中执行任务的智能系统——具身智能。"本体"是物理实体，在物理或者虚拟世界进行感知和任务执行。"智能体"是具身于本体之上的智能核心，将感知、决策和控制深度融合，让机器人从程序执行导向转向任务目标导向。随着大模型驱动的具身智能技术的不断发展，大模型将赋能人形机器人的运动控制和任务规划，比如AI可以在虚拟环境中不断试错，自主优化运动模式，而不再依赖工程师手工编程调试。在国际消费类电子产品展览会（CES）2025发布会上，当14台人形机器人缓缓升起时,英伟达创始人黄仁勋称:"人形机器人技术即将迎来ChatGPT时刻般的突破。"

"90后"宇树科技创始人王兴兴抓住了这一机遇,在智能体层面,结合机器学习与自适应控制技术,模拟出生物运动模式优化步态规划算法,从立项到发布仅用了半年时间,就在2023年研发出通用人形机器人H1,随后不断迭代升级,于2024年5月发布的G1人形机器人,可以模仿并强化学习驱动,结合力位混合控制,模仿人类动作并自主优化,动作准确率达90%以上,能够展示回旋踢、组合拳、腾空跃起后稳稳落地等多种动作。在本体层面,宇树科技颠覆了波士顿动力机器人的液压驱动、电液混合驱动的方式,采用电机驱动路线,其电机、减速器等电驱组件,不仅可以通过规模化生产降低成本,同时控制精度更高,能够更快适应不同的应用场景,兼顾了性能和量产的可行性。第二代人形机器人G1已于2025年2月12日正式开启预售,起售价仅为9.9万元。

进入具身智能爆发期后,硬件的生产制造及成本不再是主要约束条件,软件算法进步成为推动人形机器人自主能力提升和应用场景拓展的关键,机器人整机、大模型、芯片(计算平台)也逐渐构成了人形机器人产业链的三角关系。以1X Technologies公司在2024年8月30日推出的人形机器人原型NEO Beta为例,1X Technologies公司作为整机厂,专注于硬件研发与商业化;OpenAI公司提供大模型,赋予机器人自然语言理解、决策和学习能力;NVIDIA公司则通过高性能GPU芯片和计算平台,为大模型的训练和推理提供算力支持。NEO Beta作为产业落地的最终形态,连接硬件与应用,大模型是智能决策和交互的核心,芯片则决定性能与能耗。围绕这三个维度开展合作,有望成为人形机器人产业的成熟商业模式。

从"机械臂"到"聪明脑","机器人+"打开成长空间

(一)突破物理约束,让"人形"走进更多场景

实际上,在现代工厂的全自动流水线上,机械臂等更为广义的机器人早已广泛应用,能够精确且高效地对作业对象进行加工或操作。但当面对装配工序、精细操作等需要高效自主作业、多模态交互的开放、动态场景时,其难以突破物理约束。但工厂场景中仍有大量环节依赖人工,无法用工业机器人解决。而人形机器人可1∶1适配现有生产线,不需要改造即可上岗。

与更偏向"机器"属性的工业机器人相比,人形机器人叠加多项人工智能技术突破,"人"的特质更加凸显。其应用优势不仅在于企业不需要为机械化改造产线,而且具备了"大脑""小脑"、机械臂、灵巧手等关键部件,能够实现对环境的感知交互、运动控制、任务执行等,对复杂环境的适应性更强,目前已经在多个领域展现出应用潜力。

在国家地方共建人形机器人创新中心发布的《人形机器人分类分级应用指南》中,按照应用环境等作为分级要素,将人形机器人划分为L1~L4四个技术等级(图3),同时也为人形机器人的研发与典型场景提供了较为清晰的定位。

难度等级	学习能力	运动能力	作业能力	典型场景
L1 固化环境	固化环境人机交互能力	节律步态行为与抗干扰运动控制能力	低精度抓取与基于VR及数据手套的化身遥控	产线巡检 低精度上下料 物流配送
L2 结构环境	初级大模型应用能力	环境与行为驱动下的运动范式演化能力	高精度抓取 类人灵巧抓取 协同操作	迎宾接待 高精度上下料 巡查警戒
L3 开放环境	复杂大模型应用能力	高仿生、高韧性自主机动与越障能力	高效自主作业 不同环境和任务下自适应作业	焊接 装配工序 叶片零件装配
L4 动态环境	深度大模型应用能力	全端到端下在线行为演化能力	多模态交互与人机协同作业	精细操作 焊接质量检测 零部件加工

图3 人形机器人场景落地应用能力要求参考

(二)汽车行业的"第二增长理论"

在产业场景中,当前人形机器人主要在智能制造领域发力。工业生产制造的链条长、场景多,且有部分场景环境固定、操作简单,对人形机器人的负载能力、操作精度等性能要求相对较低,为人形机器人产业化落地提供了应用的可能。汽车工厂正是该领域的典型场景之一。以行业龙头之一特斯拉为例,其依托自身汽车制造底层技术的基础,自2022年2月完成初代研发平台,到2022年展示了原型机擎天柱Optimus仅用时6个月,再到2025年宣布开始量产,进展非常迅速。如今人形机器人已开始应用于汽车制造的简单装配、物料搬运等场景,在外观检测、底盘装配等场景也已有测试类的应用,未来将逐渐朝着装配、分拣、质检、搬运,以及人形机器人与AGV/AMR和人合作等场景陆续落地应用。

摩根士丹利在2025年2月7日发布的 *The Humanoid 100: Mapping the Humanoid Robot Value Chain*(《人形机器人100:绘制人形机器人价值链图谱》)报告中罗列了全球人形机器人百强股票名单,22家集成商中有比亚迪、广汽集团、小鹏汽车、特斯拉等6家车企,加之当前尚有多家车企也纷纷积极布局人形机器人产业,其中存在一定的跨界逻辑。具体来看,除了汽车工厂是人形机器人的重要应用场景外,汽车好比带有轮子的机器人,二者在底层技术方面也有诸多共通之处。硬件层面上,正如马斯克所言,特斯拉为汽车研发的所有技术,如电池、电机、齿轮箱、软件及人工智能计算机等均可应用于人形机器人。因此在供应链层面上,Optimus与其电车共享电池、芯片等供应链资源,形成成本分摊效应。在软件层面上,特斯拉打通了自动驾驶系统和人形机器人的底层模块,Optimus搭载了同样用于电车的全自动驾驶FSD系统和感知计算单元,可共享FSD系统上已储备的海量数据集,进而实现了一定程度的算法和数据复用。特斯拉通过推动汽车产业链向机器人产业延伸,更是打通了新的成长空间。

寻找新的赛道,跃迁到新的地平线成为企业的核心使命之一。国际著名预测专家扬·莫里森(Lan Morrison)在《第二曲线》中提出,第一曲线是企业在熟悉的环境中开展业务的发展周期,第二曲线是企业面对未来新技术、新产品、新市场所进行变革后的生命周期(图4)。从第一曲线到第二曲线的非连续性跨越是创新者们的窘境,好比是无论多少马车连续相加,也无法造出一辆火车,只有从马车跳到火车,才能取得数十倍的增长。正如特斯拉宣称Optimus未来可创造10万亿美元长期收入,将超过汽车业务成为核心盈利来源,并强调:"如果按照人和机器人的数量为2∶1比例的话,机器人的需求会远远超过车,特斯拉的长期价值,其大部分价值将是擎天柱。"随着技术迭代与成本下探,人形机器人或将成为汽车行业发展的"第二曲线"。

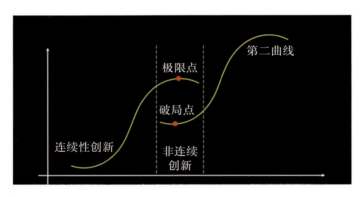

 图4　第二曲线

莫拉维克悖论:数据采集尤其制约"小脑"发展

在卡内基梅隆大学移动机器人实验室主任人工智能汉斯·莫拉维克(Hans Moravec)、美国著名机器人制造专家罗德尼·布鲁克斯(Rodney Brooks)等专家提出的莫拉维克悖论中指出,和传统假设不同,人类所独有的高阶智慧能力只需要非常少的计算能力,例如推理,但是无意识的技能和直觉却需要极大的运算能力。正如人类可以随意拿起一个水瓶或者咖啡杯并放回原位,但对机器人来说,这不仅是两个完全不同的物体,用力大小、摩擦系数都需要通过学习的数据计算而来。而且重复、单一的数据,对训练机器人大模型作用甚微,需要数据采集员在采集过程中,通过不断挪动杯子的位置,改变不同的光线等操作,记录不同场景下的数据。由此可见,人形机器人想做出和人类一样的动作,不仅需要庞大的数据集作为训练的基础,而且这些数据集还是大量机器人在真实世界中与环境交互产生的。当前人形机器人的大、小脑发展不均衡,相较于智能"大脑"的智力快速提升,负责运动控制、路径规划和步态平衡的"小脑"的灵巧操作能力亟待加强,其制约因素在于可供训练的数据集十分有限。可以说,高质量数据集是人形机器人训练的重要燃料。

然而,目前现实中的人形机器人保有量太少,可用于收集训练数据的人形机器人也较少,导致行业整体非常缺乏高质量的数据集。虽然当前已有多家机构开源具身智能数据集。例如,英伟达在2025年GTC大会上发布的首个开源可定制的人形机器人基础模型Isaac GR00T N1就具有开源特性。开发者中小型企业和初创公司可以低成本接入,开发定制化机器人,无须从零开始构建AI体系。智元机器人也在2024年通过开源AimRT通信框架,公开灵犀X1硬件图纸和软件代码,开源AgiBotWorld全球首个百万真机数据集共三次开源引领技术革新。但是不同开源数据的质量不一,并且基于开源的数据集测试训练效果也不尽相同。经过验证后能用且好用的高质量数据集成为当前行业关注的重点。

此外各类机器人数据集并不通用,由此产生了大量的"数据孤岛"。例如不同厂商采用的数据收集方式和策略不同,不同数据在格式、标注方式、采集频率等方面存在很大差异,这种差异也使得不同企业之间的数据难以相互利用。再是在一些细分领域,数据难以获取或标注成本过高。例如在某些服务场景中,人形机器人需要依赖特定机构数据,如金融信息、政策法规等,但这些数据多存在于封闭数据库中,且涉及隐私和安全问题,难以获取和使用,这也使得人形机器人在相关场景下的应用受到限制,智能化的服务和决策难以实现。为解决目前的数据问题,国家层面及产业内部企业可以考虑共同建立数据工厂,打造数据集,共享场景数据,并且持续开发高质量、低成本的数据采集技术,比如采用合成数据进行训练,或是先在虚拟仿真环境训练再应用到实体环境验证测试,实现机器人的迭代优化。

技术创新分为盆栽式创新和热带雨林式创新,盆栽式创新的局限性是,它的土壤养分是受限的,它的发展方向是自上而下地去给予。所以盆栽式创新长出来的植物往往并不那么有竞争力。对比之下,热带雨林式的创新提供了充足的养料和广阔的土壤,可以说是养料丰富、播种自由、阳光导向、空间巨大。当前人形机器人也正在从实验室的"盆景式创新"逐步拓展到多个实际场景下"森林式扩张"。为了实现这一跨越,未来还需要不断克服技术难题、数据匮乏与成本瓶颈,构建更多共性技术平台与完整的产业生态。

徐嘉文
国轩高科工程研究总院副院长

作为数智国轩高科重大专项的主理人，主持国轩高科全面数字化转型和智能技术应用相关工作，根据国轩高科目前的信息化、自动化水平和业务运营现状进行了针对性的总体规划、蓝图设计和变革项目矩阵构建，确立了"基座—生态—智慧"的大阶段建设路线；牵头组建能够胜任数智化转型任务的复合型研发团队，进行了业务、系统、研发、平台、技术多个层次的总体架构设计；主持基于AI工控的数智化产线管理系统建设、智慧国轩——主动型数字化供应链、AI辅助决策采购平台、制造大数据综合工作平台、大数据质量预警平台、电池寿命循环预判等一系列重大重点项目。

曾在中国电子科技集团第三十八研究所担任软件总设计师职位，工作表现优异，多次获评先进个人。担任"十三五""十四五"重点雷达项目型号主任设计师团队核心专家职位，多次受到嘉奖，作为所级创新团队核心成员完成多个重大创新预研项目的研发；被任命为所级系统控制块基地（SCBB）工作团队核心成员，牵头完成新一代雷达软件系统SCBB标准制定和设计研发。曾作为AI方向的领军人物，在哈尔滨工业大学机器人集团担任人工智能所副所长兼CTO职务；作为架构师和首席技术专家，主持完成多个智能化、数字化工程项目和创新技术项目，挂牌个人市级蓝领创新工作室。

国轩高科数智化转型工程实践

国轩高科第13届科技大会

引言

在全球范围内,以中美为引领的学术界普遍洞察数字经济、制造业数字化转型及自动化升级的宏观趋势。这一趋势在国内尤为显著,已成为当前发展的核心议题。在2024年全国两会上,政府工作报告特别强调深化数字经济发展创新应用的重要性,进一步凸显了此方向的战略意义。

总体战略规划

在积极的政策导向之下,国轩高科明确提出了现阶段的数字化与智能化愿景,旨在进一步强化数字化基础建设,实现内部各环节及要素间的,以及内部与外部全交易链路的深度互联。公司计划深度融合人工智能技术,逐步构建并完善数智化能力体系,以快速捕捉市场动态,提升组织响应效率,构建灵活生产模式,增强供应链韧性与自主可控力,全面激活既有资源,推动增量发展,促进潜在变量孵化。具体而言,该愿景将通过运用物联网、5G、大数据等先进技术,将物理世界中的实体对象映射至数字世界,并在数字世界中运用系统动力学模型对其要素及关系进行精确表征。在此基础上,进一步运用深度学习、机器学习等新人工智能范式,以及数据集成融合技术对数字模型进行优化升级。最终,打造出一个涵盖感知、连接、优化、闭环及迭代升级的完整价值流(图1)。通过这一方式,企业能够将数字动力深度融入企业运营,助力智慧企业的构建。

国轩高科在数字化转型升级的历程中,采用了"三级跳"的战略布局:首先实现信息化向数字化的跨越,进而迈向智能化阶段。在此过程中,国轩高科通过巩固企业信息化的根基、加速数字化转型的步伐,将理论实验、计算技术以及以机器学习、深度学习、强化学习、迁移学习为核心的人工智能四大范式,在各个业务领域实现了全面而深入的应用。简而言之,这一过程是从物理世界逐步迈向数字世界,并最终进入AI世界的演变路径。从横向维度来看,国轩高科的发展策略围绕制造、研发和运营这三大核心业务领域展开。当前阶段,公司尤为重视制造领域的深耕,旨在形成高质量的智能制造能力。

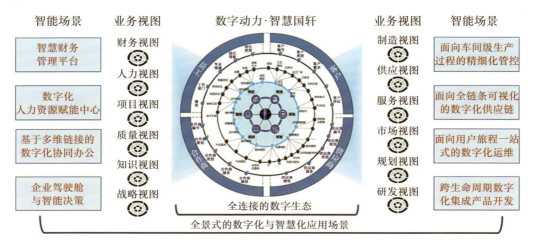

图1 国轩高科全方位链接的数字生态系统

基于当前数字科学技术和业务领域的发展态势,国轩高科已绘制了一幅整体发展的宏伟蓝图,其核心在于"三脑融合"理念,旨在构建一个以材料科学与数字科学为基石的新能源科学体系。该体系将研发、制造和运营三大领域紧密融合,形成相互支撑的三位一体架构,覆盖产品全生命周期。尤为重要的是,国轩高科计划将类脑科学——一种追求高度智慧而非单纯智能的科学技术,引入各个业务领域。通过一系列项目实践,国轩高科将推动"三脑"智慧机制在研发、制造和运营等领域的深入落地,即打造研发大脑、制造大脑和运营大脑。这一举措旨在提升各领域的智能化水平,促进业务间的协同与融合,为企业的持续创新和高效运营提供有力支撑。

技术路径分析

在技术层面,国轩高科持续推进创新技术的研发,以技术驱动制造业务的数智化转型。根据规划,2025年,公司将实现"做精"的目标。在业务条线,全面推行数字化精益管理和数字化工艺优化;在技术条线,重点突破知识图谱构建技术、制造精益管理技术等关键技术。到2026年,国轩高科将迈向"做大"阶段。在业务条线,实现工艺数字化和仿真技术的常态化应用,同时引入流程信息智能提示功能,提升工作效率;在技术条线,构建业务、数据与算法融合的三中台能力,为公司数智化转型提供更坚实支撑。至2027年,国轩高科将致力于实现"做强"的目标。在这一阶段,公司将重点关注组织智慧与机器智能在业务条线和技术条线中的深度融合与应用,通过提升组织的智能化水平和机器的学习能力,进一步推动制造业务的数智化转型和高质量发展。

制造领域技术路线的落地细分为以下五个主要方向:软件架构升级、数据能力提升、AI应用赋能、业务功能增强和基础架构优化。首先,在软件架构层面,为了克服数据误导和业务断点问题,研究人员重点突破传统ISA-95软件架构的限制,创新采用数智化软件架构;其次,在数据能力方面,研究人员重点关注数据资产化与资产服务化的复合升级;再次,在AI应用赋能方面,研究人员计划在所有业务系统和场景中内置AI触点,通过智能应用实现高精度、高品质和低成本的目标;另外,业务功能升级主要依托中台能力与应用库的形式,快速响应业务需求并进行量化处理;最后,基础架构升级涉及将总线式架构更新为环网架构,旨在降低硬件成本、提高吞吐量、增强容灾能力,以及提升产线拓展效率。

在基础架构升级进程中,国轩高科构建了契合自身业务场景,涵盖设备、品质、生产、工艺和验证等领域的工业软件生态,其中包含新一代新能源产业相关的工业软件,例如Goiton-MOM、Gotion-DPM等。在传统的ISA-95工业软件体系下,各个业务系统与硬件设备往往形成相互独立、彼此割裂的子系统,引发数据分散、数据标准不统一以及横向集成难度大等问题,致使梳理和维护业务现状及相关数据困难重重。然而,升级至数智化工业软件后,基于工业物联网底座构建数字化企业架构,以业务为核心,梳理各设备采集模型,在数据中心对设备数据与业务数据进行统一规范管理,进而实现对海量数据的挖掘分析,提炼数据价值,再结合物联网数据应用工具,能够快速实现不同场景下的工业应用。

我们不妨把工厂这一实际制造场景想象成一个人。在这个设想中,工业软件和工业智能汇聚成AI控制塔,就如同人的五官、神经和大脑。AI控制塔的核心功能是从感知外界信息,到实现各环节的连接,再到运用智能进行决策与控制,这与工业4.0的整体愿景相吻合(图2)。国轩高科以原有的AI工控技术为基础,其中包含分布式资源管理系统(DRMS),以及运筹学和拓扑学的中枢算法,建成了全面自主可控的锂电产线AI控制塔软硬件体系,致力于将其打造成面向工业4.0信息物理制造系统愿景的数字化和智能化基座。

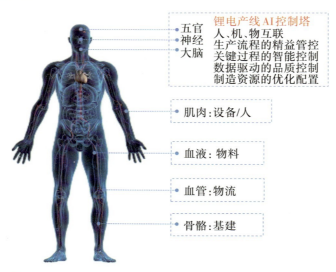

图2　自主可控的锂电产线AI控制塔软硬件体系

主要分为四层:第一层是资源层,负责统一物联管控,统筹管理产品生产资源以满足客户需求。其运作流程包括资源数据采集、汇聚、存储、建模,然后进行资源池化。在此基础上,第二层是高性能基础设施(AIOT),通过数据分析、数据治理和模型管理,结合第三层高可扩展中台的能力体系,将创新需求、业务需求和资源层进行数据匹配、映射和分析。最终生成第四层工业应用的百宝箱,其中包括精益制造类软件、AI算法、数字孪生等应用。

基于上述架构,国轩高科设计了一套基于锂电产线AI控制塔的平台级软件和AI生态,并规划了产品的整体解决方案。研究人员绘制了一个演进图(图3),展示AI控制塔的发展阶段。

图3　基于锂电产线AI控制塔的发展阶段

AI控制塔1.0阶段(2022—2023年):在这一阶段,AI控制塔已经经过技术验证,初步具备制造资源管理和调度能力,已交付一套可以运行的代表产线,即南京五厂87 A·h。这一阶段的重点是实现基础的制造资源管理和调度功能,为后续的发展奠定基础。

AI控制塔2.0阶段(2023—2025年):这是目前正在进行的工作。在这个阶段,基于大数据和人工智能技术,形成"1+10+10"的领域软件和AI应用能力矩阵。这一矩阵覆盖了制造和研发领域的闭环管理和优化能力,实现了更高效的生产流程和研发支持。

AI控制塔3.0阶段(2025—2027年),在这个阶段,AI控制塔将进行全面升级,包括标准化的导入和推广。AI控制塔将建成软硬一体的产品级领域软件和AI能力平台,全面覆盖国轩高科新一代锂电制造产线,并向研发、运营领域延伸。这将使AI控制塔成为国轩高科智慧经营大脑的核心组成部分,进一步提升企业的智能化水平和竞争力。

在软实力建设方面,国轩高科也进行了数智化协作机制的构建和优化。具体来说,国轩高科以业务、领域技术和数字科学技术为三角依托,成功打造了一支数字化服务铁三角团队。这个团队致力于通过标准化的产品和规范化的流程,为业务提供高质量且敏捷的数字化服务体验。

关键产品案例

在上述的顶层设计与规划基础上,国轩高科正在各个业务领域打造自己的标杆项目和产品。具体来说:一是研发领域。数字工程院正在与材料研究院合作,共同打造材料大数据平台。未来或引入量子人工智能,进行计算化学和机器化学的结合。同时,搭建了实验室管理系统Gotion-LIMS 2.0,以提高实验室的效率和数据管理能力。二是制造领域。重点是锂电产线AI控制塔的软件组件开发,包括AI算法以及Gotion-MOM、Gotion-QMS等各类智慧工艺应用软件。这些软件将帮助提高生产线的智能化水平,优化生产流程,提升产品质量。三是运营领域。国轩高科与合肥工业大学杨善林院士团队联合开发了企业数字供应链智能采购辅助决策系统PDSS。该系统旨在通过数字化手段优化供应链管理,提高采购效率和准确性。上述领域相关产品工作的考核指标,可分为提质、增效、降本以及投资回报率(ROI)最大化四大类。这些指标将有助于评估项目的效果和价值,确保公司资源的有效利用和项目的持续改进。

从整体架构规划、技术路线确立,到软硬件设施全面升级,国轩高科在锂电制造行业取得了显著进展。然而,其工业以太网的数据基础设施仍存在一些短板。针对这一问题,数字研究院着手进行了优化。在虚拟组网方面,数字研究院将单环网的架构升级成多环网的架构。这一改进大幅度降低了硬件成本,同时提升了系统的安全性和可靠性。这种多环网架构能够更好地应对复杂的网络环境和数据流量,确保数据传输的稳定性和高效性。此外,数字研究院还发布了相应的企业标准,并将其应用到新产线建设中。这些标准的制定和应用有助于规范生产流程,提高产品质量和生产效率。

基于工业以太网基础设施的升级以及工业数据总线的建设,国轩高科自主研发了Gotion-IOT Platform平台,驱动软硬件全面升级。该平台具有以下几个特点:

第一,兼容性强。平台兼容主流PLC、仪表、变频器等工业数据协议,接口丰富,无缝支持RS232、RS485、RS422、以太网等。

第二,设备数据监控。平台实现了设备数据监控,能够第一时间了解设备运行状态、修改参数等,实现100%自管理。

第三,远程操作。实现远程数采程序下载、上传和监控,足不出户便可解决现场问题。

第四,数据查询与展示。可以查询和保存设备的历史数据,可通过曲线或表格形式展示,并且可以导出至本地。

第五,数据统计与考核。可统计设备的运行数据、故障率等,对设备进行有效统计和考核,赋能工艺、设备、品质等领域团队。

第六,数据缓存与传输。通信中断时数据缓存,通信恢复之后自动传输至云端,保障数据传输的稳定性和可靠性。

第七,跨协议多源异构工况数据采集与传输。能支持10 TB带宽以及100 ms的高频数据采集,数据传输的可靠性可达到99%以上。

基于IOT平台,结合具体的制造场景,国轩高科联合西门子的专家,自主研发出一款名为Gotion-MOM的产品。该产品主要目的是构建数据驱动的国轩锂电产线AI控制塔精益运营管控能力。Gotion-MOM具有以下三个特点:一是互动友好与实时分析。Gotion-MOM系统和IOT平台的互动友好,它不仅能够进行具体的业务管理,还具备实时分析和精准执行的能力。这有助于提高生产效率和响应速度。二是无缝兼容与算法应用。系统和算法容器之间实现无缝兼容,即可以运用算法来进行Gotion-MOM主流程的业务自动化以及相应的分析。这种兼容性使得系统更加灵活和强大,能够轻松适应各种业务需求。三是执行动作的能力集合。Gotion-MOM可以成为其他工业软件,特别是分析决策类工业软件的执行动作的能力集合。这意味着它能够与其他系统集成,提供更全面的解决方案。

此外,国轩高科研发出一个可承载50%工业智能的平台,即锂电产线的智慧工艺平台,主要是通过数字化和智能化构建实时高效的工艺解决方案,打造工艺优化、闭环控制、应用稳定、灵活扩展的智慧工艺软件平台。具体而言,该平台首先利用大数据与智能算法相结合的方式,对工艺进行反馈性的分析和优化;其次,将平台与设备控制系统打通,为实现工艺闭环控制奠定基础,即平台给出预警分析以后,由设备控制系统做出动作,打造稳定的应用,同时也提供良好的软件开发工具包级别的扩展能力。锂电产线的智慧工艺平台具备以下功能:

第一,电芯容量智能化分析与预测系统。平台基于全链路数据,利用大数据和智能算法对电芯容量进行分析和预测。其目的是缩短分容时间、提升产能,并降低分容环节的设备投入、能耗及人工成本。通过精确的数据分析和预测,能够更有效地管理电芯容量,提高生产效率。

第二,软硬一体化的智能化毛刺预警和预防系统。平台采用激光偏振仪、声传感器、工业相机等传感器,对毛刺的辊分特征因子(6大类、37种)进行多模态数据采集、特征挖掘和原因分析。研发出用于毛刺综合管控的传感—算法—软件—算力—通信一体化平台,实现"事前干预,事中控制,事后检测",能够有效解决锂离子电池中出现的毛刺和粉尘问题。

第三,焊接质量监控系统。基于信号衰减及过程检测算法,平台集成AD数据采集模块,实时采集焊接系统中功率、振幅、能量等关键参数数据。利用深度学习算法实时监控焊接过程状态变化,精准识别检测焊接区域的能量利用率和焊接达成程度。通过持续优化决策,输出合适的控制动作,从而提高焊接过程的稳定性和质量。

第四,电池烘箱水分在线检测系统。研发思路与传统的机器学习思想一致,通过大数据与算法的融合,智能计算得到烘烤结束时间,缩短烘烤时间,并取消品质人员离线测量电芯水含量流程,解决因固定烘烤时长造成的能耗浪费问题。同时精准识别烘烤过程中的异常温度和压力数据,及时发现问题,避免造成生产事故。

第五,厚度智能化分析与预测。平台基于全链路数据,对电芯在生产过程中关键工序数据进行串联,采用异常检测算法对厚度质量链数据进行检测,实现对电芯带蓝膜厚度趋势变动的提前判断。通过精确的厚度分析和预测,能够更好地控制产品质量,减少不合格产品的产生。

除了锂电智慧工艺平台,国轩高科还希望运用人工智能的方式提高产品品质,为此研发了AI智能甄选系统,构建精准识别全制程不良品的"鹰眼",全面覆盖锂电制造的工序。AI智能甄选系统主要包括化成柜点异常检测、容量修正、电芯线精准排废、电芯线视觉检测分类以及动态耐压测试(Hipot)等子系统。AI智能甄选系统具有以下功能:

第一,基于多因子矩阵异常检测算法的"动态K值"。通过学习和分析历史数据,研发出针对国轩高科场景的异常检测模型与算法,对产品质量进行"动态"评估。更准确地判断产品的质量状况,及时发现潜在问题,并采取相应的措施进行修正,使PACK线整体电测合格率由导入前的99.4%提升至99.8%。

第二,基于时间序列聚类模型的化成柜点异常检测。在化成柜点提取化成电压曲线,采用时间序列聚类建模,输出异常化成柜点点位(吸嘴未开孔、负压杯堵塞、探针损坏),并自动禁用异常电芯。这种方法能够有效地识别和解决化成过程中可能出现的问题,提高生产效率和产品质量。

第三,基于马尔可夫链状态转移的Hipot智能检测。主要通过马尔可夫链的状态转移及基于深度学习算法对Hipot检测过程波形数据特征提取实现智能化检测,感知微米级别的粉尘颗粒,提高检测精度,提升检测能力。该技术能够更精确地检测电池中的微小缺陷,确保产品的高质量。

第四,基于深度学习算法的关键工序图像智能检测。以端到端深度学习架构为核心,通过释放复杂模式识别潜能,实现对切卷、焊接等工序的高效、精准监控与质量管控。该系统主要包含三个创新点:一是引入图像分割技术,即语义分割;二是将深度数据叠加到像素数据中进行精度分析;三是把一些缺陷知识作为先验信息植入到模型当中,以取得更好的检测效果。这些创新点的结合使得系统能够更准确地识别和处理生产过程中的缺陷,进而提高产品质量。

以上信息系统的建设与维护都属于产线搭建完成后开展的工作。在实际产线搭建完成前,为减少产线搭建过程中的变更以及装配过程中的损失,研究人员正致力于将虚拟装配以及数字孪生技术引入各业务领域,以实现"数智式融合"和"虚实人联动"。同时,在研发领域,数字研究院目前也在进行数字孪生的探索。例如,依托分布式协同研发设计平台、LIMS系统等,开展基于数字孪生的材料、产品、工艺等仿真、论证和测试。在运营领域,主要以供应链为载体,搭建智能化的辅助决策系统,逐步实现运营数字化。

总结

国轩高科在数字化方面,尤其是在运营和制造数字化方面尚处于夯实基础阶段。国轩高科希望通过点带面的方式,在全业务领域全面、快速、稳定可靠地实施数字化和智能化。众多院士专家多次提及新能源与数字化技术结合的重要性,这一结合是推动行业发展的关键,也是实现"双碳"目标的必由之路。为了推动这一进程,国轩高科积极参与各种科技大会,与学术专家和业内同仁进行深入交流。通过这些活动,国轩高科希望加强企业间的合作,共同推进新能源领域的数字化转型,共同应对挑战。

朱冠楠
国轩高科业务板块高级总监

2013年获复旦大学物理化学博士学位,曾供职于上汽集团,长期从事新能源行业相关的电池基础研发和产品应用工作,在车用高安全高比能固态电池、低空飞行领域高功率电池、46大圆柱电池等技术和产品方面有深入研究,在相关领域发表学术论文20余篇,以第一作者或通讯作者身份发表SCI论文11篇,累计影响因子(IF)达132,申请发明专利169项,已授权13项。

固态电池蓄势待发

国轩高科第13届科技大会

本报告主要从企业应用实践的视角,阐述国轩高科在固态电池特别是半固态电池领域的一些思考、实践与认知。报告内容主要涵盖以下四个部分:固态电池和半固态电池的发展背景、车用半固态电池的应用需求和研发进展、低空飞行的应用需求和进展。

 固态电池和半固态电池的发展背景

固态电池作为新能源汽车与移动设备领域的关键能源解决方案,受到了广泛关注与期待。公众对固态电池的核心需求集中在高能量密度、输出高功率、快速充电能力以及长循环寿命等关键特性上。当面对众多性能要求时,决策过程变得既复杂又关键。对于企业来说,无论是选择特定材料还是确定技术路线,其根本决策逻辑在于该选择能够解决哪些问题,以及能为用户带来怎样的应用价值。

固态电池的概念自20世纪初提出以来,至今已有100多年的历史。近年来,该技术发展迅速,达到了一个全新的高度。其核心目标是彻底消除用户对电池安全的深切担忧,通过材料科学领域的革新,从根本上提升电芯的内在安全性。

为了深入探讨如何实现这一目标,我们需要先审视液态电池的局限性。科学研究已经对液态电池热失控链式反应的机理、不同组分产热的起始温度、热量产生量及其生成速率有了透彻的认识。基于这些研究,电解液对电池安全的影响可归纳为三个主要方面:一是SEI是电池自发热的起始点,这明确了电池内部产热的一个关键起始区域;二是电解液与正负极的相互作用产生的热量占总体产热的70%,这一数据表明,电解液与电极之间耦合反应产热是主要的热量贡献源;三是电解液自身存在的问题会影响电池的可靠性和耐久性,即便在非极端条件下,电解液的泄漏、挥发和分解等问题也会影响电池的性能和寿命。

针对上述问题,研究人员致力于开发固态电解质,这种材料具有更高的安全阈值。通过局部取代、部分取代甚至完全取代传统电解液,能够显著提升电池的整体安全性。这种材料的创新应用不仅关注电池在极端情况下的安全性能,还极大提高了电池在标准工作条件下的可靠性和耐久性。

若将固态电解质部分引入电池以取代传统液态组分,这一变革可显著提升电池的安全性,同时优化其电性能和循环性能。在行业内,这类电池被广泛称为半固态电池或广义上的固态电池。固态电解质的应用方式多样,可整合到正负极、隔膜、电解液中,或用于表界面修饰等。无论采用何种应用形式,只要能有效提升安全性,同时在保持或优化电池的电性能和循环性能方面与现有液态电池相媲美,那么该应用形式均可视为有效的半固态电池技术实践。

全固态电池相较于其他类型的电池,有着更为明确的定义和界限。在这种电池中,完全不存在液态成分。全固态电池采用固态电解质替换传统液态电池中的隔膜和电解液,这一改变不仅停留在材料层面,还涉及包括工艺、装备及制造在内的整个电池生产流程的全面革新。这种从科学到工程的全面颠覆性创新,自然意味着其研究与开发过程会更为复杂,耗时更久。

在电池行业内,关于液态、半固态以及全固态电池之间的关系与区别,一直存在诸多讨论。液态电池仅含有液态电解质,可分为有机电解液电池、水系电解液电池和凝胶电解液电池。半固态电池被视为液态电池的进阶版本,主要体现在安全性能的提升上。特别是对于高能量密度体系的三元电池,半固态组合技术为其增设了一层额外的安全防线,使这种高能量密度电池的应用成为可能,这对整个电池行业意义深远。尤其是2025年前后电池回收的规模化效应、模组和电池包的安全升级,以及安全预警技术的实施,都将推动三元电池市场份额的增长和市场地位的回归。

尽管半固态电池与全固态电池在名称上仅有一字之差,但研究者们并不认为半固态电池是向全固态电池过渡的中间阶段,或者说全固态电池是半固态电池的最终形态,两者各有特点和适用场景。半固态电池凭借其低成本、高比能和高安全性的特性,作为液态电池的高级替代品,适合快速推广并替代现有的液态电池应用。相比之下,全固态电池不仅具备更高的安全性、更高的能量密度,还消除了漏液风险,简化了电池设计,被视为对液态电池技术的根本性颠覆。特别是其固−固界面的特性需要加压处理,这使其展现出耐高温的优势,能够适应低压和高温环境。

针对各类型电池的独特性能特征,研发团队采取了具有针对性的技术策略。以半固态电池为例,研发团队在以下四个关键领域开展了自主技术研发:

一是高安全固液复合技术的研发。通过将固态电解质引入电解液中,不仅有效减少了电池的液体含量,还成功保持了传统液态电池的循环与功率性能。

二是快离子导体包覆的复合正极研发。这种经过特殊处理的正极材料能够显著提高产热峰值温度,同时改善电芯在低温环境下的功率输出以及大倍率放电性能。

三是功能离子膜的自主量产技术。借助电解液的原位固态化技术,进一步降低了电芯内的液体含量,并显著提升了电芯的耐穿刺能力。

四是硅碳负极材料的应用。在电池负极中加入中高比例的硅,这种硅碳负极材料具有膨胀小、首效高、循环性能好的特点,对于提升电池性能至关重要。

这些创新技术不仅增强了电池的综合性能,还优化了其安全特性,对推动电池技术的发展和应用具有深远意义。

车用半固态电池的应用需求和研发进展

基于团队在半固态电池技术方面的深入研发与技术积累,我们已成功开发出第一代能量密度高达330 W·h/kg的软包半固态电池。这种电池的单体容量为136 A·h,循环寿命可达1000次,能够充分满足整车在整个生命周期内累计80万千米续航能力的需求。

在电芯设计方面,该款电池实现了高安全性、高比能量和长循环寿命的目标,并且在功率输出上能够支持连续2 C的充放电速率。在安全性能测试中,该电池电芯通过了包括新国标在内的全套安全测试,还成功完成了180 ℃的高温热箱测试。而使用相同正负极材料的液态电池,在标准的130 ℃热箱测试中未能通过,这表明半固态电池在热稳定性方面具有显著优势。

进一步,团队采用这种电芯设计了一套3P110S电池系统,组成了一个电量达

160 kW·h的大型电池包,并对其进行了严苛的热失控测试。在测试中,同时触发了三支并联电芯(相当于1.5 kW·h的电量),整个电池包在24 h内仅出现冒烟现象,未发生起火或爆炸,从而实现了基于高镍三元体系电芯的高电量整包零热失控(图1)。目前,随着生产线的建成,第一代软包半固态电池已进入量产阶段,这标志着这项先进技术向实际应用迈出了重要一步。

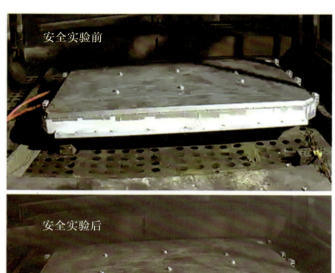

图1 第一代330 W·h/kg半固态电池包热失控实验前、后对比

基于第一代软包半固态电池的产品研发与设备开发经验,研发团队在电芯体系配方、生产工艺以及半固态电池特有的失效分析方面积累了丰富的经验。这些经验涵盖高镍正极材料、硅基负极材料、固态电解质的应用,以及相关供应链的构建和专业人才的储备。这些成果为第二代软包半固态电池的开发奠定了坚实基础。第二代半固态电池在性能上实现了显著提升,能量密度超过了380 W·h/kg,即便在容量保持80%的情况下,其循环次数也能达到930次,这标志着电池寿命和稳定性得到了显著提高。在安全性能方面,该电池通过了全套国家标准检测,包括针刺测试和热箱测试等严苛的安全验证,所有测试结果均得到了第三方测试机构的认证。目前,第二代半固态电池已在具备2 GW·h产能的半固态电池生产线上进行试产的阶段(图2)。这标志着团队在半固态电池技术体系方面的深入探索取得了成功,展现了电池技术朝着

更高能量密度和更安全方向发展的潜力。

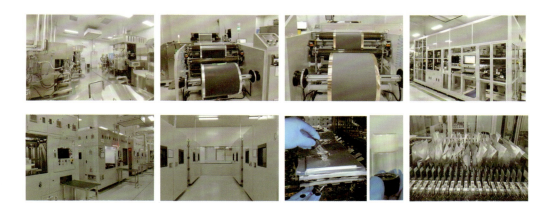

图2　2 GW·h产能的半固态电池生产线

研发团队在成功开发出前两代半固态电池后,开始寻求更标准化的电芯承载形式,以提高电池的兼容性和适配性。于是,将注意力转向46圆柱电芯,并着手研发46圆柱半固态电池。这种融合了半固态技术与46圆柱电芯的新技术,不仅保留了46圆柱电芯在应力均匀、高速制造和灵活成组方面的优势,还显著提升了电池的安全性。46圆柱半固态电池的设计理念是利用圆柱电芯之间的线接触特性和能够定向喷发的特点,实现高面积占比的喷发性能。这种优势互补的设计,有望成为高镍配硅碳体系中最合适、最有效的电池承载形式之一。

在技术上,46圆柱半固态电池是基于前两代半固态电池技术的进一步升级,充分发挥了固态电解质的离子导通特性,采用了功能离子膜、梯度极片设计以及快充型固液复合技术。这些创新确保了电池在保持305~310 W·h/kg高能量密度的同时,还能实现快速充电和大功率输出。

由于圆柱电池的容量较小,且结构件采用钢壳以约束硅负极的膨胀,结构件在电池中的占比相当高。当电池达到305~310 W·h/kg的能量密度时,其性能相当于软包半固态电池330 W·h/kg能量密度下的性能。对于这种能量密度的电芯尤其是圆柱形电池,常规热箱实验的结果往往具有不确定性。通过引入半固态技术,研发团队有效提高了电池通过国标热箱测试的成功率,从而显著提升了46圆柱电芯的安全性能(图3)。这一成果不仅证明了半固态技术对46圆柱电芯形式的适用性,也为未来电池技术的发展提供了新的思路。

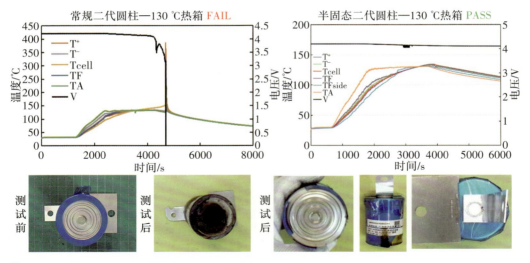

图3 常规二代圆柱和半固态二代圆柱热箱测试对比

低空飞行的应用需求和进展

随着新一代电池技术的深入研发和电芯组装形式的创新探索,研发团队不仅夯实了内在技术基础,还敏锐地将目光投向了市场和客户需求的动态变化。为了更全面地满足这些需求,团队已将电池应用范围从传统的电动汽车领域拓展到了新兴的低空飞行领域。

在低空飞行领域特别是电动垂直起降飞行器(eVTOL)方面,团队借助短距起降或垂直起降飞行器及其相关系统设施,为城市低空空域的载人载物运输活动提供了动力解决方案。这不仅是未来智能交通运输系统的重要组成部分,也彰显了低空经济的巨大发展潜力。各类低空飞行航空器的活动能够辐射带动相关领域的融合发展,形成一种综合性的经济形态,其中技术和商业模式的创新将为经济增长注入新动力。通过不断探索和满足新兴市场需求,团队不仅巩固了现有技术基础,还为电池技术的未来发展开辟了新道路。

当前,在低空飞行领域,众多航空航天领军企业、互联网巨头以及新兴公司正积极投身其中。近年来,该领域发展迅猛,电池技术却成为其主要发展瓶颈。该领域对电池的要求极高,简而言之,可概括为"三高一快",即高功率、高能量密度、高安全性和快速充电能力。

首先,飞行器的起飞和降落需要极高的功率输出。特别是在单次使用的后期阶段,也就是放电接近结束时,即使电量降至20%~30%,电池仍需能够实现10~12倍的大功率放电。

其次,电池必须具备较高的能量密度。在低空飞行领域,动力电池的能量密度达到280~300 W·h/kg仅仅是起点。为此,会使用大量超高镍含量正极材料、高硅含量负极材料以及轻量化的机械组件。在其他应用场景,如电动汽车领域,电池质量是以千克为单位计算的;而在电动垂直起降飞行器中,则以克为单位计量,所以在能量密度和质量控制方面的要求极为严苛。

再次,考虑到飞行器在空中飞行时,一旦电池出现问题,其潜在危害性远大于在地面行驶的情况,甚至可能导致人员伤亡,因此对电池的安全性要求极高。这就需要电池具备高效的散热电芯结构、航天级别的热阻隔材料,以及达到ppb(十亿分之一)级别的质量控制标准。

最后,在满足了前述"三高"的基础上,eVTOL领域的电池还需具备快速充电的能力。这意味着电池内部必须有高效导电剂、高能量密度且支持快速充电的电解液配方以及极低的直流内阻(DCR)。这样能使电池在相同时间内完成更多次的充放电循环,进而提高运行的经济效益。

近年来,团队积极在电动垂直起降飞行器领域展开布局。目前,团队正与欧洲一家在低空飞行领域处于领先地位的企业客户进行深入对接,研发的电池产品完全满足了对方提出的所有关键性能指标。具体而言,电池的能量密度达到了320 W·h/kg,在保持80%的SOH时,可超过1000次充放电循环。

这些性能指标的达成,将使对方飞行器的电量使用提升20%~30%,这相当于增加了约30 kW·h的额外电量。这一优势不仅提升了飞行器的续航能力,还将进一步降低运营成本,为该企业的低空飞行业务提供强有力的支持。

团队在继续巩固其在电动汽车领域固态电池产品线的同时,也已对电动垂直起降飞行器领域的市场进行了周密规划。该规划分为几个阶段,旨在逐步提升电池性能,以满足eVTOL领域的特定需求。

第一阶段,即2025—2026年,团队将致力于使软包电池的能量密度达到320 W·h/kg,圆柱电池的能量密度达到300 W·h/kg。这一阶段性成果将支撑eVTOL领域的商业试运行,为后续的大规模应用奠定基础。

第二阶段,约2027年,团队将基于第一阶段的成果和反馈,确定更适合eVTOL领域应用的电芯形式。届时,电池的能量密度将进一步提升至350 W·h/kg,以支持该领域的规模化推广与商业应用。

第三阶段,也就是2028年之后,团队预计将实现电池能量密度的进一步突破,达到400 W·h/kg。无论采用半固态电池、全固态电池还是其他新型电池技术,团队都将以客户需求为导向,持续推动技术研发与升级。目标是借助这些技术进展,助力eVTOL领域成为未来交通生态系统的重要组成部分。

总体而言,团队通过这些精心规划的发展阶段,将逐步推动电池技术革新,以满足eVTOL领域日益增长的性能要求,加速其在低空飞行领域的商业化进程。

综上所述,无论是半固态电池技术还是全固态电池技术,每一项新兴技术从诞生到成熟,都必然经历漫长而复杂的试错过程。这条道路充满挑战,艰辛与煎熬如影随形。面对这些问题和挑战,整个学术界与产业链迫切需要共同努力,通过真诚合作与上下游的协同进步,共同探寻解决方案。只有充分合作,才能开启一个令人瞩目的新局面。

后记

　　大约三年前,"新能源科技与产业丛书"的出版构想孕育而出。我们依托一年一度的国轩高科科技大会,将来自科技与产业界的专家观点结集成册,每年出版一本,以年度著作的形式记录行业发展轨迹。历经三年多的努力,至今已经编纂出版了3部图书。

　　如今,又一年的孟夏时节临近,国轩高科即将召开第14届科技大会,与各位再续思想之约。之所以十多年如一日持续举办各类科技交流活动,搭建科技与产业的交流管道,是因为我们深知,科技创新不是封闭式的闭门造车,而是需要更多的思想碰撞。我们发现,科技大会作为一个触角,早已成为对外开放的"喇叭口"与科技创新的"探照灯",也为搭建行业交流平台进一步添砖加瓦。同样,"新能源科技与产业丛书"不仅真实记录下了新能源技术如何持续、快速地迭代创新,也构筑起一座桥梁,加强了我们与渴望了解新能源科技前沿、关心产业发展的朋友间的沟通,同时也为广大读者提供了一个学习交流的优质平台,助力知识的传播与共享。

　　本书作为集体智慧的结晶,是各位专家学者多年深耕学术研究与产业探索的成果转化,多方位向我们展示了学界和业界对于新能源产业的阶段性思考。如果没有书中三十余位专家学者慷慨地抽出宝贵时间,贡献专业力量,分享前沿技术发展的创新见解,支持书稿的审校工作,本书的出版则无从谈起。书中每一段对新能源技术的前沿观察和科技洞见,都是他们历经多次推敲和思索的结晶。正是这种对真理的执着追求和严谨求实的态度,将最专业的知识和最前沿的见解倾注其中,为我们提供了宝贵的知识和见解。在此,我谨代表编委会,向所有为本书付出智慧和心血的各位领导、专家、学者致以最诚挚的感谢。

在此,还要特别感谢钟琪、胡小丽等专家学者们。过去三年中,他们以高度的责任心和专业的精神,紧跟科技大会的全过程,全程组织策划了"新能源科技与产业丛书",正是因为有了他们,才有了第一册、第二册、第三册。我们的合作不仅是科技创新思想的加工,也是有关创新文化的合作。他们将前沿趋势和创新理念持续凝练为可传承的创新文化成果,这样一种持续伴随、支持着科技与产业发展的创新文化如同树根,树高万丈总有根,根扎得深,树叶就茂盛,才能立得住、站得稳。国轩高科始终秉承"让绿色能源服务人类"的使命,正是有了这样的"根",方才不断实现一个又一个从0到1的创新突破,发展成为全球领先的绿色能源解决方案商,从材料科学到电池科学再到产品科学,将磷酸铁锂电池做到了全球第一。

未来我们将继续策划出版"新能源科技与产业丛书",依托科技与产业界专家视角,持续追踪行业前沿动态,将更多的创新思想和科技观点同大家交流分享。借此机会我也诚挚向大家邀稿,愿各位继续以最前沿视野观察新能源科技创新与产业发展,"众智所为,则无不成",恳请各位专家学者们执笔为盼!

国轩高科董事长

2025年3月